LUMINAIRE

光启

守望思想　　逐光启航

FOOTPRINTS OF WAR

墓地中的军营

[美] 大卫·比格斯 著

贾珺 译

Militarized Landscapes in
Vietnam 越南的
军事化景观

上海人民出版社　光启书局

LUMINAIRE BOOKS

致我亲爱的旅伴

红英（Hồng Anh）、春英（Xuân Anh）、

坚（Kiên）和荣（Vinh）

目 录

出版说明

　　《墓地中的军营：越南的军事化景观》是学界鲜见的越南军事环境史著作。该书聚焦以承天顺化省为中心的越南中部地区，前两章追溯了从 15 世纪开始的早期战争、从 19 世纪开始的法国殖民入侵、二战时期日本的入侵，第三章至第六章则讲述二战后的民族解放战争和美国的入侵等多次战事。它大致勾勒了历次军事活动反复发生在沿海低地和山区高地的逻辑，致力于阐述这些战争在越南中部地区留下的"足迹"，即反复发生的军事冲突如何构建了当地的景观、生活和记忆。

　　二战后的战事，尤其是 1961—1975 年的"越南战争"是这本书分析的重点。越南战争是冷战中的一场大规模热战，对战争双方的经济社会发展和国际政治格局均产生了深远影响。《墓地中的军营》并非在传统意义上讲述这场战争，而是从环境的视角进行了新的诠释。美军试图凭借先进的航空技术、通信技术和地面设施，建立无差别、标准化的军事空间，却依旧受限于当地的自然和人文环境，比如高山、丛林形成了应对空中侦查和轰炸的天然屏障，越南军民利用掩体和小道来实现联络，甚至美军的军营也只能建造在当地人的墓地之中；为清除丛林屏障，美军实施了大规模空袭，尤其是喷洒了大量化学品，给当地生态和社会造成了深远的恶性影响；在美军撤离之后，诸多基地被废弃和空置，而化学武器遗存更给越南的战后建设造成了长期的难题。

军事行为与生态环境的关系是一个前沿话题，战争留下的不仅有废墟，还有等待改造利用的旧军事空间，越南战争就是一个典型的历史案例。希望这本书的探讨，能有助于学界和读者从长时段角度重新看待集中在某一个空间内的多次军事活动，能有助于反思资本主义"创造性破坏"理念的局限；在当今局部冲突依旧时有发生的背景下，这本书亦具有一定的现实意义。

作者大卫·比格斯系美国加州大学河滨分校教授，主要研究方向是东南亚史、环境史、科技史。他利用越南和美国的文献，包括解密档案、实地访谈等材料，论述了这段历史。可以看出他尽量保持了较为中立的立场，试图客观地论述交战双方的军事活动，即外部的入侵和越南的抵抗；他对越战给当地遗留的问题也表现出了同情的态度。然而，越南战争毕竟是一场抗击美国侵略的民族解放战争，需要在近现代亚非拉地区争取独立和解放的历史背景下来看待，作者并没有明显地站在这一立场作出评述。请读者留意鉴别。

这本书涉及从 15 世纪到 20 世纪的越南历史，尤其是二战后越南内部复杂的局势演变、冷战背景下美国的介入，亦涉及不少人物和地名。这些都提高了阅读的门槛。中文版由专攻军事环境史的北京师范大学贾珺教授翻译。为了保证相关表述的准确性，我们还邀请华东师范大学思勉人文高等研究院青年研究员钱盛华、华东师范大学社会主义历史与文献研究院副教授游览，分别对这本书的冷战前和冷战时期部分进行了审读。在此一并致以诚挚的谢意。我们还参照《辞海》等权威材料，对书中提到的一些史实和专有名词作出了辨析和注释，仅对局部不宜的内容作一定处理。对于可能还存在的错漏之处，敬请读者指正。

译者序

　　非常荣幸可以将这本军事环境史佳作介绍给国内读者。在2021年秋天接到肖峰编辑的邀约时，我正在完成自己的书稿《慎思与深耕：外国军事环境史研究》（中国社会科学出版社2023年版），对美国同行大卫·比格斯和他这本出版于2018年的书并不陌生，于是非常高兴地接受了邀请。

　　作为军事环境史研究领域不算太老的"老兵"，过去20年我始终在思考，究竟如何才能更好地展现军事环境史中的人地互动关系，而不是机械地统计或片面地批判战争带来的环境破坏。因为前者遵循着环境史的基本逻辑，后者在图书分类中属于"X"（环境科学），而非"E"（军事学）或者"K"（历史学）。我想，这本《墓地中的军营》为我们提供了范本，而且是极具特色的范本。

　　正如萨特在序言中所指出的，这本书是一系列有层次的，关于景观、地理和地形的故事。在这些不同类别的空间中，自然环境（或者说非人类环境）一直存在，但从来不会单独存在或发挥作用。在我看来，这本书是比格斯十余年思考越南军事环境史的优秀成果，延续和完善了他在2005年的一篇长文＊中就已经提出

＊ David Biggs, "Managing a Rebel Landscape: Conservation, Pioneers, and the Revolutionary Past in the U Minh Forest, Vietnam," *Environmental History*, Vol. 10, No. 3, 2005. ＊号脚注均为译者注，全书同。

的研究理路和方法。

在那篇文章中，比格斯梳理了越南乌明森林景观近 60 年的历史，上乌明国家公园（U Minh Thuong National Park）曾是越盟（Việt Minh）* 最早的南部基地之一，后来又是民族解放阵线（National Liberation Front）** 的重要基地。比格斯指出，森林里的革命活动者经常根据外界的行动而改变战略，革命不仅仅是军事斗争，而且也与曾生活在该地区的人密切相关。乌明森林的革命景观，是森林外部的政府军与森林内部的革命军之间反复互动的结果。与之前研究越南战争期间"牧场工行动"（Operation Ranch Hand）*** 的著述不同，比格斯的研究视野并未局限在该行动的酝酿、实施以及越南环境遭受的毁坏上，而是从人与环境的互动、不同人类社群之间的互动角度，探讨了被越南战争摧毁的森林有着怎样的革命景观，这种景观是如何形成的，战争给森林留下了怎样的遗产，战后恢复过程中人与环境、人与人又有哪些互动。这一研究综合运用了环境史的理论与方法，双向互动的视角与思考非常鲜明，此外在时间上也契合于更广泛的"军事"而非较狭隘的"战争"。

---

* 全称为越南独立同盟，成立于 1941 年，反抗法国殖民统治和日本入侵，1945 年成立越南民主共和国，后与法国殖民者持续交战。1954 年法国投降后，根据日内瓦会议，越南分为北越（越南民主共和国）和南越（越南共和国）。直到 1976 年，越南南北统一，定国名为越南社会主义共和国。

** 全称为越南南方民族解放阵线，成立于 1960 年，是越南南方人民的爱国统一战线组织。

*** 美国于 1962 年至 1971 年期间在越南发起的军事行动，使用落叶剂等清除森林植被，此举对当地环境造成了严重破坏。

在这本书中，比格斯用一章的篇幅介绍了越南中部地区历史地层中的人、军事活动与生态变迁，并着重分析了其中的战争观念及其影响。在关于二战前后的历史叙事中，比格斯用细腻的笔法，勾勒了军事技术进步和战争模式革新带来的土地利用及管理方式的变化。其后他前后呼应地探讨了越南战争时期双方在顺化附近建设军事基地的历史脉络，而且他的探讨是从国家、地方、社群、个人与环境等诸多层次展开的，充分地展现了冷战期间的国际关系格局、越南这片土地上对立政权及其军队的攻防、"大人物"与普通人的经历和记忆。特别是围绕喷洒落叶剂，比格斯讲述了更为完整的故事，丰富了我们对这一军事行动的实施详情、当时的影响与历史遗产的认知。

　　在翻译过程中，青年学子的朝气和努力是本书能较快完成的条件之一。我的硕士研究生谭梦婷高效地完成了初译工作，北京师范大学文学院的越南留学生吕黄海帮助核对了越南语人名地名的翻译，并对部分译文提出了自己的见解。在此一并感谢，并预祝他们学业精进。比格斯本人也通过邮件解答了一些难以理解和表述的专业问题，有助于提升翻译质量。最后要感谢光启书局和肖峰编辑对于军事环境史研究的支持，也期待更多的佳作面世。

北京师范大学历史学院　贾珺

2022 年末于京师

序：战争就在这片土地上

保罗·S.萨特

1986年11月，在科罗拉多州丹佛市的东北边缘，有了一个令人高兴的发现：一处白头鹰群的栖息地。白头鹰是美国的国鸟，如今正繁衍兴旺。然而，在20世纪80年代，白头鹰正濒临灭绝，其数量因为滴滴涕（DDT）的喷洒而大大减少。这种杀虫剂的生物作用通过食物链放大，使鹰的蛋壳变脆，并抑制了它们的繁殖能力。战后的化学奇迹时代已经把美国的国家象征置于灭绝的边缘。美国环境保护署（EPA）于1972年禁止在美国使用滴滴涕，但在20世纪80年代，白头鹰仍然比较罕见。因此，在一片繁密的杨树林中发现的这片栖息地，是白头鹰数量正缓慢且稳定恢复的一个重要标志。但是，这处白头鹰的栖息地有些不寻常，甚至是极具讽刺意味的。因为它是由一个美国陆军承包商在落基山兵工厂（Rocky Mountain Arsenal）附近发现的，该兵工厂长期以来是美国化学武器和其他军用化学品的主要生产场所，以至于到20世纪80年代，这里是地球上污染最严重的地方之一。

若研究美国军用化学品及其对人类和环境的影响的全球历史，落基山兵工厂正处于中心位置。它的存在可以追溯到第二次世界大战，在珍珠港遇袭之后，美国陆军在西部内陆地区寻找一个可以用来制造化学武器的地点。1942年5月，军方在科罗拉多州亚当斯县（Adams county）选择了 30 平方英里的土地，就在丹佛的东北部。他们迁走了原本拥有这片土地的农户，并迅速建立了可以生产芥子气（mustard gas）、氯剂（chlorine agent）、路易氏剂（lewisite）和凝固汽油弹（napalm）的设施。其中只有凝固汽油弹在二战期间被投入使用，主要是用于对日本城市的空袭。战争结束时，该兵工厂即处于待命状态，但冷战的现实很快让它重新投入使用，这次是用于生产强大的神经性毒剂沙林（sarin）。在战后的最初几年，化工生产过程中产生的废液被倾倒在无衬砌的贮水池里，浓缩的有毒物质渗入并扩散到该地的土壤和水域之中。到 20 世纪 50 年代末，污染的迹象已经很明显，但化工生产仍在继续。1959 年，在苏联成功发射人造卫星后，美国军方增设了一处生产火箭燃料的混合设施。随着 20 世纪 60 年代登月计划的开展，化学火箭推进剂成为生产重点。从 1952 年至 1982 年，壳牌化学公司（The Shell Chemical Company）还在落基山兵工厂生产杀虫剂和除草剂。20 世纪 60 年代，军方转而采用深井灌注技术，据说这是一种更安全的废物处理方法。1968 年，就在凝固汽油弹和其他军用化学品在越南战争中被数量空前地使用的时候，林登·约翰逊（Lyndon Johnson）总统下令销毁废弃的化学武器储备。落基山兵工厂成为国家"非军事化"芥子气和沙林的供应地，无论你是否相信，这个计划被命名为"雄鹰计划"，它成为兵工厂 70 年代的事业特征。到 20 世纪 70 年代末，兵工厂已经修建了它的第一个地下水处理系统，以控制和缓解几十年来的有毒废物倾倒带来的问题。到 20 世纪 80 年代初，所有的化学品生产和破坏都停止了，而且在 1987 年，即在陆军承包商发现白头鹰栖息地的一年后，落基山兵工厂被列入了环保署的超级基金地点（Superfund sites）*名单。

如今，人们可以通过参观落基山兵工厂国家野生动物保护区（Rocky Mountain Arsenal National Wildlife Refuge）来了解这段化学品生产和污染的历史。没错，这个化学污染严重的地方现在是受联邦保护的野生动物保护区。1986年白头鹰栖息地的发现也促使美国鱼类和野生动物管理局（US Fish and Wildlife Service）参与其中，该局的科学家们逐渐认识到，在这个曾经受到管制和污染的地方也能有野生动物繁衍生息。1992年，老布什总统签署了一项法案，将该地作为野生动物保护区加以保护。到2004年，在环保署确认此地已经清理之后，军方将5000英亩土地转让给鱼类和野生动物管理局，正式建立了保护区。在2010年，由于持续的清理活动，保护区达到了目前的规模，约1.5万英亩，里面有一小群野牛（bison herd）、北美黑尾鹿（mule deer）、穴居猫头鹰（burrowing owls）和各种鹰。军方仍然拥有该地的核心部分，为的是维护其废物收集区并运营地下水处理设施，不过现在保护区的大部分区域都为徒步旅行和野生动物观赏而开放。

在过去的几十年里，当环境史学家研究战争对自然界的历史影响时，他们注意到，从限制大型自然景观开发的美军基地到朝韩非军事区等地，许多这种高度军事化的地点都发挥了让人意想不到但又很重要的保护功能。落基山兵工厂国家野生动物保护区

---

* 超级基金是由美国1980年《综合环境反应补偿和责任法》（CERCLA）发起的环境修复项目，由环保署执行，旨在调查和清理受有害物质污染的地点。

墓地中的军营：越南的军事化景观

就是其中之一，人们很想把它的故事说成一个救赎的故事，一个曾经充满毒性的地方恢复了原始特征。这种特殊解释的寓意是，人类及其好战行为在这片土地上犯下罪行，但野生动物和其他自然事物又使该地区恢复生机，显示了大自然的复原力。这会是一个令人高兴的故事，但不是完整的故事，因为战争的遗留问题仍然困扰着这个地方。另外，与其把兵工厂成为野生动物保护区的现状看作对这片土地的军事遗产的抹除，不如看作对其毒性仍长期存在的勉强接受，因为落基山兵工厂遗留的污染依旧严重，无法允许人类居住或进行其他密集的土地开发活动。由于曾经是军事用地，即使周边土地的地产价值飙升，这里也仍将保留大片空地。从这个意义上说，将该地作为野生动物保护区来维护是处理军事毒性物质遗留问题的一种更经济的方式。在这种解读中，野生自然的回归并没有抹去战争的痕迹，而是成为战争的一部分。

在地球另一端的越南，战争和军事化的环境遗产也依然存在，有时就在与落基山保护区类似的空旷地带或不发达地区。这就是大卫·比格斯在《墓地中的军营》中讲述的故事，他以具有视觉冲击力的新颖手法，描绘了越南中部军事化景观的历史。惠氏环境丛书（*Weyerhaeuser environmental Books*）*的书迷可以通过比格斯获奖的第一本书《泥潭：湄公河三角洲的国家建设与自然》（*Quagmire: Nation-Building and Nature in the Mekong Delta*）认识他，该书讲述了湄公河三角洲的环境史，将该地区的生态环境

---

* 华盛顿大学出版社的系列丛书，主要收录关于人与自然关系的著作。保罗·S.萨特是该丛书主编。

和历史复杂性作为美国在越南战败的故事核心。在《墓地中的军营》中，比格斯将目光转移到越南中部，即顺化市（Hué）周围的地区。在越南战争期间，那里是几个美国空军基地和其他军事设施的所在地，包括富牌（Phú Bài），还有鹰营（Camp Eagle）。正如比格斯所解释的，这本书的缘起之一是他所从事的一个引人入胜的环境史应用研究，该研究利用美国的档案记录，帮助越南政府官员找到了整个越南中部地区潜在的化学热点地区。凝固汽油弹、橙剂（Agent Orange）和催泪瓦斯（tear gas）等化学物质是越战期间美国军事战略的核心武器之一，它们集中储存在美国空军基地，然后装运到美国飞机和直升机上以供军事使用。在寻找埋藏于地下的废弃化学品或地下水中的有毒物质的蛛丝马迹时，比格斯注意到了美国档案记录的作用，可以通过包括航空照片和卫星图像在内的档案，来揭示这些化学品如今潜伏于何处。不过，比格斯还注意到了一些奇特的模式，并开始提出更深层次的问题：战争和军事化是如何反复刻画以及覆盖越南中部的景观的？

　　在美国，我们习惯于把越南当作一场战争而不是一个地方来谈论。我们很少注意到这里在"美国战争"（The American War）*之前发生了什么，更少注意在此之后发生了什么。当美军进入越南时，他们往往将这个国家想象成一张白纸，并认为越南的环境充满敌意且难以穿越，而美军目视之处都必须扫清障碍。所以，这就是大多数化学品的用途所在。但比格斯开始意识到，美军在

---

* 应该是越南对一般意义上的"越南战争"的称谓。本书涉及对该战争的不同称谓，此处以引号形式标记，以示区分。

占领该地区时遵循了特殊的历史线索，往往将其基地置于以前的军事化空间或出于其他历史和文化原因而未开发的空间。他在旅行中还观察到，美国人撤离和放弃占领的空间，在整个景观中留下了持久的重建模式，特别是在最近几十年里，现代资本主义的"创造性破坏"（creative destruction）已经染指了该地区。最后，他恍然大悟，他用来定位潜在化学污染地点的手段，也是在越南战争中发挥核心作用的美国新颖观察方式的证据。美国造成的废墟和有毒遗留物只是复杂的历史地层之一，这些历史地层以重要的方式影响了美国对越南的战争，且直至今日仍然影响着当地景观和越南人对战争的看法。

《墓地中的军营》描写的不一定是你想象中的有关战争和军事化的环境史，但这也是它成为一本重要书籍的原因。虽然战争对环境的影响始终是比格斯分析的要点，但这本书的核心并不是战争对越南的自然的影响。它也不是一部单纯讲述越南的自然环境——丛林、雨水、泥泞——如何影响了"美国战争"的历史书，至少不是我们常读的那种。这是一个关于景观、地理和地形等不同类别的空间的故事，或者说是一系列有层次的故事，在这些空间中，自然环境或非人类环境一直存在，但从来不会单独存在或发挥作用。在这本书中，环境本身就是历史档案，比格斯首先是作为一名研究越南的历史学家，细致入微地筛选和解读了这部档案。这是一部没有固定基准来衡量环境影响的历史书，是一部将"美国战争"作为背景的历史书，只是有关建设、破坏和毁灭的漫长传奇中的一个章节。简而言之，它是了解越南中部历史景观的入门读物。

在比格斯的讲述中，战争的足迹为后来人开辟了道路。它们象征性地夯实了土壤，影响了当战争让位给和平后的生长环境。有时，这些足迹变成了化石，新的历史地层覆盖了它们，并将它们隐埋于地下，但并没有完全抹去它们的痕迹。在比格斯看来，战争不仅仅是阵痛，它还时常萦绕在人们心头。当美国海军陆战队于1965年在越南中部登陆时，他们只不过是历史上一批批入侵者中的又一批罢了。他们不仅追随了此前曾数次占领越南的法国殖民者的军事足迹，也追随了二战期间日本和1954年法国战败后越盟的军事足迹。更远的几千年历史上越族（Việt）、占族（Cham）和汉族（Chinese）占据必争之地的军事活动，也构建了这些足迹。当美国军队进入越南中部的低地时，他们原本试图建立标准化和无地域限制的军事飞地，但过去那些必争之地体现出的特殊性一直在扰乱他们的想法。在战争中，美国人还必须应对长期影响当地占领和抵抗活动的因素，比如沿海平原与中部、高原和西部相接处的地形坡度，以及海拔因素。冲突各方的战斗造就了网络空间，各种基础设施——宽广平坦的公路大道（roads）、崎岖泥泞的山路小径（trails）、空军基地（air bases）、着陆场（landing zones）——以及跨空间的侦察和通信技术，将空间各部分联系在一起。"美国战争"变成了试图看到者和试图不被看到者之间的斗争。

与落基山兵工厂不同的是，越南中部的战争遗留景观和军事化基地并没有成为野生动物保护区。越南人没有实力像美国人那样补救战争遗留问题，他们也没有财力将这些战略要地完全用于非经济用途。这些景观大多已经变成了工业园区或生态贫瘠的木材种植园，尽管在某些情况下，它们仍然是军事资产。但重要的一点是，这些遗留的景观既为经济发展提供了开放空间，又限制了当地可能发展的类型，这一点影响了越南快速工业化的现状。因此，《墓地中的军营》带来的一个重要教训是，军事化的历史和环境遗产制约了当下资本主义的"创造性破坏"。景观，就像人一样，保存着战争记忆，即使明显的物理标记已经从视野中消失，记忆仍然存在。

军事史学家喜欢把某些地方说成"帝国坟场"，在这些地方，同一个历史、文化、地理和环境埋葬了连续的短视入侵者。从遗留着废弃基地和战争废墟的越南中部，我们也可以得出类似的教训。但这并不是《墓地中的军营》的主旨。相反，大卫·比格斯意在让我们注意到越南民众对"墓地"的字面上和隐喻性的理解，以及他们是如何与历史上帝国的墓地一起置身于多个历史地层和景观镶嵌而成的环境中的。鹰营和越南中部的其他美军基地一样，修建在传统的越南墓地中，如今当局必须积极劝阻当地人不要在那里埋葬逝去的家人，因为担心他们会触碰到地下的毒性物质。这就是本书的核心隐喻："美国战争"，就像过去的战事和占领一样，留下了持久的景观遗产，其中一些地方残存毒性，然而越南民众仍然坚持尽其所能地重新利用这些土地，扎根在对他们具有深刻历史和文化意义的地方。这就是战争的足迹。

致　谢

　　这本书不仅仅汇集了个人观点、故事和笔记，还在很大程度上直接和间接地受益于大量网络资源。我一反通常的致谢顺序，在这里首先要感谢我的亲人，特别是我深爱的妻子红英，因为从我最初酝酿这个项目起，她就在其中发挥了多种关键作用。在很久以前的一个迷人的仲夏之夜，我们两个美国人在河内相遇，此后她就一直是我最热心的支持者、不知疲倦的评论者、最好的朋友和灵感缪斯。在我打开思路时，她为我提供了越南裔美国人的独特视角，通过她在美国和越南的跨国大家庭，我成为"chú rể"（新郎、女婿）大卫这一新角色，或者，开玩笑的说法是"卫女婿"（rể Vit）。整个越南，尤其是顺化市，都是熟人社会，建立彼此之间的信任和认定一个人的身份往往从确定一个人的亲属和归属开始。从我们第一次蜜月旅行到拜访承天顺化省（Thừa Thiên-Huế）*的顺化市和广治省（Quảng Trị）的中单（Trung Đơn）村的亲戚，这个大家庭的成员满怀善意地接待了我们，并时常为我们提供便利的住宿、可口的饭菜，有时还为我们提供研究的建

---

* 越南中北沿海的一个省，也是本书描述的重点区域。该省北接广治省，东南接岘港，南接广南省，西邻老挝，东临中国南海。省莅（即省会）在顺化市。

　　　　　　　　　墓地中的军营：越南的军事化景观

议或反馈，因为他们是本书描述的许多事件的见证者。红英和我一样，在美国长大后选择在越南工作和生活一段时间，因此我们非常幸运地在越南和孩子们一起度过了大部分科研时光。从2006年到2015年，我们带领加利福尼亚的学生到顺化大学进行了四次海外学习，在旅行或进行其他研究时，我们的孩子也在宾馆、在亲戚家的晚餐时间以及在顺化小巷里的家中陪伴我们。能够与他们共享这段时光，我感到非常幸运。

通过我的姻亲，特别是我的岳父岳母，李苏（Lý Tô）和洪氏如愿（Hồng Thị Như Nguyên），我也瞥见了越南人的经历中有着惊人的跨国性质，特别是那些从越南移民到美国但后来又回来的人。苏和如愿当时都在美国念书，他们于1972年在波士顿结婚，在九个月后，也就是1973年的停战期间，带着还是婴儿的红英去看望居住在顺化和广治的父母。

那是红英第一次去越南。后来，战争再次爆发，局势恶化，苏和如愿同大多数人一样，与家人失联了好几年。在我岳父岳母和严（Nghiên）叔叔、乐（Lạc）阿姨以及我们曾相处过的亲戚中，一些人选择移民到美国，另一些则留在越南，而我能够通过他们的故事切身地认识到一个越南大家庭的奋斗。作为三个孩子的父亲，我还是无法理解苏是如何在他波士顿郊区的三居室分层住宅中安置3至23位亲属的。他从事着一份压力很大的全职工作，还向越南寄钱，并资助他的父母、兄弟姐妹和岳父移民。虽然我已经尽力掌握了顺化方言和"入乡随俗"（nhập gia tùy tục），但我的成功和见解在很大程度上是建立在我奇妙的跨国家庭给予的爱和支持之上的。尽管我不是一个特别虔诚的佛教徒，但我还是相信因果报应，而且他们多年来流露的善意让我融入家族，通过这种联系提高了我在其中的地位。我希望能回报这份爱并将其传递下去。

本书的研究和写作经历了几个阶段，而且是在多处进行的。第一站是 2009 年至 2010 年在哈佛大学的东亚科学技术史博士后协会。由于这个协会，我才有幸在美国学术界的"霍格沃茨"与一群杰出人物一起开始研究。我特别感谢胡才惠心（Huệ Tâm Hồ-Tài）教授，她把我介绍给那里的访学名家，写推荐信，并热情地欢迎我去她家做客。多年来，惠心教授帮助了许多越南人和越南研究者，在这个融洽的学术环境中，她的关注让我受益匪浅。感谢东亚语言与文明系的同事们，特别是栗山茂久（Shigehisa Kuriyama）、宋怡明（Michael Szonyi）、詹姆斯·罗伯森（James Robson）和北川智子（Tomoko Kitagawa）教授的友情和支持。哈佛大学地理分析中心在最初的应用研究中为我提供了支持，助我从地球之眼基金会（GeoEye Foundation）和行星行动（Planet Action）无偿获取卫星图像。虽然这些图像只是本书的背景，但在应用研究项目中，它对于帮助识别顺化市周围潜在的有毒热点地区至关重要。

加州大学，特别是我的母校加州大学河滨分校以及我在历史系和公共政策学院的居所，在支持这项研究方面发挥了关键作用。我很幸运地获得了加州大学校长办公室的教师发展津贴（2010—2013 年），为我提供了在三年内前往巴黎、越南和华盛顿特区档案馆的资金。当多数大学在经济大衰退期间挣扎时，我非常幸运地能使用这些资金，在法国档案馆聘请研究助理，并在顺化展开采访调查。在巴黎，特别感谢阮国清（Nguyễn

　　　　　　　　墓地中的军营：越南的军事化景观

Quốc Thanh）博士在文森城堡（Vincennes）的法国国防部档案馆
（*Service Historique de la Défense*）以及在东堡（*Fort de l'Est*）的法
国航空摄影方面给予的帮助。即便我的法语说得顺畅，我也不
可能像她那样不费吹灰之力地找到档案记录并与法国机构建立
联系。在顺化，从 2011 年到 2017 年，我特别幸运地与杜南（Đỗ
Nam）博士和胡庭筍（Hồ Đình Duẩn）博士以及黄氏平明（Hoàng
Thị Bình Minh）一起工作。杜南博士的科技办公室赞助了我的实
地研究，而胡庭筍博士的历史地理信息系统（GIS）研究办公室
帮助我在 GIS 中制作参考层和历史层。平明协助我与夜黎（Dạ
Lê）和符牌（Phù Bài）村建立联系，这有利于我收集口述史料。
在她的帮助下，我能够去这些村庄中的家庭进行采访，并且在
回访时也不至于太尴尬。在加州大学河滨分校，里维拉（Rivera）
图书馆的馆际互借工作人员们自始至终都是我心中的英雄！他们
帮助我利用加州大学各校区庞杂的地图和文本收藏，高效率地把
材料送到我手中，而且不需要个人花费。本书中的大部分图片资
料都来自这些馆藏，这要归功于图书馆馆员在获取扫描件方面的
慷慨帮助。也要感谢我的系主任和同事们，他们让我有可能安排
休假，以腾出时间来整理档案和在越南山区骑摩托车旅行。

2011 年，仰仗富布赖特学者奖学金，我和我的家人在顺化居
住了五个月，在当地进行了大量的实地研究。关于我的研究课题，
我对获得美国国务院支持的研究金以及越南外交部和承天顺化省
人民委员会给予的额外批准感到惊讶和感激。富布赖特学者相对
来说是较高级别的外国研究人员，他们经常利用这一临时职位为
当地的决策作出贡献。我谈到了遗留在前美军基地的有毒废弃物问

题，以及演示如何利用美国的历史资料来寻找其中的一部分。美国驻河内大使馆、美国国际开发署和美国国防部的工作人员出席了我的讲座，并友好地接待了我，即使我的论点可能与美国对越战废弃物的立场相悖。我认识到在这个问题上与政府机构进行更多学术交流的巨大潜力，我希望这本书能以某种方式推动环境对话。

我从 2013 年开始写这本书，并在教学、大学活动和家庭生活的间隙持续写作，直到 2017 年年中才完成。2013 年至 2014 年的国家人文科学基金会奖学金为我最关键的第一年创作提供了支持。本书的第一部分深入研究了早期近代和殖民地时期的越南历史，并探讨了历史地理信息系统数据，这在很大程度上归功于这项奖学金和它为我争取到的时间。感谢加州大学河滨分校人文、艺术和社会科学学院的慷慨支持和休假安排，以及慕尼黑雷切尔·卡森中心（Rachael Carson Center）的写作奖金，我才得以在 2016 年至 2017 年间成了写作。加州大学河滨分校东南亚项目的同事们也支持了我在当地的活动和校园交流，我特别感谢亨德里克·迈尔（Hendrik Maier）长久以来的友好帮助，以及他对初稿的详细阅读和精辟评论。在此期间，许多其他大学也欢迎，并招待（或忍受）我进行客座演讲。感谢许多同事和朋友在华盛顿大学（我的母校！）、耶鲁大学农业研究项目、威斯康星大学、康奈尔大学、加州大学洛杉矶分校、加州大学伯克利分校、加州州立大学富尔顿分校以及哥廷根、新德里和高松（Takamatsu）的国际研讨会等学术圣地对我的支持。还有学术协会，特别是美国环境史学会（The American Society for Environmental History）和亚洲研究协会（The Association for Asian Studies），为我提供了在年会上

墓地中的军营：越南的军事化景观

分享研究内容的机会，我感谢这些协会的许多朋友和同事的热情支持，特别是我的历史学家"同志"和偶尔的合作者爱德华·米勒（Edward Miller）。还要提到越南研究小组，它是美国科学院（AAS）内一个特别支持我的团体，我感谢许多人私下里对我在该小组列表服务器上的奇怪询问作出了有见地的答复，还为我提供了他们工作的 pdf 文件和原始资料。

在加州大学河滨分校，我的学生用他们无限的热情和对世界的新看法为我提供了无尽的灵感源泉。感谢所有与我分享你的故事的人，特别是那些与红英和我一起去顺化市的人。你们的奋斗和成功激励着我，而且还帮助我用新的眼光来看待顺化市。感谢裴竹羚（Bùi Trúc Linh），一位来到加州大学河滨分校攻读博士学位的顺化人，特别感谢他对本书越南语的校对，并为我提供了许多关于顺化文化特点的宝贵见解。

最后，在这本书即将出版之际，我要感谢华盛顿大学出版社敬业的工作人员，特别是凯瑟琳·考克斯（Catherine Cocks）和丛书主编保罗·S.萨特。惠氏环境丛书的资助使华盛顿大学出版社能够继续出版装帧精美的书籍。以本书为例，它收入了许多图片。在一个学术出版社努力实现收支平衡的时代，在从颜色到封面设计和标题的所有方面都拥有发言权是一种奢侈。感谢匿名审稿人热情的评论和建设性的批评。当然，我对错误的翻译、遗漏的重音符号以及其他错误承担所有责任。在本书的注释部分，我还得到了许多人的帮助，感谢他们的贡献，对我所遗漏的人，我希望能够在以后的会面中有所弥补。

导　读

1972 年 2 月，在每年冬天都会笼罩越南中部海岸的绵绵细雨　　3
中，南越军队的士兵们制作了一份刚从美军处接收的两个基地的
照片清单。就在几周前，大约三万名美国陆军和海军陆战队士兵
带着数千吨装备搬离了富牌战斗基地和鹰营。在越南人所谓"美
国战争"的高峰期，这两个基地宛若全天候运转的军事城市。输
油管道像密网一样从一个临时港口向机场、直升机停机坪、发
电厂和燃料库供应柴油和航空燃料。直升机停机坪承载的 UH-1
"休伊"（Huey）武装直升机、CH-47"支奴干"（Chinook）货运
直升机和 CH-54"空中吊车"（Skycranes）机队，将部队和重炮
运送到老挝边境附近的远程火力基地。通过富牌附近的无线电中
心，这些基地与近海的美国船只、携带无线电监听设备的侦察机
以及战场的指挥官保持着联系。无论昼夜，这些基地的上空都充
斥着无线电和旋翼的嗡嗡声。1971 年 12 月，就在美国军队离开
之前，喜剧演员鲍勃·霍普（Bob Hope）等演艺人员在鹰营的圆
形剧场"鹰碗"（the Eagle Bowl）里给一万多名观众献上了最后
一场音乐会。两周之后，部队离开，甚至连舞台也消失了，只剩
下由木材和脚手架搭建的支架。

就在美国媒体关注越南基地关闭的最新浪潮，认为这是一

场悲剧性战争的积极结果时，这个积极的结果却因尼克松访华事件而黯然失色，而南越领导人试图继续保持世界媒体对这些废弃基地的关注度。南越军制作了一份清单，指出了丢失的重要设备（图 0.1）。顺化的南越军指挥官对美国人把这些几个月前还在满负荷运转的高科技基地城市夷为平地感到愤怒。美国承包商拆除了提供电力、清洁水源和周边照明的系统，而消防车、通信中心

图 0.1　富牌战斗基地被拆除的部队营房，1972 年 2 月 11 日

资料来源：Box 3, RVNAF Base Turnover Inspections, MACV Inspector General Records, Record Group 472（以下简称 RG 472），美国国家档案与记录管理局，马里兰州大学园区分馆（US National Archives and Records Administration, College Park，以下简称 NARA-CP）。

墓地中的军营：越南的军事化景观

和空调则搬到了少数仍在运行的美军基地。南越军第一师的指挥官召开了一次新闻发布会，向记者展示了这些基地的废墟，以及美国为南越剩余的建筑、电线和道路发放的账单。"改善"这些土地的费用超过 400 万美元，而且当时没有人注意到匆忙覆盖的垃圾填埋场。[1]

1972 年至 1973 年美国从越南的撤军，揭示了历史上最具破坏性的战争之一所带来的诸多社会和环境伤痕。这些伤痕远不止被毁坏的基地和被炸毁的山丘，还包括当地家庭生活和文化风俗的断裂。图 0.2 显示了许多基地的一个普遍但较少被注意的特点，即它们通常位于乡村墓地。照片的主体是一处带有混凝土野餐桌的类似食堂的建筑，这是一个军士俱乐部。就在桌子后面，可以看到一个家族墓穴的墓碑和莲花顶的柱子。早在俱乐部或基地建造之前，这座坟墓就已坐落在那里了。一开始，美国工兵在建造基地时推平了类似这样的坟墓，但此举引发了当地的骚动，此后他们只能在坟墓周围建造基地。位于越南中部狭窄地带的 1 号公路 *周边空间有限，因此海军陆战队开始在村里的墓地扎营工作。

军营与墓地尴尬共存的现象是一个恰当的象征，展现了军事、物质和文化景观以一种令人深感不安的方式成为越南战争的一部分。想要祭拜祖坟的家庭成员需要冒着被拘留在军营入口的风险，而在军营外围祭拜的人则需要冒着被射杀的风险。在战斗中受到创伤的美军回到他们的营地后，就睡在这些墓中。许

---

* 越南纵贯南北的公路，北起友谊关，南至金瓯省南根县南根镇，全长逾 2300 公里。其历史可以追溯到 20 世纪初期，由法国殖民者修建。

图 0.2　富牌战斗基地的军士俱乐部，1972 年 2 月 10 日

资料来源：Box 3, RVNAF Base Turnover Inspections, MACV Inspector General Records, RG 472, NARA-CP。

多由美国老兵制作的网站上都有士兵站在这些墓地中或周围的照片。一些人回忆说，墓地的混凝土墙常常为他们提供躲避火箭弹和狙击火力的掩体。[2] 在富牌的海军陆战队甚至将一个着陆场命名为墓碑着陆场（LZ Tombstone），将墓地纳入他们的黑色幽默和作战术语中。

　　图 0.1 和图 0.2 凸显了军事进程以不同的方式嵌入战争、社区和个人的多重历史中。虽然在看这些图片时，人们的目光通常

　　　　　　　　　　　　　　　　　墓地中的军营：越南的军事化景观

被吸引到军事废墟上,但它们的背景揭示了新的层次,指向土地更深层的过去及其多重含义。理解军事进程如何嵌入并交织在这些多重景观——也就是战争的足迹,是本书的重点。在诸如富牌这样的地方,美军的目标是重新构建物质和社会的景观,以建设国家基础设施和遏制越南共产党*部队。然而,美国人并不是第一群试图在这里实现这些目标的人,而且在 1965 年,他们也不是这里唯一的建设者。越共和非共产党的部队在山区和海岸也建立起了他们的网络。他们依靠秘密藏身处和储藏室建起了一条从沿海村庄(如符牌)延伸到山区基地的地下通道。他们在宣传中强调这些古老的村庄景观在过去长期遭受军事占领,从而把自己的革命斗争与古代历史上同中国元朝、明朝,近代同法国和日本殖民者的战争联系起来。1972 年美国人的撤离,揭示了一支军队在这个地方建设国家基础设施的局限性,以及另一支军队的复原力。

由于这部关于越南战争的环境史是由我这样一个美国人写的,所以我为何选择顺化市、富牌和承天顺化省的山区作为故事的重点,应该一开始就加以说明。和许多"70 后"一样,我是在越南战争的阴影下长大的。我的父亲虽没有上过战场,但他是一名毕业于美国海军学院的核工程师。他在 1973 年的复员浪潮中退役,直到那时,我一直在军事基地生活。作为一个平民小孩,我经常参观军事博物馆,并从我父母的军方朋友那里了解到一些零碎的故事。在大学里,我成为一名环境活动活跃分子,参加了   7

---

* 越南共产党成立于 1930 年,同年改名为印度支那共产党,1951 年改称越南劳动党,1976 年复称越南共产党。为便于阅读,中文版统一称作"越南共产党"(简称越共)。

抗议1991年海湾战争的游行。大学毕业后，我去越南当志愿者教英语。在研究生院，我学习环境史并专攻越南研究，学习越南的语言，研究越南的档案。2006年，我在1号公路上带领学生参观时发现了顺化市（或者说是它发现了我）。在顺化市的富牌国际机场附近，我注意到在一个由村庄和新工厂组成的密集地带，有几十片杂乱的空地，路面破损，没有房子。当我向导游询问这里的情况时，他先是用越南语回答，但随后又说出了当地的英文地名：埃文斯营（Camp Evans）、霍赫穆特营（Camp Hochmuth）和鹰营。导游和我一样，都是在战争时期长大的孩子。他的父亲是一名南越士兵，他在这些基地周边长大，但他很快指出，许多老年人也同样记得这些名字。我开始对这一点和这片地方着迷。为什么这里仍旧是一片空地？越南如今正是经济和房地产的繁荣时期，这片空地又会面临怎样的命运？

这激发了我的兴趣，不过这本书的研究和所需的当地支持要归结到一年之后的7月4日，美越友好协会顺化市分会举办的另一个学生项目。仪式结束后，我向该协会的副主席（一位环境科学家）说明，我是一位环境史学家，对战争的遗留问题很感兴趣。通常情况下，把环境史作为一门严肃的学科来解释（和辩护）是一种终结话题的行为，但这次他却认真地听着。他问我是否认为美军旧基地的记录可以帮助确定废弃物的地点。他是一位在苏联取得博士学位的地质学家，曾在阿塞拜疆的巴库油田学习过。他当时是承天顺化省科技厅厅长，负责该省有毒废弃物的清理工作，其中包括符牌村附近的美国军事废弃物。该村的工人将一个上游水库抽干后进行清理。在刮去淤泥时，他们发现了一批

　　　　　　　　墓地中的军营：越南的军事化景观

生锈的铁桶。他们用镐头刺破铁桶，桶里释放出浓缩的 2-氯苯丙二腈粉状浓缩物，也就是人们熟知的 CS（催泪瓦斯的常见成分）。浓缩粉末与水和泥浆混合后会灼伤皮肤，一些吸入空气中悬浮颗粒的人因呼吸道灼伤和受损而被送往医院。这一发现在该省并不罕见，甚至也不是最有毒害性的一次，但它一直困扰着我的东道主（我后来才知道），因为当来自河内的军事取证小组挖出这些桶时，引起了财务和法律纠纷。由于 CS 是一种军事化学品，国防部负责了清理工作，但向该省收取了超过 7.5 万美元的费用。[3] 我的东道主希望我能运用环境史分析技能找到其他化学热点地区，以避免未来发生同样的事故。

在得到省里的批准后，这个环境史应用研究项目为我提供了探索曾经基地的遗址和周围村庄的机会，这使我更深层次地思考了军事冲突的长期影响。在美国的军事记录中，我发现了大量的地图、照片和详细的文字记录，并与当地官员分享。《驻东南亚美军档案》（RG 472）是世界史上有关军事占领的最详细的公共档案之一。仅仅是文字记录就占了几百个移动书架，覆盖面积相当于几个足球场。在这批档案中，我发现了发生在这些基地的化学活动的详细记录，包括使用橙剂等战术除草剂和批量投掷桶装CS 粉末（55 加仑 / 桶）的行动。美国的记录包括详细的化学品库存、飞行任务数据和有效载荷的信息。美国的航空照片和地图为 1972 年前后的土地特征提供了重要的视觉材料。我对鹰营和富牌的历史图像和地图进行了数字化和地理参照，然后在顺化市的一位遥感专家的帮助下，将历史图层与最近的卫星图像进行比较。我们制作了显示长期特征的历史地图，特别是那些过去的化工场所周围的裸露表面。[4]我们提交了我们的发现和所有历史记录的副本,至此,项目结束。

然而,这项工作引出了一系列关于历史、军事化和景观的更广泛的问题,这些问题构成了本书的基础。当历史学家描述一个受污染的地点时,他们会寻找历史和环境的基准线,将污染之前或军事化之前的状况与特定的环境或军事事件发生时的状况进行比较。在富牌,我很快就了解到美国军事活动只是此地众多历史地层之一(图0.3)。通过在省图书馆的阅读和与乡村史志人员的讨论,我更加深刻地理解了当地的军事占领和冲突。

例如,富牌机场不仅仅是1965年美国海军陆战队的基地,其所在地还是许多近现代军事活动参与者的驻所。15世纪初,越

图0.3 富牌基地区域和村庄,承天顺化省

资料来源:VMAP0, ESRI Inc. and Open Street Map,由笔者绘制。

墓地中的军营:越南的军事化景观

南和占族军队在那里与中国明朝军队作战。17 世纪末，该地是
冶铁的废料倾倒区，符牌村及其矿渣场——之后的富牌机场和基
地就修建在那里，几个世纪以来一直是军事工业村。它的丘陵地
区被溪流冲刷，露出碱土（Vùng Phèn），其中蕴藏着丰富的铁矿
石，铁矿生产持续到了 1800 年。炼铁留下了大堆废渣和植被退
化的山丘。[5] 1924 年，法国殖民政府在这片"废弃之地"建造
了顺化市的机场，并在碱土山脚下的山谷里开设了一个麻风病
院。1941 年，日军到达后扩大了机场并关闭了麻风病院。日军增
设了飞机库、无线电塔台和燃料库，并在原来的麻风病院附近
设立了一个营地（可能是为战俘设立的）。1945 年 8 月，越盟军
队占领了该地区，从建在碱土山的碉堡中缴获了日本武器和弹
药。随后，越盟在前日军营地附近开办了一个军官培训机构，直
到 1947 年，法国陆军（主要是塞内加尔新兵）入侵，并在越盟
训练营的废墟上建立了绿洲营（Camp Oasis）。两年后，由于越盟
的炮火打击和夜间突袭，他们被迫离开。1954 年，南越军队接管
了该地区，并在美方协助下扩大了机场的跑道，在原绿洲营周围
建造了新设施。1965 年，美国海军陆战队抵达，在 1968 年的春
节攻势（the Tét Offensive）之后，美国的基地建设加速了。1972
年，南越军队接管了这些基地。1975 年，越南人民军接管了该地
区。2000 年，这里大部分土地被划归承天顺化省，但仍有一些
土地属于军用，由越南人民军和地方部队（类似于国民警卫队）
占据。

在寻找军事化前的基准线过程中的这些发现，使我研究战争
与景观之关系的方法发生了根本性的转变。我不再是只关注动态

读 9

历史景观中的某一个军事组织的环境影响，而是选择从多层次的军事建设和破坏的角度，来关注军事化景观的悠久历史。这种描述军事化景观的长期历史的方法，对于将"美国战争"置于一个更加深刻的、多层次的历史和环境背景中尤为重要。从我2006年开始研究以来，旧基地的混凝土废墟和空地正在迅速消失，因为新的工业混凝土层或造林形成的绿色地毯正在蔓延。富牌战斗基地在2000年变身为富牌工业园区，电视组装厂和物流设施覆盖了原先美军卡车仓库和步兵营的足迹。即使是山上的重火力点和战场，特别是过去的非军事区（DMZ）附近区域，也重新焕发了生机，逐渐被数千公顷的刺槐和一座座新城取代，后者沿着向西通往老挝并连接泰国的新高速公路，如雨后春笋般出现。新的电力线和水管终于取代了1972年被遗弃的基础设施中被破坏的电网。在如今的工业园区，农村妇女在流水线上长时间工作后过着集体生活。她们休息的宿舍离20世纪60年代末的军营只有几步之遥，那里原来住着从山上执行完任务后回来休息的美国青年。今天工业园区的运作在很多方面就如同旧基地的反向版本。人力和原材料从山上来到工业区，工业区再出口产品到太平洋沿岸港口，如加利福尼亚的长滩。这些长期被遗弃的非生物景观已经恢复了其工业生态系统。

本书从越南21世纪初期经济繁荣的时段出发，追踪越南中部地区军事冲突的深层次历史和战争的足迹，思考反复发生的军事冲突如何构建了这片土地上的日常生活和记忆。使用"足迹"一词作为隐喻是经过了深思熟虑的，因为足迹是过去破坏留下的物理痕迹，看上去很复杂。虽然"足迹"这个词通常意味着事件造成的印象或对某物的影响，但它的形成在很大程度上取决于事件发生地的土地或地表的相对阻力，而它的持续时间则取决于许多事件发生后的因素。最后，人们需要从视觉的角度记录足迹。足迹天生具有空间性，比如 1 号公路沿线以前空空如也的基地旧址，它们仍然是今天有关发展的争议中的话题。

虽然在战后越南，从基地到工业园的转变是相对较新的现象，但战后经济发展的挑战早已有之。从基地到工业园的过渡可能是对卡尔·李卜克内西（Karl Liebknecht）的名言"资本主义就是战争"的讽刺性反转，但军事理论家一直认为军事占领是打开新市场和开启资本密集型机会的一种手段。[6] 冷战后的基地关闭和财产转移只是冲突后军事基地向新的城市和工业格局过渡的最新例子。几个世纪以来，这种转变一直是世界历史中城市化的一个核心特征。罗马人在克劳迪乌斯大帝（Emperor Claudius，41—54 年在位）的指挥下入侵英格兰岛，在泰晤士河泥滩上的一座桥周围建立了帝国最大的军事基地。桥后有城墙，中世纪的伦敦城就从这些城墙开始，沿着如今的伦敦桥延伸开来。[7] 在越南，古都河内及其繁华的商业街道是以中国唐朝在大罗城（Đại La）的要塞为中心发展起来的（791 年）。[8]

从孙子到卡尔·冯·克劳塞维茨（Carl von Clausewitz）这样的军事思想家，甚至包括奥地利经济学家约瑟夫·熊彼特（Joseph Schumpeter），长期以来都认为，军事行动产生了一种"创造性破坏"，空荡荡的足迹为新的发展提供了空间。他们认为，军事占领清除了表面的事物，从而可能形成新的产业和社会关系。如今，熊彼特提出的关于商业周期和资本主义未来的"创造性破坏"一词被广泛引用,但这个想法早在几十年前就已流行。熊彼特写的是商业周期,而不是战争,但他得出了同样的结论:"创造性破坏是资本主义的一个基本事实。"[9]熊彼特实际上是从第一次世界大战前后在普鲁士写作的上一代德国历史学家和经济学家那里借用了这个术语。经济史家维尔纳·桑巴特(Werner Sombart)在写于1913年的《战争与资本主义》(War and Capitalism)一书中指出,虽然17世纪欧洲毁灭性的宗教战争摧毁了森林,但为基于煤炭的新能源机制和基于焦炭和铁的新工业开辟了空间。他从哲学家弗里德里希·尼采的分析中发展出他的"创造性破坏"观点。尼采从印度教经文《薄伽梵歌》(Bhagavad Gita)中汲取灵感,关注文化通常会在暴力后更新和再生的问题。[10]即使在原子弹爆炸和越南战争之后,这一理念仍然在战争中发挥作用。小布什总统的顾问们在2003年提出了"震撼理论",即在"震撼与威慑"(shock and awe)之后,摧毁伊拉克的现有经济,建设新的自由市场经济。[11]

关于从战争空间到战后废墟和战后重建的争论,构成了本书的中心主题,参与这些争论的环境史学者指出了"创造性破坏"这个想法的生态局限。1945年第一颗原子弹爆炸后,物理学家罗伯特·奥本海默(Robert Oppenheimer)也提到了著名的《薄伽梵歌》,自那以后,认同"创造性破坏"的乐观主义者遇到了环保主义者发起的一种新抵制。如果破坏不彻底,那么战争废墟的威胁在冲突结束后还会持续很多年。之后会发生什么?[12]在核爆炸中释放的铀-235同位素的半衰期超过七亿年,20世纪60年代用于战争的许多化学品是持久性污染物,对生态和人类健康有严

墓地中的军营:越南的军事化景观

重影响。当省级及以下地方政府努力应对在可能被这类有毒废物污染的前军事用地上建造设施的影响时，"创造性破坏"的逻辑就不再成立了。推土机可以铲除表面的瓦砾，但谁能在法律和道德层面清理下面那些仍然看不见的东西呢？[13]

军事化与景观

由于本书提议对军事冲突和景观进行更深层次的史学研究，因此需要解读一下"军事化"和"景观"这两个术语。我用最广泛意义上的"军事化"来描述的对象，不仅仅是军事主导下的暴力、建设、破坏和土地占有行为，还包括更广泛的社会进程，其中军事组织和军事需求重新设定了日常生活。[14]同样，军事化景观指的是那些不仅在物理上与军事进程有联系，还在文化和政治方式上有联系的土地——例如，在军事基地周围建设起来的社区。在诸如碱土山这样的资源开发边缘地带，甚至连稻田都在军事征用的范围内，就像村民的儿子也被征召到各种军队里一样。军事化是一个有意为之的宽泛术语，旨在激发读者扩大视野，了解军事活动对基地和军营之外的村庄生活和文化习俗的影响。

本书使用"景观"一词，也是一种选择，旨在广义地将其定义为由生态和社会因素混合形成的地方。作为诞生于欧洲启蒙运动时期的概念，该术语是了解物理、文化和历史要素的土地观念的一条线索。[15]景观通常是可测量的物理空间，在绘画、照片和地图中都有呈现，但当自然和建筑特征被赋予社会意义时，它

13

们也可以是文化空间。由于其"可见性"（景观中的景象），景观可以同时以物理、文化和表征的形式存在。它由建筑、土壤、植物和树木等物理元素组成，但也包含许多文化元素：小道、纪念碑，以及美国作家杰克逊（J. B. Jackson）笔下的"乡土景观"这些被人命名的特征。[16] 尽管美军工兵尽了最大的努力来建造全球性的同质空间，即由雷区和铁丝网保护的基地，但基地还是不可避免地与生动的越南乡土交织在一起——想想海军陆战队建造在墓地中的酒吧。

在大多数关于越南的战争史研究中，国家的领土是相对空白的空间框架，而本书则从承天顺化省的一组较为密集的景观开始，考察一系列国家建设者和军事力量如何试图将这些空间纳入他们的竞争计划中。这些景观可以大致分为三个不同海拔的区域：狭长的沿海平原地带、较宽的丘陵地带（海拔 10 米至 200 米），以及与老挝交界处的内陆山区高地（海拔 200 米至 2000 米）。从 15 世纪到今天的军事化历史，大致是经过上述区域从沿海向山区扩张。这种海拔逻辑不是我自己的发明，而是遵循了越南和东南亚许多低地社会使用的传统视角。在越南中部，基本的生态政治边界被划分为低地、中地和高地区域。本书挖掘了这些不同海拔区域的军事化历史，从低地的沿海村庄和顺化市的街道开始，继而转移到山地的关键战区，然后再跟随抵抗军战士和外国士兵的脚步到达香江（Perfume River）上游和阿绍山谷（A Sầu Valley）（见图 0.3）。本书以这三个海拔区域的空间为焦点，研究不同的军事占领者如何构建军事化的景观，以及这些景观如何融入国家角逐者的宏大愿景。

作为一部关于国家角逐者"愿景"的史书，本书也在很大程度上依赖视觉媒介，思考竞争性的军事组织是如何使用航空技术和制图技术——包括地图、飞机、照相机、无线电以及关于山脊和河流的风水概念，将这些空间与更大的政治网络联系起来的。游击队夜以继日地将殖民时期的道路和前哨"重新布线"到一片新的革命领土上，该领土由小径、河流、山脊、隐藏的无线电发射机和数公里长的电线和塑料管道组成，以避免被敌人从空中发现。他们的对手同样试图深入乡村生活和传统，使农村社区现代化，并将其纳入全球商业和思想体系。以景观为中心的视角，可以多层面地思考不同军事占领者的本质和愿景。[17]

最后，在景观和空间理论方面，本书思考了古代冲突区和以前的军事场所如何造就了连续的军事冲突。过去的战争空间，从工业废料处理区到森林被砍伐的山丘和被遗弃的军营，往往引导着新的军事发展。[18]环境因素（食物、住所、植被、历史地标）和持续的空间政治（废弃土地、争议领土）构建了持续的军事经验。美国工兵并没有可以在任何地方建立基地的空白支票。他们搬进了被遗弃的法军营地，搬进了布满坟墓的有争议的"荒地"，甚至搬进了越盟士兵已经撤离的山区营地。即使是1965年当时世界上最强大的军队，也不得不遵循一些符合空间历史和景观逻辑的基本规则。

我选择将曾经是皇都的顺化市作为这项研究的中心，不仅仅是由于和当地官员的偶然会面，也是由于当地极为丰富的历史、文学和文化传统。在战争期间，甚至是战争结束后，顺化市都象征着越南内部交融的中心，因为它融合了北方和南方的影响，以及传奇般的顽固和反现代的氛围。该地区作为皇都留下的遗产，以及它在20世纪作为多次激战的战场的重要性是很关键的，然而，当代对战争在仪式、艺术和文学方面的遗产的关注也同样重要。在古墓、近现代公墓和战争纪念碑之外，还有许多介于它们之间的空间，是古代遗迹的亚层，这种"荒野"不仅充斥着化学物质或弹药的痕迹，还充斥着来自充满争议的过去的游魂。如今的许多顺化人也会关注这有着"游魂"（linh hồn lang thang）的旷野，以及一些更为致命的废弃物和弹药的埋藏之地。无论是在城市还是在农村，哪怕挖掘几米深的土壤，都要承担一些风险，如被当年未引爆的弹药炸残、发现人类遗骸，或者可能接触到有毒残留物。越南的流行文化中充满了这些东西和游魂"闹鬼"的故事，几乎每个人都知道某个家庭中有人遭遇过这些事情。[19] 在基地附近的村庄，特别是在顺化市的街道上，每到望日（ngày rằm）*，人们就会在前院或人行道上设立祭坛，摆上香火和食物，供奉和安抚游魂。这种情况在东亚大部分地区的每年鬼节期间都会发生一次，鬼节一般是在农历七月的满月时期。但在顺化市，每个月都会进行。

　　顺化地区是一片划分越南交战方边界的沿海狭长地带，从某种程度上说，顺化地区是一个独特的文化接触区。作为一个边境地区，它促进了当地居民和外国人几十年来对"两个越南"的思考。战地记者兼政治学家伯纳德·法尔（Bernard Fall）在《没有欢乐的街道》（*Street without Joy*）一书中，描述了法国在1953年

---

* 农历每月十五。

　　　　　　　　墓地中的军营：越南的军事化景观

至 1954 年加强控制越南的失败。书名取自法军对顺化市北部的 1 号公路的称呼，因为那里经常发生伏击事件，所以叫没有欢乐的街道（*La rue sans joie*）。[20] 在越南战争*期间，顺化市和其被围困的山丘成为大量新闻和文学作品的核心话题。

　　尽管许多人关注特定的战斗地点，但有些人还考察了农村生活和山区基地起义者的生活。北越战地记者陈梅南（Trần Mai Nam）的《狭长的土地》（*The Narrow Strip of Land*）于 1969 年出版，提供了一个越共游击队员对该地区的看法。主人公沿着胡志明小道，穿过被炸毁的险峻山头，来到海岸边的村庄。[21] 1968 年的春节攻势摧毁了顺化市，但从各个方面来看，它扭转了越南战争的局势。南越的艺术家如雅歌（Nhã Ca）和音乐诗人郑公山（Trịnh Công Sơn），试图把那些可怕到无法用数字和新闻报道来解释的东西写进故事和歌曲中。[22] 即使是在冲突的最后几年，由于靠近顺化市，人类学家詹姆斯·特鲁林格（James Trullinger）等美国社会科学家也有难得的机会在村庄里进行采访。他的《战争中的村庄》（*Village at War*）一书以引人入胜的视角讲述了村民对军事基地、多起暴力事件和政治变革的反应。[23] 这本书收集了有关顺化市及周边的越南国内外艺术和学术作品，它们为本书的比较和思考提供了丰富的背景。除了这些文献，我还利用了前人在历史军事遗址旅行的日记以及在符牌（水洲社，Thủy Châu Commune）和夜黎（水芳社，Thủy Phương

---

* 原文为 the Second Indochina War（第二次印度支那战争），即 1961—1975 年的"越南抗美救国战争"。为便于阅读，中文版统一译为国内读者更熟知的"越南战争"。

Commune)*等村庄的正式和非正式采访稿件。鉴于能获取的1975年后的政府记录极为有限，访问承天顺化省图书馆对我了解当地村庄的历史和战后恢复的故事至关重要。

档案，尤其是军事档案，是这项研究的重要组成部分，从某种意义上说，它们也像景观层一样，往往极具层次感，有着自己的空间和历史逻辑。北安南—顺化部（Nord Annam-Hué Secteur）的法国军事档案在巴黎附近的文森城堡得到了细致的整理和记录，其中包括丰富的文字、视觉和地图资料。在巴黎郊外东堡砖墙下延伸的19世纪"洞穴"中，保存着1947年至1954年法国空军在印度支那**上空拍摄的原始航拍照片。美国关于越南的军事档案，大部分存放在位于马里兰州大学帕克分校的国家档案馆，容量相对来说比较庞大。能大量拥有这些收藏品是福也是祸。它有利于对个别部队或战役的深入研究，但它对横向的专题研究是不利的，因为档案的数量太多，会让研究变得复杂。此外，网上还有大量已经数字化的美国档案，包括得克萨斯理工大学的越南档案、中央情报局（CIA）包含解密文件的CREST数据库，以及乔治·华盛顿大学的国家安全档案。[24]

与相对丰富的外国档案相比，越南共产党和人民军的档案

---

* Commune 译为"社"，是越南的第三级行政单位之一，同级的还有市镇、坊。往上第二级包括省辖市、市社等，第一级包括直辖市和省。

** Indochina，此处指法国在中南半岛建立的殖民地，存在时间为1887—1954年，范围大致包括今天的柬埔寨、老挝、越南等，其首府1902—1945年在河内，其余时间在西贡（胡志明市）。其中越南从北到南为北圻（东京）、中圻（安南）与南圻（交趾支那）三个部分。

墓地中的军营：越南的军事化景观

相对缺乏，这对比较分析而言是一个重大挑战。关于越南军队的原始档案，包括人民军、各种非共产党军队和民族解放阵线的档案，普通学者是难以获取的。我的办法是挖掘已经出版的相当程式化的团史、区委史、省史。虽然这些历史著述在很大程度上没法使研究者形成详细的观点，但它们还是校正了美国和法国档案中关于关键战役和部队历史背景的记载。外国军事档案还包括被缴获的文件，因此只要仔细筛选，再加上一些运气，就能找到有价值的亮点。

在描述国家与军队的反应（和冲突）方面，民间记录也是 17 非常宝贵的。鉴于从 19 世纪到 20 世纪 70 年代统治顺化的政权不断更迭，这些记录散落在越南各地的资料库中。中圻钦使（Résident Supérieur）* 和 1949 年至 1954 年越南中圻首宪府（Phủ Thủ Hiến Trung Việt）的殖民时期记录位于山城大叻（Đà Lạt）的越南国家第四档案馆（Vietnamese National Archives Center No.4）。它们提供了在 1954 年越南分裂前，与顺化密切相关的局部视角。南越的国家档案位于胡志明市的越南国家第二档案馆，提供了 1954 年后在顺化和西贡之间的紧张局势，以及对 20 世纪 60 年代由佛教徒和学生领导的抗议活动的看法。最后，美国民间机构的记录，特别是美国国务院保存的记录，让我们了解到当抗议活动和日后的春节攻势使越南中部成为关注焦点时，南越最强大的盟友是如何看待和构建"越南局势"的。

---

* 在法文中称安南驻扎长官（Résident Supérieur of Annam），是法属印度支那殖民政府的官职名，凌驾于阮朝之上，管理越南的内政。其上级为法属印度支那总督。

文件、胶片和屏幕上的军事化景观

考虑到视觉元素是景观研究的基础，现代越南冲突期间产生的许多地图、航空照片和卫星图像，为历史学家带来了大量有待利用的视觉资源。1945—1975 年在越南爆发的两次印度支那战争，* 在时间上正好与一系列令人难以置信的技术创新相吻合，包括航空摄影（1918—1940）、高空摄影（1940—1975）、卫星摄影（1959—1972）和基于卫星的多波段扫描（1972 年至今）等。直到 21 世纪初，越南军事地理信息（地理空间信息）的可视化资料基本上是保密的，但现在大多数已公开。与所有政府或军方档案一样，摄影资料也遵循着独特的组织逻辑（和政治），并提出了独特的解释方面的挑战。如果想看美军在越南的照片，研究人员必须利用索引找到特定的胶卷，然后等待胶卷从位于密苏里州圣路易斯附近曾经是私人盐矿的冷库设施里送过来。几乎每天都有一架飞机把被申报索取的历史胶片送到华盛顿地区，其中包括秘密的和公开的。一旦胶片到了马里兰州大学帕克分校的国家档案馆，研究人员必须使用 20 世纪 60 年代的照片解读机，扫描或重新拍摄图像（图 0.4）。世界上任何地方的研究人员都可以来到帕克分校，查看 20 世纪 40 年代至 60 年代军方航拍的原始底片，这一点可以说是非常了不起的。图 0.4 中的鸟瞰图描绘了美国特种

18

---

* 第一次印度支那战争即"越老柬抗法战争"，指 1945—1954 年越南、老挝、柬埔寨三国抗击法国侵略的作战。第二次印度支那战争即 1961—1975 年的越战，前文已有说明。

墓地中的军营：越南的军事化景观

图 0.4　1961 年的阿绍特种部队基地，用原底片展现

资料来源：Mission J5921, Defense Mapping Agency, RG 373, NARA-CP。

部队在阿绍山谷的基地，图片显示出这些景观具有丰富的美感，同时也提供了关于过去的土地使用和军事摄影师工作的线索。

　　将这些高空视角纳入研究中，也可以引入新的批判性分析模式，即这些空中视角是如何构建的，以及它们如何造就了军事行动者，尤其是不太敢在地面上冒险的外国军事行动者的看法。从 20 世纪 30 年代引入航空摄影，到 20 世纪 60 年代美国大量使用航空图像，航拍成为以国家为中心的边界概念和美国理解当地起义的基础。[25] 这种空中平台及其鸟瞰的逻辑显然一再受到挑战，特别是来自起义部队的挑战。在 1975 年之前，越南中部的越共部队可能还没有驾驶过飞机和直升机，但他们开发并维护了自 19

己的无线电通信网络，并以伪装来应对空中监视和轰炸。他们也看地图，但他们往往通过基于景观知识的方法——特别是根据地标——来隐藏自己。这种用来躲避空中监视的地面平台同样重要。

最后，本书借鉴了最初的应用环境史项目，不仅反思了这些视觉资源，还以数字化方式将它们运用到了历史地理信息系统中，以对书中讨论的特定地点进行视觉研究和比较。在后面的章节中，图像叠加和航空照片的选择占据了中心位置，有一组图包含了来自多个图层中的图像，旨在解答关于土地使用、军事行动的范围以及许多军事特征的历史持久性问题。还有一个配套的网站介绍了历史地理信息系统的工作成果，使读者能够详细地探索这些图层。[26]

不同地层和战争中的历史

以下各章是按时间顺序排列的，从早期 15 世纪越南人在海岸的定居开始，一直到法国殖民时期（1884—1945），然后转向关注现代战争。第一章"历史地层"是一篇概述，对确定海岸长时段历史中的关键军事和环境因素是必要的，尽管这可能会冒犯早期越南历史学家和那些对现代战争更感兴趣的人。从某种程度上说，这是受到了历史学家费尔南·布罗代尔（Fernand Braudel）对地中海研究的启发，尤其是他对海拔高度的关注，以及 20 世纪 20 年代他在阿尔及利亚旅居教书时形成的观点，这帮助他在一个共同的地中海框架内，通过观察从阿尔及尔到阿特拉斯山的地形，将阿尔及利亚和法国的历史联系起来。[27] 这一章没有讲得那么远，但它确实试图勾勒出一段较长的环境历史，以更好地解释越南人如何看待山丘、内陆山区，以及通常始于海上入侵的动荡时期。第二章"土地改造"，讲述了1885年至1945年期间顺化周围的殖民主义军事和政治统治。它从1885年殖民军队的入侵开始，研究了殖民者关于退化土地的争论以及20世纪30年代反殖民运动的诞生。与前一章一样，第二章没有明确地聚焦于军事冲突，相反，它考虑了两次世界大战以及俄国革命和中国革命这些遥远的事件如何影响生活在中部海岸的新一代民族主义者和革命者，其中包括许多未来的越南共产党和非共产党政府的领导人。这一章讲述了越南革命者和法国改革者"改造"贫困的农村景观，以实现他们在大萧条后、殖民后和战后的诸多愿景。

20

本书后四章，从这些早期的地层转到一个为期30年的时段，其中发生了世界历史上一些最激烈的军事破坏事件。第三章"抵抗"，从1945年夏天的战后时刻开始，重点讲述越盟的军事逻辑如何重新连接历史景观，并通过丘陵和山脉建立新的国家网络。它追溯了从殖民统治的废墟中发展起来的三种军事占领：越盟的起义、法国的军事入侵和非共产党的越南军队的形成。第四章"废墟"，探讨了1954年《日内瓦协议》*后环境和政治方面的左派面临的挑战。成千上万越盟士兵撤离了大片领土，而非共产

---

* 1954年7月20—21日在日内瓦会议上达成的关于恢复中南半岛各国和平的各项协议的总称。内容包括尊重越南、老挝、柬埔寨三国主权独立，三国不参加任何军事同盟，法国撤军等。

党阵营的越南国民军（Vietnam National Army）*则在努力巩固对曾经起义地区的主权要求。这一章还追溯了美国支持"平乱"活动的升级，特别是在前越盟地区建造基地设施和部署特种部队的行动。第五章"创造性破坏"篇幅很长，考察了1964年至1973年美国军事介入的发展过程。第六章"战后"是冲突后的尾声，由一系列个人访谈和现场访问产生的故事组成。

注释

[1]《鹰营的变故》（"Eagle Turnover"），1972年1月16日，Box 3，Real Property Management Division: Property Disposal Files，1972，MACV Headquarters: Construction Directorate，RG 472，美国国家档案与记录管理局，马里兰州大学园区分馆（简称NARA–CP）。

[2] 老兵的个人网页和快照提供了宝贵的视觉和历史资源。一位士兵描述了他1969年至1970年在鹰营的行程，并提到了这些坟墓，见Lee Hill, Photographs, 101st Airborne Division, HHC G2, http://mypage.siu.edu/leehill/Vietnam/VietnamPictures. htm，最后一次访问于2017年9月21日。

[3] 清理工作的细节见省人民委员会第272号令，2000年1月26日，《关于批准设计和估算工程，以克服在香水县水符社/坊溪利湖因有毒化学品和美国战争废物倾倒造成的环境污染后果》（Về việc phê duyệt thiết kế, dự toán công trình khắc phục hậu quả ô nhiễm môi trường dochất độc hóa họn phọn và bãi thải chiến tranh của Mỹ tại hồ Khe Lời, xã Thùy Phù, huyện Hương Thủy）。最近，越南的日报《越南法律》（Pháp Luật VN）重新调查了污染地点周围的所谓癌症群落。见垂绒（Thùy Nhung）《CS毒窖和农药储存灾难的嫌疑》（Nghi vấn thảm họa phương từ hầm chứa chất độc CS và kho trữ thuốc trừ sâu），《越南法律》，2016年8月18日，www.baomoi.com/nghi-van-tham-hoa-ung-thu-tu-ham-chua-chat-doc-cs-va-kho-tru-thuoc-tru-sau/c/20119429.epi，最后一次访问于2017年3月8日。

[4] 第六章更详细地描述了这些地图，这些地图的集合可以参考本书的配套网站

---

* 指越南国的军队，与法国联合对抗越盟。越南国存在于1949—1954年，元首为保大帝，后改组为越南共和国。越南国民军亦改组为越南共和国军。除特定情况，本书统称为南越军队。

"战争的足迹"（davidbiggs.net）。

[5] 关于采矿的讨论见裴氏新（Bùi Thị Tân）《关于两个传统工艺村：符牌和贤良》（*Về hai làng nghề truyền thống: Phù Bài và Hiền Lương*）。从字面上看，"ất phèn"是酸性硫酸盐土壤，其中溶解的铁会产生红色的条纹，对植物有毒。在当地的采访中，该地区居民解释说"Vùng Phèn"是一个有锈红色小溪穿过山丘的地区。

[6] 在军事环境史这一不断扩展的子领域中，军事后遗留问题和土地使用问题已得到充分讨论。克里斯·皮尔逊（Chris Pearson）、彼得·科茨（Peter Coates）和蒂姆·科尔（Tim Cole）合著的《军事景观：从葛底斯堡到索尔兹伯里平原》（*Military Landscapes: From Gettysburg to Salisbury Plain*）是一本专注于研究欧洲和美国遗址的典范性文集。

[7] 弗朗西斯·谢泼德（Francis Sheppard）：《伦敦：一部历史》（*London: A History*），第8—12页。

[8] 基思·泰勒（Keith Taylor）：《越南的诞生》（*The Birth of Vietnam*），第63、226页。

[9] 约瑟夫·熊彼特（Joseph Schumpeter）：《资本主义、社会主义和民主》（*Capitalism, Socialism and Democracy*），第83页。

[10] 桑巴特（Sombart）特别注意到《查拉图斯特拉如是说》（*Thus Spake Zarathustra*）中的一段话："因为地震掩埋了许多水井，使许多水井日渐干涸，但它们也揭示了内在的力量和秘密。地震同样暴露了新的水井。在侵袭古代人民的地震中，新的水井被发现。"见尼采《查拉图斯特拉如是说》，沃尔特·考夫曼（Walter Kaufmann）译，第211页。哲学史家雨果和埃里克·莱纳特在《经济学中的创造性破坏：尼采、桑巴特、熊彼特》（"Creative Destruction in Economics: Nietzsche, Sombart, Schumpeter"）中解释了这些引人注目的思想借鉴，载尤尔根·巴克豪斯（Jürgen Backhaus）主编《弗里德里希·尼采（1844—1900）》[*Friedrich Nietzsche (1844-1900)*]，第55—86页。

[11] 大卫·哈维（David Harvey）：《作为创造性破坏的新自由主义》（"Neoliberalism as Creative Destruction"），载《美国政治和社会科学院年鉴》（*Annals of the American Academy of Political and Social Science*），第610期，2007年3月，第22—44页；娜奥米·克莱因（Naomi Klein）：《冲击学说：灾难资本主义的崛起》。另见娜奥米·克莱因《巴格达零年：掠夺伊拉克以追求新政者的乌托邦》（"Baghdad Year Zero: Pillaging Iraq in Pursuit of a Neocon Utopia"），载《哈珀斯》（*Harpers*），2004年9月，第45页。

[12] 两位美国历史学家埃德蒙·拉塞尔（Edmund Russell）和理查德·塔克（Richard P. Tucker）在《作为盟友和敌人的自然：战争环境史论》（*Natural Enemy, Natural Ally: Toward an Environmental History of Warfare*）一书中，提出了这些环境主义和历史性的战争批判。在亚洲研究方面，宋怡明的《冷战岛：处于前线

的金门》（*Cold War Island: Quemoy on the Front Line*）研究了长期以来军国主义在地方深远的社会和环境影响。另一个问题是关于基地的关闭和冲突发生后的补救的，见玛丽安娜·达德利（Marianna Dudley）《1945 以来的英国军用土地环境史》（*An Environmental History of the UK Defence Estate, 1945 to the Present*），以及克里斯·皮尔森（Chris Pearson）《动员自然：现代法国战争和军事化的环境史》（*Mobilizing Nature: The Environmental History of War and Militarization in Modern France*）。最后，军事和备战的比较史研究提供了观察辐射中毒等共同问题的不同文化反应的机会，见凯特·布朗（Kate Brown）《怀：核家庭、原子城以及苏联和美国的怀灾难》（*Plutopia: Nuclear Families, Atomic Cities, and the Great Soviet and American Plutonium Disasters*）。

[13] 这种关于环境清理和基地关闭的全球对话形成了自己的档案，并且，关于这种非军事化项目的历史文献越来越多。在美国，陆军工程兵部队等军事机构已经率先在原址设计清理方案。这项工作包括档案搜索报告和撰写基地历史。见迈克尔·哈珀（Michael W. Harper）、托马斯·莱因哈特（Thomas R. Reinhardt）和巴里·苏德（Barry R. Sude）《过去及当前军事地点的环境清理：研究指南》（*Environmental Cleanup at Former and Current Military Sites: A Guide to Research*）。

[14] 政治学家辛西娅·恩洛（Cynthia Enloe）在研究军事基地和军事化形象对性别关系的影响时推广了这个术语。越来越多的历史学家、地理学家等人将这个术语的使用扩展到其他研究过程，包括环境研究。见辛西娅·恩洛《香蕉，海滩和基地：树立女性主义的国际政治意识》（*Bananas, Beaches and Bases: Making Feminist Sense of International Politics*）、辛西娅·恩洛《军事演习：妇女生活军事化的国际政治》（*Maneuvers: The International Politics of Militarizing Women's Lives*）、宋怡明《前线岛屿》（*Cold War Island*）、特雷弗·帕格伦（Trevor Paglen）《地图中的空白点：五角大楼秘密世界的黑暗地理》（*Blank Spots on the Map: The Dark Geography of the Pentagon's Secret World*），以及马克·吉勒姆（Mark L. Gillem）《美国之城：建立帝国的前哨》（*America Town: Building the Outposts of Empire*）。

[15] 地理学家丹尼斯·科斯格罗夫（Denis Cosgrove）在他 1984 年的经典之作《社会形态与象征性景观》（*Social Formation and Symbolic Landscape*）中提出了一个具有挑衅性的论点，即艺术和政治中的景观理念诞生于欧洲 16 世纪和 17 世纪转向资本主义的政治经济模式。他将景观艺术的兴起与资本主义生产模式的兴起联系在一起，他写道："因此，按照画法规则绘制的风景，或由受过训练的眼睛观察到的自然风光，从重要程度上说远不是现实的。它被组成、规范并作为静态图像提供给个人欣赏，或者更好的说法是占有。重要的是，如果不总是从字面意义上来讨论，观众可以拥有视觉，因为它的所有组成部分都是结构

墓地中的军营：越南的军事化景观

化的，并只针对观众的眼睛。"见丹尼斯·科斯格罗夫《社会形态与象征性景观》，第 26 页。

[16] 杰克逊的乡土景观为解释相互竞争的军事活动开辟了一条途径，用以命名和解释对远大政治目标至关重要的主题景观。在美国和法国的外国军队中，历史记录和地图显示，在古老的本土地名之上，连续且急速地出现了一些地名。例如，"鹰营"这个名字，是尖叫之鹰 101 空降师独有的名称，在 1968 年被用来指定位于老村庄夜黎上方山头的一个营地。美国工兵在 1968 年将该地区改称为鹰营之前，先用其越南语名称来称呼。见约翰·布林克霍夫·杰克逊（John Brinckerhoff Jackson）《寻找乡土景观》（*Discovering the Vernacular Landscape*）。

[17] 这种对景观的乡土景观和地质学重要性的处理方法受到城市和建筑理论家的启发，特别是哲学家亨利·列斐伏尔（Henri Lefebvre）在《空间的生产》（*The Production of Space*）中的观点。他认为，空间由三个部分组成，相互之间保持着紧张关系：空间实践，诸如改变空间物理特征的修路活动；表征空间，类似于 J.B. 杰克逊的乡土景观的象征性空间；空间的表征，诸如地图、鸟瞰照片和绘画等影响人们如何"阅读"空间的艺术品。军事组织是强大的、由国家支持的组织，可以深入参与到这三方空间的辩证法中，见亨利·列斐伏尔《空间的生产》，第 38—39 页。

[18] 同上书，第 34 页。列斐伏尔的最后一点，即空间是生成的，是他最具争议性的观点。他提出了关于空间和历史机构的煽动性问题，尤其是在一个高度争议、军事化的地区。空间——想象的或真实的——是否塑造了人类的行动，从而影响历史事件的结果？它们是否塑造了军事结果？军事化后的荒地是否具有能动性，也许在促进国有工业园区的发展？这就是列斐伏尔论证空间是生成性的观点；对他来说，在 20 世纪 60 年代的巴黎，当市民在城市街道上发生冲突时，空间成为当时的政治。他密切关注大多数政党和国家当局利用空间来影响人们逃离、顺从或抵抗的决定的方式。列斐伏尔的目的不仅仅是要发展一种空间上的政治经济理论，更多的是要引爆人们普遍持有的关于空间，特别是现代建筑空间看似单一的假设。

[19] 权宪益（Heonik Kwon）的《越南的战争幽灵》（*Ghosts of War in Vietnam*），对鬼魂尤其是游魂在日常生活中扮演的角色进行了精彩的人类学分析。有许多关于游魂的越南书籍、电影和新闻报道，包括一些为全球观众提供的翻译版本。例如，作家保宁（Bào Ninh）对"丛林中尖叫的鬼魂"的讨论，见保宁《战争哀歌》（*The Sorrow of War: A Novel of North Vietnam*），弗兰克·帕拉莫斯（Frank Palmos）译。在邓日明（Đặng Nhật Minh）导演的《十月何时来》（*Bao giờ cho tới thángMười*，1985 年）等作品中，鬼魂被赋予显要的地位。

[20] 伯纳德·法尔（Bernard Fall）：《没有欢乐的街道》（*Street without Joy: Insurgency*

in Indochina, 1946−53）。

[21] 陈梅南（Trần Mai Nam）：《狭长的土地》（*The Narrow Strip of Land*）（又名《旅行的故事》）。

[22] 雅歌（Nhã Ca）：《顺化的悼念头巾：越南 1968 年顺化之战的记述》（*Mourning Headband for Hue: An Account of the Battle for Hue*），奥尔加·德罗尔（Olga Dror）译，第 xix—xx 页。

[23] 詹姆斯·特鲁林格：《战争中的村庄：越南革命纪实》（*Village at War: An Account of Revolution in Vietnam*）。

[24] 这些在线档案见 CIA 电子阅览室。www.cia.gov/library/readingroom/document-type/crest；越南中心档案馆，www.vietnam.ttu.edu；以及国家安全档案馆，http://nsrchive.gwu.edu。

[25] 科学史学家珍妮·哈夫纳（Jeanne Haffner）的《俯视：社会空间的科学》（*View from Above: The Science of Social Space*）详细讲述了法国社会科学家和地理学家从使用地图到使用航空照片的转变。另见大卫·比格斯《航空摄影和殖民者对印度支那后期农业危机的论述（1930—1945）》（"Aerial Photography and Colonial Discourse on the Agricultural Crisis in Late-Colonial Indochina, 1930−45"），载克里斯蒂娜·福柯·阿克斯（Christina Folke Ax）等编《培养殖民地：殖民地国家及其环境遗产》（*Cultivating the Colonies: Colonial States and Their Environmental Legacies*），第 109—132 页。

[26] 基于地理信息系统的工作为本书的主要论点提供了参考，而关于地理参考和分析的来源和细节的更详细的讨论可以在本书的配套网站上找到，网址是 davidbiggs.net。

[27] 费尔南·布罗代尔（Fernand Braudel）：《地中海与菲利普二世时代的地中海世界》（*The Mediterranean and the Mediterranean World in the Age of Philip II*）第一卷。关于布罗代尔在阿尔及尔的时间，见亚当·戈德温（Adam J. Goldwyn）和蕾妮·希尔弗曼（Renée M. Silverman）《导言：费南德·布罗代尔和一位现代主义者地中海的发明》（"Introduction: Fernand Braudel and the Invention of a Modernist's Mediterranean"），载亚当·戈德温和蕾妮·希尔弗曼主编《地中海现代主义：文化交流和审美发展》（*Mediterranean Modernism: Intercultural Exchange and Aesthetic Development*），第 1—26 页。

墓地中的军营：越南的军事化景观

第一章

历史地层

当到访越南的美国人和其他外国游客讨论那里的战争遗迹时，他们通常关注的只是处在地表相对较新一层的现代文物：混凝土废墟、生锈的金属碎片、人类遗骸、士兵身份牌、未引爆的弹药，也许还有化学品。大多数越南战争专家也专注于解读这一较新的地层。[1]然而，对于今天生活在中部海岸的多数人来说，他们觉得如今的社区直接坐落于更古老的地层之上，就像许多建立在罗马废墟上的欧洲城镇那样。在1号公路沿线许多村庄的地表下，是可以追溯到几个世纪前，甚至可以追溯到更远的近今时代 * 之前的废墟。村庄的村亭（đình）、寺庙、家庭神龛（lăng họn）和博物馆里通常都包含了源自近今时代前的元素。在某些情况下，现代的挖掘工作甚至还会带来一些重大发现。例如，在2001年，工人们在沿海地区挖掘沙土时，发现了三座可追溯到8世纪的占族砖塔（图1.1）。虽然这些砖塔的发现让研究人员感到惊讶，但对许多当地居民来说，这并不新奇。在家庭、村庄和宗教场所的历史中，时常会涉及一些关于占族圣地和占族居住者的乡土知识。这一古老的文化地层继续为如今顺化周边地区丰富的

---

* 按越南历史学家陈重金的划分，越南历史分为上古时代、北属时代、自主时代（统一时期）、自主时代（南北纷争时期）、近今时代，其中近今时代主要是阮朝统治时期，即1802—1945年。

图 1.1　8 世纪的富延塔遗址

这座塔是按照美山的占族寺庙风格建造的，2001 年出土于离顺化市约 15 公里的一个沙丘内。照片由作者拍摄，2014 年。

文化生活提供资源。该地区许多最著名的旅游景点都可以追溯到近今时代之前。其中最引人瞩目的一个景点是天姥寺（Thiên Mụ）宝塔，大约在 1601 年，它被特意建造于一个占族寺庙的废墟上，那里称得上是一个风水宝地，即位于两条河流之间的一个岔口的高地。当时的越南朝廷这样做，是为了巩固占族人的支持。据称，阮氏（Nguyễn）统治者是在梦见占族神灵婆那加（Pô Nagar）拜访他之后，才下令建造此塔的。[2] 甚至在某种意义上说，该地区道路和村庄的空间布局也与近今时代前的历史有关。自 14 世纪末以来，许多被越南法令所认可的村庄，都建立在占族人的居

22

住地之上或附近。村史中也经常提到当地的占族遗址，考古工作者也不断在现有村庄发掘出古代和史前的文物，如东山（Đông Sơn）珠宝、中国瓷器和沙黄（Sa Huỳnh）墓葬罐。

　　虽然本书聚焦于 19 世纪和 20 世纪的现代军事化，但大致地勾勒该地区的古代和近代历史有助于纠正现世主义者的一种观念，即在 1960 年甚至 1800 年这样的标志性年代之前，中部海岸的景观是特别宁静或原始的。实际上，几个世纪以来，该地区的军事冲突给狭长的、被山口和河流分割的海岸空间留下了深深的烙印。当以殖民者军队为代表的现代军队开始造成更严重的生态破坏时，他们也行进在为抵抗军事占领的破坏性影响而建造的古代贸易路线、村庄祠堂和家族墓葬的历史地层之上。正如村史和墓葬所证明的那样，若追溯该地区许多居民的祖先的历史，便可知要么是他们为了逃避其他地方的战争而迁移到该地区，要么是该地区的土地是对他们的军事服务的赏赐。本章更深入地考察了中部海岸战争的历史，并思考反复无常的动乱如何影响了当地的物质和文化景观。地质的缓慢演变以及战争和军事管理的多重经历，构建了该地区村落和社群的组织模式，使军事服务和军事经济融入村庄产业和家庭生活之中。

23

古代冲突区

　　中部海岸的地质特点和更大的全球贸易模式造就了一个容易发生冲突的地区，因为古代的越族、汉族和占族常常往返于此

第一章　历史地层　　　　　　　　　　　　　　33

地。狭窄的沿海平原背倚陡峭的、森林覆盖的山脉，海岸多有潟湖和通航河流，直达近海的航道。东南亚山地中森林覆盖的内陆高地也曾经形成了一种陆地"海洋"，一个由密林和刀耕火种的农田组成的高地贸易区，居住着操各种语言的民族。[3] 人们可以理解，对于居住在沿海地区的人来说，冒险进入这些"海洋"既有回报也有危险。对于上山之人来说，从森林产品贸易中得到的好处包括非常珍贵的鹰嘴木（Aquilaria spp.），以及象牙和金属矿石。富人需要通过河流将这些货物运送到沿海的商人手中。因此，介于两者之间的村庄往往发挥着重要的中介作用。[4] 对于出海之人而言，也有明显的风险。沿海村庄的财富引来了海上掠夺者的袭击。若想生存，往往需要城墙、军事巡逻，或者在走投无路时撤回山林。

几千年来，这些从山到海和从北到南的交流，造就了这个狭长沿海地带的社群。位于今天顺化市附近的香春社（Hương Xuân Commune）史前考古遗址展示了古老的地层，其中有来自北方和南方文化中心的融合器物。它是与前占族—沙黄文化有关的最北端的瓮棺葬地之一。除了200多件与沙黄文化有关的随葬罐和玉石、贝壳等装饰品外，该遗址还出土了金属戒指，这与以越族祖先在红河三角洲的居住地为中心的穹窿东山文化的青铜作坊有关。在沙黄遗址的坟墓中出现的东山物品，反映出南北贸易往来的活跃。[5] 这种沿海平原上的遗址，还包括与内陆森林产品贸易有关的物品。当地历史学家根据语言学证据，认为该地区最早的史前居民可能是说戈都语（Katuic）的戈都人，根据一些传说，他们随着占族人定居点的扩张而向上游迁移到了源头。[6]

墓地中的军营：越南的军事化景观

公元前 111 年，汉朝征服红河三角洲后，中部海岸地区以化外之地的记载出现在中国史书中。横山关（Ngang）、牢堡关（Lao Bảo）和海云关（Hải Vân）这三个山口形成了天然门户，将这一地区与北方的汉朝以及南方的占族政权分隔开。生活在这一沿海地区的人们与越族、汉族和占族有着结盟和贸易关系。[7]顺化西北部的山口，即牢堡，是将沿海地区与湄公河流域的早期王国分隔开的另一个关键屏障。[8]

公元 39 年、100 年和 137 年，在这个三面环山、与世隔绝，被中国历史学家称为日南（Nhật Nam）的地方发生了几次叛乱。[9]领导这些叛乱的人是汉族和越族或占族的混血后代精英。[10]史书还记载了一位名为区连（Kalinga）的精英，他在 190 年摧毁了今顺化附近的一个汉朝前哨，然后自称沿海地区的王，称其政权为林邑（Lin-yi），其中心位于顺化附近。[11]在接下来的几个世纪中，林邑的领土经历了更多的袭击和叛乱。从横山关到海云关的沿海地区，包括今天的承天顺化省地区，经常受到外来船只的侵袭，居民们被俘虏，然后沦为士兵、仆人、劳工和囚犯。[12]直到大约 8 世纪时，占族统治者才进一步向南靠近今天的会安（Hội An），设法建成更多的永久性基础设施和界石。2001 年在沙丘上发现的占族砖塔反映了顺化地区与今天的岘港（Đà Nẵng）*和美山（Mỹ Sơn）圣地附近的占族遗址之间更紧密的文化和贸易联系。

在 10 世纪的中南半岛，三个独立王国——大越（Đại Việt）、

---

* 岘港是现在的名称，在二战前名为"沱瀼"，法属时期被法国人称为"土伦"（Tourane）。

占城（Champa）和吴哥（Angkor）开始了各自的黄金时代，与之

25 相对应的是中国唐朝的衰败。然而也正是在自主时代早期，中部海岸地区将这三个王国隔绝在山口之外，因此这里是群雄逐鹿的边境地区。大越和占城统治者一直想索求其核心区域以外的土地。因此，从10世纪到14世纪，中部海岸的族群发展出一个文化混合的空间。它们是占城船队北上和大越船队南下的休整点。越南的史料表明，1306年的一次调停事件，为后来皇室宣示对顺化地区的主权奠定了基础。当时的占城国王制旻（Jaya Simhavarman III）将拥有领土的机会让给大越皇帝陈英宗（Trần Anh Tông），以此作为玄珍（Parameswari）公主*的结婚礼物。[13]这一罕见的联姻事件被载入史册，是自大越军队和占城军队共同作战抵御蒙古军队之后，双方为解决古老分歧而作出的又一关键

26 性努力。然而，和平协议仅仅一年后就破裂了，因为公主拒绝为去世的占城国王陪葬。

现代早期军事殖民

　　越南能够长期坚守横山关以南，主要得益于大越国在15世纪采用了明朝的军事技术，特别是火器和大炮。在中国明朝初年（1368—1400），占城的海军有望在红河三角洲击败大越，并彻底控制沿海地区。随后在15世纪，大越的陈王朝被一个见风使舵

---

* 原文是"其女玄珍公主"，实际应为"其妹玄珍公主"，二人都是陈仁宗的孩子。

36　　　　　　　　　　墓地中的军营：越南的军事化景观

的篡位者胡季犛（Hồ Quý Ly）推翻了，中国明朝的回应是发兵大越。明军占领了升龙（Thăng Long，即河内）和中部海岸地区近 20 年，之后居住在横山关附近的平民发起反抗，重新统一了王国，并在 1427 年建立了黎朝。历史学家孙来臣（Sun Lai Chen）指出，这次明军步枪手的占领和地方平民游击队式的行动，推动了第一支能够大规模制造并使用火器的东南亚军队的产生。击败明军后，黎朝的军队将其船上的大炮和使用火器的步兵调向南方，向占城发动战争。[14] 1470 年至 1471 年，大越的舰队进攻并洗劫了毗阇耶（Vijaya）。这一决定性的胜利使大越将南部边界拓展至海云关。

　　尽管中部海岸地区已经摆脱了旷日持久的越占战争，但从 15 世纪末到 18 世纪初，该地区一直被作为一个准军事国家进行管理。统治这一沿海地区的大越领主建立了一个区域性的越南社会，有时与位于升龙的古都发生冲突。在某些方面，这与布罗代尔以长时段史观描述的阿尔及利亚海岸景观相似，该地区长期的冲突历史也影响了其近代早期的政治。治理该地区的人将大部分时间花在水上贸易及防御上。统治该地区的阮主将古老的、受到占族影响的商贾生活方式与军事统治融合在一起。[15] 研究阮主政权（Nguyễn Cochinchina，1558 年被黎朝皇帝承认的南部领地，其中心在顺化附近）的历史学家认为，在这里定居的越南人及其后代融合了古老的、非越族的习俗，产生了明显的地方语言、经济和武术文化。海军仍然是阮氏的关键力量 [今天使用的承天顺化这个名字，部分源于这一时期以船为形式的军事战斗单位（船，thuyền）]。[16]

《乌州近录》（Ô Châu Cận Lục，1555）的作者，是越南最早撰写中部海岸地区方志的土人之一，他嘲讽了这种融合的文化。在今天洞海市（Đồng Hới）以北的一个沿海村庄，他发现，人们依旧说着占族话，而在顺化市附近的另一个村庄，女孩们穿着占族丝绸而不是越族束腰外衣。人们仍遵循着许多占族的宗教仪式，也沿用占族的艺术传统。[17]历史学家胡忠秀（Hồ Trung Tú）对岘港周围地区的社会史研究表明，在海云岭以南，占族习俗和政治联盟也同样复杂地交织在一起。15世纪，随着阮氏海军进一步向南扩张到占族人的领地，后者经常发动反抗。在巴屯（Ba Đồn，今天的归仁附近），一个越族与占族社群一起驱逐了阮氏总督，宣布独立。阮氏将军镇压了起义，并宣布实行戒严，他的部队设立检查站，限制占族人进出占城曾经的首都。[18]

从1558年开始，阮主在沿海地区扩大贸易，同时大量投资于军事工事以保护贸易和地方军事长官。该家族在1775年之前的大约两百多年的统治中，恰逢阮氏海港会安（Hội An，原来的因陀罗补罗）的海上贸易蓬勃发展，因而持续强调备战。在15世纪的火药技术革命之后，阮主继续推动大炮和火器的研新生产。17世纪初，他们用明朝的技术换取了葡萄牙人的技术。[19]在与北方郑氏的50年内战中，他们使用了这些武器。横山关又成为划分交战各派的边界。

即使在1673年郑阮战争结束后，中部海岸地区的村庄仍然保留了他们的尚武习俗，并抵制阮主这位虔诚的佛教徒向他们传播带有阮氏偏好的国教。该地区保留了乌州恶地（Ô Châu ác địa）的名声。[20]阮主政权的早期创始人阮潢（Nguyễn Hoàng）于1601

年建造天姥塔后便开始把大乘佛教作为尊崇的国教。这座塔建在一座更古老的占族女神婆那加庙宇的废墟上，这一善意的举动也是为了争取占族居民的支持。阮主甚至正式承认了占族神的地位，将其更名为天依阿那演婆（Thiên-Y-A-Na），同时在附近开设了佛教寺院和庙宇。[21]

然而，这一系列建设寺庙和安抚占族人的措施对"恶地"上的村民起到的"教化"（giáo hóa）作用并不大。领主阮福淍（Nguyễn Phúc Chu）甚至请来了一位名人，来自中国江西省的禅宗僧侣释大汕（Thích Đại Sán），帮助他改革当地的僧伽（佛教神职人员）。与当时的耶稣会传教者不同，释大汕走遍了乌州的陆路和水路，在旅行日记中记录了他的见闻。他经常评论他在沿海村庄遇到的人，他发现这些人完全不宜开化，但在游击战方面有着无与伦比的天赋：

> 在一些偏远的地方，由于高山和深海的隔绝，哪怕是最雄才大略之主也不能派他的军队去消除当地的冲突。同时，他的礼仪和法令也不能在这里布告；居民们自然而然地聚集在一起，他们形成了自己的军事团体，习惯于未开化的旧式习俗。他们对君主的礼节一无所知。他们只知道用权力来征服其他群体；因此他们经常参加战争，在战争策略里，使用巧妙的招数来获得胜利非常关键。因此居民很有兴趣讨论军事问题，但忽略了道德文化的价值。[22]

禅师对乌州缺乏改革的政治和宗教意愿感到失望，在一年后回到中国。

17 世纪，葡萄牙与阮氏的贸易在刺激阮氏的军备方面也起到了关键作用。整个 17 世纪，葡萄牙的武器贸易在东南亚繁荣发展，这对阮氏在与郑氏的内战中取胜至关重要。1617 年至 1624年，曾居住在会安港和归仁港（Quy Nhon）的耶稣会神父和科学家克里斯托佛罗·博里（Christoforo Borri），描述了阮氏强大的海军和拥有数百门大炮的沿海炮台。他在寄回罗马的信中指出，阮氏海军对岸上的大炮精于操练，以至于拥有了超越欧洲船只的攻击能力。有一次，一艘葡萄牙船向岸边鸣炮示警，以测试防御能力。阮氏的炮手们以一排大炮的一连串射击作为回应，炮弹刚好落在船体前方，或者刚好越过船体。这种在港口布设的强大军事设施，保护了阮氏与葡萄牙以及日本和中国的贸易。硬通货特别是武器在中部海岸流通起来。日本商人带来了制作精良的钢刀，这与葡萄牙大炮一样，成为当地铁匠的参照物。[23] 17 世纪的阮氏军队是东南亚地区最强大的军队之一，其持续枕戈待旦的状态对中部海岸的村庄和景观产生了显著的影响。

内路的军事化和乡村生活

从 15 世纪开始，越南人在中部海岸定居的过程，不仅事关从军或提供工业材料的需求，还更多地涉及个人追求，即一些家庭追求定居土地的所有权。越南军队登陆的那片肥沃的村庄土地，不仅是大越的滩头阵地，还是无数越南家族的滩头阵地。[24]

这些家族促进了国家的领土扩张，并在边疆地区创造了一个新的立足点。经过几代人的努力，这些家族将家园和农场变成了一种以自身为中心的圣地，其通常以坟墓和神龛为标志。即使在今天，家谱历史里也特别尊重家族的始祖（thủy tổ）和创始遗址，古老的家族祠堂仍然是子孙后代每年聚集的中心地点。例如一个专门介绍武姓（Võ-Vũ）后裔的网站，记录了这个家族的起源，该家族的始祖从中国迁移到红河三角洲附近的海阳省（Hải Dương）慕泽村（Mộ Trạch）的武浑（Vũ Hồn）。[25]14世纪末，武氏家族的成员南迁至顺化市附近的神符村（Thần Phù，图1.2）。他们在一片延伸到潟湖的土地上定居下来，那里有一个潮汐河口，非常适合种植水稻。这个族谱网站上最近有一段由承天顺化省电视台制作的视频，记录了家族后裔每年在乡村节日返回家园的情况。[26]

　　在神符村的官方记录和家族记录中，没有这个村庄何时形成的明确记载，也不清楚武氏家族的创始人是否为一名士兵，而附近的清水上村（Thanh Thủy Thượng）却有更为准确的记录（图1.2）。一个祖先祠堂的记录和附带的范氏（Phạm）族谱指出，始祖范伯松（Phạm Bá Tùng，生于1399年）于1418年加入黎利（Lê Lợi）的军队，与明军作战，然后作为指挥使（chỉ huy sứ）参加了南部战役，在顺化市周围进攻占族军队。根据他的后人运营的一个网站，在1446年的最后一次战役后，他解甲归田，在村子里建立了自己的家族，后于1470年去世。[27]也许是皇帝有意为之，或者仅仅是出于实际需要，建立村庄的拨款每次都会分配给多个家族。在神符，除了武氏的创始人外还有另外两个家族，即胡氏

30

和黎氏。在 17 世纪，又有三个家族获得了阮氏政权的批准。[28]范伯松是清水上村 13 位始祖中的第 7 位。为国效力是代代相传的，而且不只局限于男性，有时也会有女性。1471 年，范伯松的女儿范氏玉珍（Phạm Thị Ngọc Chân）在 18 岁的时候成为黎圣宗（Lê Thánh Tông）的妃子。整个家族便在她父亲陵墓旁的一个祠堂里为她举行庆祝活动。[29]

越南人在中部海岸的定居点和土地所有权的滩头堡模式，形成了独特的村庄群，它们沿着内侧的海岸线分布，成为阮氏统治的经济支柱（图 1.3）。浅水潟湖和背靠的群山，充分地保护了村庄，商业和通信得以蓬勃发展。这片狭长的平原地带与今天的 1 号公路方向一致，被称为"南河"（Đàng Trong），* 相当于内路。[30]虽然许多历史学家详细描述了越南人沿着这条路的"南进"（nam tiến），但从这些初始的定居点向东和向西的扩张也同样重要。这些村庄的后裔经常在河口低地（下）或是山间高地（上）开拓土地（图 1.3）。正如研究古代占城国和沙黄文化的学者长期以来所提出的，这种高地向低地、东西走向的关系很可能不是越南人的发明，而是遵循了更古老的占族（或占族与戈都族）模式，将以河口的稻米经济与山区的家庭手工业经济和高地珍贵的森林产品联系起来。[31]

21 世纪，随着村庄名称的改变，这些创始村与卫星村的关

---

* 越南历史地名，指郑阮纷争时期阮主治下的领土，地理位置在越南中部和南部。在越南史籍中多称"南河"，西方人称"交趾支那"。该词有不同的译名，如塘中、内方、内路、内区等。本书作者使用的英译名为 inner road，取"内路"之意。在特指郑阮纷争时期阮主领土的情况下，中文版将其译为"南河"，其他情况下译为"内路"。

　　　　　　　　墓地中的军营：越南的军事化景观

系大多被遗忘了。但是，许多乡镇的边界和少数保留"下"和"上"后缀的旧地名仍然存在。约在 1909 年出版的第一份殖民地系列地形图中记录了许多旧地名，很大程度上展现了这些历史关系。图 1.2 是三张图的合成图，显示了 1909 年当地的地形，其中突出了一些村名和家族祠堂。深灰色阴影表示从海平面到海拔 3 米的区域，浅灰色表示从海拔 3 米到 50 米的区域。白色表示的是海拔 50 米以上的丘陵区域。第三层显示了现代村社的边界，许多部分保留了从丘陵到河口的朝向。这些创始村的关键地点，如村亭、祖坟，甚至驿站（如东林），都密集地分布在海拔 3 米左右的等斜线上。内路也遵循着这条等斜线，以南北走向将原来的村庄区域一分为二。 31

创始家族的后裔和新来的移民向外扩展了村庄的范围，但是阮氏政权要求实行土地公有化，以确保持续的忠诚、征兵和税收。这些村庄在 17 世纪进一步扩张，但阮氏政权仍然强烈抵制承认私人拥有的土地。夜黎村的一套罕见的文件表明，公共田地（công điền）占据村里土地的绝大部分。报告指出，该村创建于 1460 年，1515 年分裂为 4 个独立的村庄，1671 年村民请愿要求在丘陵高地部分开辟新的土地。一位创始人的后代阮廷毅（Nguyễn Đình Nghị）向阮氏政权请愿，请求允许他开辟 862 英亩新稻田，并在更高的地方开辟 245 英亩耕地。单就个体而言，这是一笔很大的数目，或许反映了他在朝廷中的高官地位。阮氏政权授予他土地，但要求他保留 90% 的土地作为公田。这些公共财产不是世袭的。相反，官方通过夜黎的村落来掌管并选择以后的佃户。如果阮廷毅离开村庄、死亡或拖欠税款，官方可以将这 32

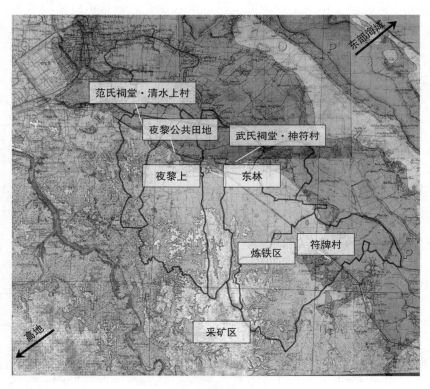

图 1.2 内路的创始村庄

资料来源：印度支那地理学会（Société Géographique d'Indochine）所绘地形图，创作于 1909 年，1943 年再版。海拔数据和乡镇边界由承天顺化省提供，2011 年。由笔者绘制。

墓地中的军营：越南的军事化景观

些土地重新分配给其他人。这种安排，特别是在 17 世纪和 18 世纪，既能确保民事和军事服务的持续，又能防止家庭拥有私人地产。

在越南有一句流行的谚语："诏令需从乡例。"（phép vua thua lệ làng）但是，不应该因为这句谚语而误以为乡村生活与国家是分裂的。特别是在阮氏首都富春（Phú Xuân）*周围，政府及其军队已经深深地融入了乡村生活。国家依赖乡村获得税收，特别是为军队提供的大米和其他物资。村庄的土地形成了国家与村庄谈判的重要中介景观。田地的维护、改良和放弃的过程，取决于耕种者是否愿意满足国家对租金或税收的要求。随着 17 世纪末军官和文官队伍的扩大，用资源和土地来奖励忠诚士兵的需求变得更加迫切。在战争时期，许多人逃亡，或死于战场，或在废弃的土地上避难。每次政权更迭，新皇帝登基后的首要措施就是重新丈量村庄土地。从军经历能使解甲归田的军人家庭分得一类专用的公共土地，称为薪俸田（lương điền）。薪俸田从一个村庄的公田存量中分出，是一种为服兵役或为在战争中失去亲人的家庭提供的福利。通常情况下，妻子和无从军资格的亲属负责照料这些田地。因此，公共土地的集中，与征兵、为战死者的遗孀提供社会福利都密切相关。[32]

除了这种公私并存的水稻经济，大多数村庄都发展了单一的产业，如造船或制造工具，这些都被纳入税收义务和军备。少数村庄用铁等基本工业材料缴税，并可免服兵役。符牌村[33]凭借

33

---

* 古名，即今天的顺化市。顺化在历史上是阮主政权、西山朝和阮朝的京城。

其高山上的铁矿，成为中部海岸最重要的工业村之一。那里的男人、女人和儿童分成五个家庭行会工作，这些行会控制着从上山采矿到生产木炭和用熔炉炼铁的全部流程。族谱与行会中的身份一致。每个行会也拥有自己的公社住宅，从而按工作划分土地管理和文化事务。符牌村在其较低的地区也有面积相当大的稻田，但它的大部分税收是用铁缴纳的。[34]

炼铁及相关的乡村产业对生态环境的耗损是很大的。采矿是一项危险的工作，采矿后在山体留下的深坑若被雨水填满，容易引发塌方。该村的冶炼窑连续运转，特别是在多雨的冬季。到 18 世纪初，符牌村每年平均生产 30 吨铁以纳税，还为私人贸易提供大致相等的产量。[35] 这反过来也相当于产生了数百吨的废渣，并消耗了数千吨木材的燃料。即使在没有此类产业的村庄，高地也是进行放牧和拾薪等非正式经济活动的重要场所。地理学家阮廷头（Nguyễn Đình Đầu）指出，到 1806 年，夜黎村大约有 43% 的土地被标记为"丘陵、休耕"，意味着这里的森林被砍伐，土地没有被耕种。[36] 然而，这些土地对于葬礼等公共活动来说还是很重要的。在这些公共土地上，需要生产一定数量的商品以满足政府要求，如竹席（tấm nạp）、木制家具和木船。尽管这一时期砍伐森林的趋势普遍存在，一些村庄仍保留了小面积的树林。神符村有几座被森林覆盖的小山，作为旅者的驿站，被称为"东林"。皇家官员、商人和其他从首都出发的人都在此停留。据说嗣德帝（Tự Đức）——最后一个独立的越南君主——曾写诗赞美该地。[37]

生态贫困和战争，1750—1802 年

中部海岸近代早期工业活动、村落扩张和相对和平的时代在一场毁灭性的内战即西山起义（Tây Sơn Rebellion，1771—1802）后戛然而止，这也暴露了阮氏政权在生态和政治上的局限性。起义得到了广泛的响应与支持，尤其是那些生活在高地的人，因为过度砍伐森林导致了土地贫瘠，而繁重的税收更让他们感到愤怒。同样，河口田地附近的村庄也扩张到了最大限度，形成了纵横交错的田野以及横跨河口的运河景观。贸易和阮氏南下湄公河三角洲的扩张，满足了首都不断增长的粮食需求。到 1773 年，承天顺化省的总人口已超过 12.8 万，但只有 158181 英亩的土地（约每人 0.6 公顷）可以产出粮食。当时的山上几乎没有树木，所以进口大米和木材对首都地区的经济发展至关重要。[38]

南部领土爆发了针对税收制度的起义，使得阮氏政权获得进口商品的途径被切断，而此时中部海岸同样陷入恐慌。饥荒爆发，地税增加，阮氏政权变得岌岌可危。[39] 尤其是在以前的占族港口地区，起义迅速得到响应，人们推翻了阮氏政权的统治。南河爆发饥荒，饥饿的村民们在山林中采食，只留下了灌木丛和被侵蚀的溪谷景观。许多村民流离失所，在别处定居或加入起义军。西山军队在前占族的核心地归仁附近建立了新的王朝。在阮氏政权分崩离析之后，他们的对手郑氏于 1775 年自升龙入侵，使旧的土地和税收体系彻底陷入混乱。[40]

南河爆发的延续近 30 年的毁灭性战争和饥荒，极大地导致

周围山坡被清空，村庄生活被破坏。18 世纪 60 年代中期爆发的饥荒导致数千英亩不可持续生产的农场被遗弃，尤其是在高地。更少的田地意味着更少的税收，更少的农村人口意味着更少的可征兵力。[41] 阮氏政权在战争的头几年里征召大批新兵，此举削弱了田间必不可少的劳动力。到 1773 年时，顺化的村民们已经荒废了超过 11.2 万英亩的土地。[42] 1775 年，在郑氏军队进入富春的那一年，一名观战者描述了尸体堆在街道上的可怕场景，并讲述了一些亲人相食的故事。在该地区的一位法国传教士指出，在最糟糕的年份，大米比黄金还要珍贵。[43] 顺化的军事胜利者接下了养活百姓、恢复基础设施和赢得战争的责任。[44] 然而，在农工被征召入伍后，环境恶化的程度却几乎没有什么变化。1786 年，西山军队向顺化进攻，并实施了焦土政策，摧毁了许多文化地标。他们将教堂和宝塔夷为平地，把铜钟和雕像熔化来铸造大炮。[45]

35

国家生存，移居内陆

1801 年 6 月 12 日，一支新的军事力量，即由几艘法国军舰组成的阮氏海军，对顺化发动了一次海上攻击，这寓意着近代早期阶段以暴力告终。在欧洲军事顾问的带领下，这场胜利开启了越南统治的新阶段。在幸存的王室继承者阮映（Nguyễn Ánh）的领导下，前阮氏政权的效忠者在积年累月的努力中，使用欧洲的武器、战术和制图方法，击败了西山朝军队。与早先使用明朝火

　　　　墓地中的军营：越南的军事化景观

器和葡萄牙武器类似，这次借助欧洲的军舰，阮氏军队建立了一个新的王朝，即阮朝，最终把领地从北部一直扩展到湄公河三角洲的南端。然而，阮朝（1802—1945）仍然面临着与先前政权一样的环境和陆地政治挑战。渐渐地，尤其是在第二任皇帝明命帝的统治时期（1820—1841），这个新王朝产生了革新传统的制度，吸纳了军事建筑和地图的现代元素，将汉语作为官方语言，将儒家思想作为国教。直到 1883 年，法国舰队入侵，摧毁了 1801 年落入阮氏之手的海岸防线，迅速终结了阮氏在中部海岸的统治。

　　仔细审视 19 世纪 30 年代阮朝的军事化政权，以及关于非军事化和土地政策的斗争，可以发现，它们为 20 世纪越南精英和平民之间因土地使用和军事问题而形成的紧张关系埋下了伏笔。在阮朝开国君主阮映的时代，朝廷的大部分行政事务是由军官来管理的。这个时代始于 1801 年，在当时的中部海岸，海军的重要性使得法国军官在新政权中担任关键职位。关于当时的海军战事还有一些记录，因为它们显示了这些战斗所造成破坏的规模。一名 24 岁的法国人洛朗·巴里西（Laurent Barisy）以军火商的身份随阮氏舰队而行，并在其信件中描述了相关情景。[46] 在围攻归仁的西山港（Tây Sơn port）时，阮氏舰队摧毁了西山朝军队的 90 艘船舰，据称还在岸上杀死了 5 万名水手和平民。阮氏舰队在这次袭击中折损了近 4000 名士兵。[47] 舰队随后向北航行，袭击沱㶞，然后准备向顺化进攻。1801 年 6 月 12 日，舰队到达了位于顺安（Thuận An）的香江入口，这里距离顺化约 15 公里，是一处海岸防御体系。阮氏舰队袭击了沿海要塞和一直守卫海湾入口的西山舰队。经过三天的浴血奋战，阮氏舰队突破了防御工事，阮映和他的军官们（包括三名法国舰长）来到了他父母曾逃离的宫殿。在接下来的日子里，他和麾下指挥官们开始审判敌方的指挥官，同时招募新兵，为进攻郑氏的首都升龙做准备。[48]在那次进攻后，阮映于 1802 年回到富春，并加冕为嘉隆皇帝。

自 16 世纪以来，东南亚的许多皇家军队一直使用欧洲武器和雇佣军，但阮氏舰队发起的这场战役是最早由欧洲军官以越南国家名义指挥欧洲船只的战役之一。这标志着海军技术的一个关键性转变，因为尺寸不断变大，欧洲船只在该地区的长途贸易中逐渐取代了中国和东南亚船只的地位。来自法国的海军军官每人指挥一艘配备有 36 门大炮和 300 名水手的护卫舰。在 1801 年对归仁海军的进攻中，法国军官担任阮映的海军护卫，并协助阮氏舰队的将军指挥登陆。阮映登基之后，就按照欧洲军队的做法重组了他的军队，且在某种程度上也重组了他的朝廷。他嘉奖了为他服务的法国军官，授予他们官职，辅以相应的薪水、豪宅和护卫，对于越南籍将军则要求他们守护国内安全，并任命他们为地方军政长官。他还遵循了祖先传统，坚持实行军事统治。在顺化，法国军官让-巴普蒂斯特·沙依诺（Jean-Baptiste Chaigneau）担任首席外交官，接待来访的欧洲代表团。[49]在北部和南部地区的"城"（现在的河内和胡志明市），*越南的将军们在法式的军事要塞中以总镇的身份进行治理。嘉定**的粮仓和港口对整个王

朝仍是至关重要的，所以嘉隆帝任命他最信任的将军黎文悦（Lê Văn Duyệt）来管理。黎文悦又向高棉领土发起了进一步军事扩张，在金边（Phnom Penh）的高棉宫廷附近驻军。

尽管建立了一个新的朝廷和一支受欧洲影响的军队，但是在西山起义期间一直恶化的生态贫困仍在继续。在中部海岸，各镇面临着干旱、台风、基础设施崩溃和更多的起义叛乱。镇守们持续抱怨着荒废的土地，而朝廷也恢复了高额税收和征兵制。[50] 在广义（Quảng Ngãi）的前占族港口，当地的抗议活动演变成一系列全面的战事，表现为非越族的高地人组织与阮氏军队作战，他们一度占领了一些据点。他们在 18 世纪 50 年代就开始进行抵抗，并在 1803 年又恢复行动。这些战事一直持续到了 19 世纪 50 年代。1844 年，关于高地军队的一份情报显示，有数千名士兵驻守在广义省附近的山顶要塞周围。[51] 虽然在山区和南部边境的军事行动可能推进了教化非越族人的目标，但废弃田地和低生产力之类的旧问题削弱了吸引人们融入近现代越南国家的能力。

即使在像符牌这样相对富裕的村庄，几十年的战争和环境退化也使古老的、以行会为中心的传统生活化为乌有。周围的沿海山地仍然被砍伐、被侵蚀，高山田地和矿区基本上没有受到保护。没有了必需的木炭，符牌的冶铁随即停止。当地官府甚至取消了该村两百多年来免服兵役的权利。1808 年，嘉隆帝命令从该村招募 500 名士兵，此举削减了冶铁业和农业的必要劳动力。[52] 官府在完成了村庄的新土地登记后，将山上大多数以前被标为公地的土地称作"闲置的荒地"（hoang nhàn, thổ phụ）。[53]

除了与废弃田地有关的政治问题外，霍乱在沿海社区的传播也加剧了来自海外的可怕新挑战。往返于印度和中国之间的欧洲船只，不知不觉地在舱底水源中携带了细菌（霍乱弧菌，Vibrio cholerae）。在这些船只停靠越南时，一些染病的水手（而且他们通常因此死亡）将细菌传入岸上。每次全球瘟疫流行期间，霍乱都会在越南的港口肆虐。处于死水附近的人都特别容易感染；这可能有助于解释为什么阮朝限制外国人进入沱㶚，并阻止大多数人前往顺化。仅仅一年（1820 年），整个王国就有超过 20 万人死于这种疾病。1849 年至 1850 年暴发的一次疫情，造成近 60 万人死亡，19 世纪五六十年代又暴发了更多的疫情。[54]这种可怕的疾病是全国性的，它沿着海港一直蔓延到生活在水边的人们。

　　考虑到 19 世纪欧美海军的发展以及海上出现的麻烦，阮朝第二任君主明命帝突然决定与法国断绝关系，并让他的政权文官化，这标志着阮朝国策的重大转变。[55]明命帝试图摆脱他父亲在位时实行的军政制度，同时通过激进的新土地政策直接解决一直存在的废弃土地问题。这些举措在嘉定引发了一场毁灭性的叛乱。明命帝还因处决天主教神父而受到外国的谴责。但从景观的角度来看，明命帝是在试图纠正导致土地贫瘠的社会问题，并整合高地边境。[56]在日益扩建的首都顺化，没有什么建筑比一座新宫殿更能象征这位皇帝革新传统的转型了。在他父亲的领导下，顺化的防御工事于 1804 年开始建造；著名军事建筑师塞巴斯蒂安・沃邦（Sébastien Vauban）的影响明显地体现在城墙的修筑之中。然而在城墙内，明命帝建造了一座皇家宫殿，它参照了一个精心选择的样本：位于中国明朝首都北京的紫禁城。午门作

　　　　　　　　　　　墓地中的军营：越南的军事化景观

为宫殿中最华丽的元素之一，于1833年建成。它的瓦片屋顶、对风水的关注以及众多象征性元素都表明，明命帝打算按照更传统的儒家模式来重构这个国家的政治文化。

随着宫殿竣工，明命帝发起了王朝历史上最为雄心勃勃的土地改革运动之一。他下令进行全面的全国土地丈量，限制私有土地的规模，并通过重新圈定公共土地来分配多余的土地。这个19世纪的耕作计划以及随之而来的丈量举措，在南方引发了一场长达三年的叛乱，使嘉定的要塞化为废墟。叛乱的一个核心原因是明命帝颁布的教化政策。皇帝不仅试图发展农业种植，还下令关闭中文和天主教学校，旨在按照一种结合儒家和越南本土的标准来"教化"许多非越族群体。[57]

舆图在皇帝的两次改革中都占据核心地位，它标明了非越族区域以及向新佃户开放的土地区域。虽然朝廷还在应对众多高棉人、占族人、汉族人和高地人集聚地区的抵抗斗争，但多年来的绘图工作为王朝的自然和文化地理提供了宝贵的空间记录。这些舆图也逐步将越南的领土扩大到高山地区的深处。从1830年到1882年，舆图和方志的出版为推出教化政策构建了一个空间平台。[58]在中部海岸，这股新的制作浪潮将朝廷的目光延伸到了更深的内陆地区，超越了相对比较荒芜的沿海山地边缘，延伸到了更陡峭的山坡和高山群体居住的远山。阮朝的舆图和方志充分展现了这种向西扩展的景观，即高地森林的陆地"海洋"。1832年出版的第一批全国性舆图集之一，显示出对山地的高度关注——几乎每座山峰和山脊都标注了名称。这本舆图集以鸟瞰的方式将承天顺化省呈现出来，底部是海岸，顶部是丘陵和边境山区。这种呈现方式将观众的视线引向内陆远处的山地（图 1.4）。从北到南的内路只是一条虚线，将有城墙的首都和香水县（Hương Thủy，包括符牌和夜黎村）等地区分隔开。顶部的另一条线标志着阮朝舆图中一个相对较新的特征，即划定王朝对高地的所有权以及王朝与山地以外的无名之地的边界。考虑到该地图使用了汉字以及东亚制图中常见的传统比例尺和符号，它也代表越南制图师有意在风格上摆脱 1820 年之前使用的欧式制图技术。[59]

1841 年明命帝去世后，他的继任者继续推行这些政策，但与周边的众多君主一样，他们都难以应对欧洲日益增长的海上军事力量。然而，当海岸线上纷扰滋生和殖民战争爆发时，阮朝的君主们仍在继续向内陆以及山地扩张。从 1847 年开始，法国海军对阮朝港口的袭击不断升级，1859 年，一支法国舰队袭击并占领了位于嘉定的皇家城堡。19 世纪 60 年代制作的阮朝舆地志大多避开了这个曾经至关重要的南部地区；相反，它们扩大了范围，将以前不在旧地图范围内的山区也包括进来。19 世纪 60 年代初完成的越南历史地理著作《大南一统志》（Đại Nam Nhất Thống Chí）

40　引入了术语"峒"（động）和"谷"（cốc），以此表示不属于越南的高地斜坡。[60] 作为阮朝在法国海军入侵顺化之前的最后一本地理出版物，它代表了欧洲军队准备沿海发动两栖攻击时，王朝对高山地区的最后一次扩张。阮朝颁行的最后几册舆地志，甚至将传统的上层和下层居民点的概念扩展到了这个新的高山地

41　区。该省的最后一部地理书分为三册，分别描述了低地、中地和高地。[61]

　　　　　　　　墓地中的军营：越南的军事化景观

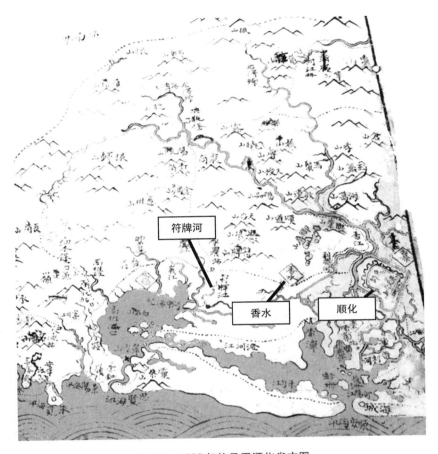

图 1.3　1832 年的承天顺化省古图

资料来源:《通国沿海渚》(*Thông Quốc Duyên Hải Chử*), 1832 年, 胡志明市社会科学图书馆, HVN190。标签和阴影由作者添加。

荒山和殖民征服的空间逻辑

关于 1858 年至 1884 年期间法国对印度支那的"模糊殖民"，已有大量著述（如皮埃尔·布罗舍和丹尼尔·赫梅里的书），然而很少有人关注区域景观在决定殖民扩张的空间方面所起的作用。[62] 长期以来，"闲置的荒地"暴露了阮朝在经济和政治上的弱点，吸引着法国制图师和殖民地投机商。这片土地为资本主义的发展提供了机会，而且先前几乎没有被开发过。与此同时，支撑阮朝的农业经济引擎——河口稻田和内路沿线人口密集的村庄——对担心埋伏或疾病的殖民者步兵构成了威胁。1885 年，当法国军队在顺化附近遇到一场勤王的反抗时，这些光秃秃的丘陵展现了作为战略要塞的新价值，一方面具备清晰的视野，另一方面是炮兵的理想阵地。

对于急于控制阮朝的法国殖民者来说，那些荒山有着不同的意义：资本主义事业的发展空间。古老的低地有密集的村庄，还有对法国人的安全和健康构成多重威胁的各种疾病，而公路和通航河流以外的高地则几乎无法进入。如果法国的种植者或科学家可以去现场参观这中间的丘陵，他们可能很快就会意识到为什么这些丘陵地区的人口如此之少。法国人对这片"闲置的荒地"的兴趣始于一些不同寻常的情况。1876 年，在签订一系列不平等条约之后，法国政府向嗣德帝赠送了五艘在法国已经被淘汰的炮艇，以帮助越南王国的舰队实现现代化。[63] 法国海军军官从位于沱灢的法国营地出发，运送船只并临时担任船长。[64] 这份礼物和一份为期两年的帮助训练的合同，为法国军队带来了一个新的侦察机会。退役海军军官和业余制图师杜特勒伊·德·兰斯（Jules-Léon Dutreuil de Rhins）接受了这份合同，并花了两年时间指挥天蝎号（*Le Scorpion*）探索顺化附近的乡村。他对阮朝海岸防御工事的详细观察，为法国海军 1883 年发动的进攻提供了 42 情报，同时，他从沿海道路一直望向群山之中，使原本光秃秃的山坡变成了新事业蓬勃发展的空间。《安南王国和安南人：航行日志》（*Le Royaume d'Annam et les Annamites*）是他广为人知的有关这段旅程的记载，其中包括最初为西方读者提供的两份顺化地区的详图。地图和旅行日记符合当时的潮流，兼具娱乐和殖民宣传的功能。他写道，低地"森林几乎完全被砍伐，没有耕作，地形在丘陵和平原之间"。他形容这一地区是"经济作物甘蔗、咖啡、烟草、棉花、桑树、肉桂、胡椒等"的理想种植地，他还补充道："这个省的气候比南圻（Cochinchina）下游或东京三角洲（Tonkin Delta）更有利于健康。"鉴于三角洲地区正在流行霍乱，他相信"欧洲人可以适应这里，指导工业和农业机构，真正把殖民工作做好"。[65] 他谈到对未来的欧洲殖民者而言有两个重点：经济作物的潜力和"适应"这个热带地区的可能性。他具有前瞻 43 性的地理学成果还包括许多对"疾病多发"的沿海社群的负面评价，这些社群遭受了"贪官"的政治镇压。兰斯也贡献了许多其他常见的比喻，特别是形容村民十分"懒惰"，因为他们显然对耕种山地缺乏兴趣。

当这位探险家兼作者试图向欧洲读者区分这些景观中可能吸引他们注意力的地区时，他的描述和地图在很大程度上延续了阮朝舆图和方志里的上游逻辑（Upward logic）。他的地图详细描绘了航道和内路，然后却沿着皇家坟墓和花园逆流而上到达王国的后方领土，在这里，越族的丘陵（*sơn*）让位于"蛮夷（*Moïs*）居住的土地"（图1.4）。

仔细看看图1.5还有那些描述性文字，它们展现出了有目的的擦除、省略和延续。兰斯在他的地图上标记了关键的帝国遗址，如"安南后方据点"和"站"（*trạm*，一个地区级的行政驿站），但他使用"未开发"和"废弃"这种术语概括了一些丘陵和村庄的名字，从概念上为法国日后的开拓扫清了障碍。通过渐进的笔触点画，他可能也有意隐藏了这片地形的一些生态真相；暴雨在森林被砍伐的山坡上留下了深深的沟壑，几乎没有留下任何表土。像符牌和东林这样的地方则逐渐融为更普遍的术语——村庄、未耕种的平原或灌木丛。

在整本书中，兰斯对比了休耕的丘陵和拥挤的村庄，创造出一个可能接受法国文明使命的空间的幽灵。当有读者质疑为什么越南人没有好好利用他们的慷慨援助时，他把这归咎于阮朝的腐败："承天顺化省一半以上的耕地仍然没有开垦，原由我们先前已经说过，主要是安南人的懒惰和他们可怜的政府……由于禁止对外贸易，安南人对种植多样化的作物没有兴趣，因为这将耗费他们太多精力，他们也不被鼓励生产超出其消费需求的谷物，因为官吏们在上级面前畏首畏尾、俯首帖耳，但在下级面前却道貌岸然、大饱私囊，他们很快就会掠夺百姓的财产。"[66]对"懒惰的贫困"的批评并非毫无根据。自18世纪50年代以来，顺化的统治者一直在努力解决废弃高地的定居点的问题，明命帝

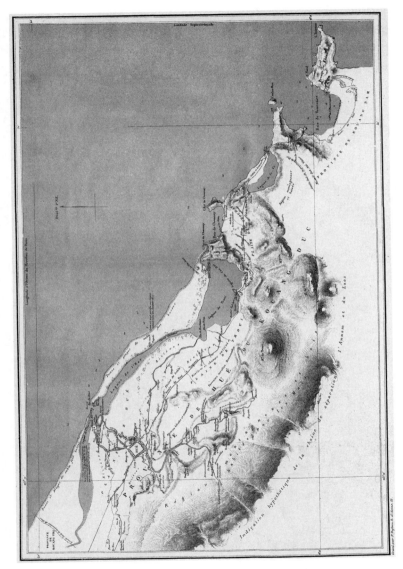

图 1.4 承天顺化省古图

资料来源：杜特勒伊·德·兰斯《安南王国和安南人：航行日志》。

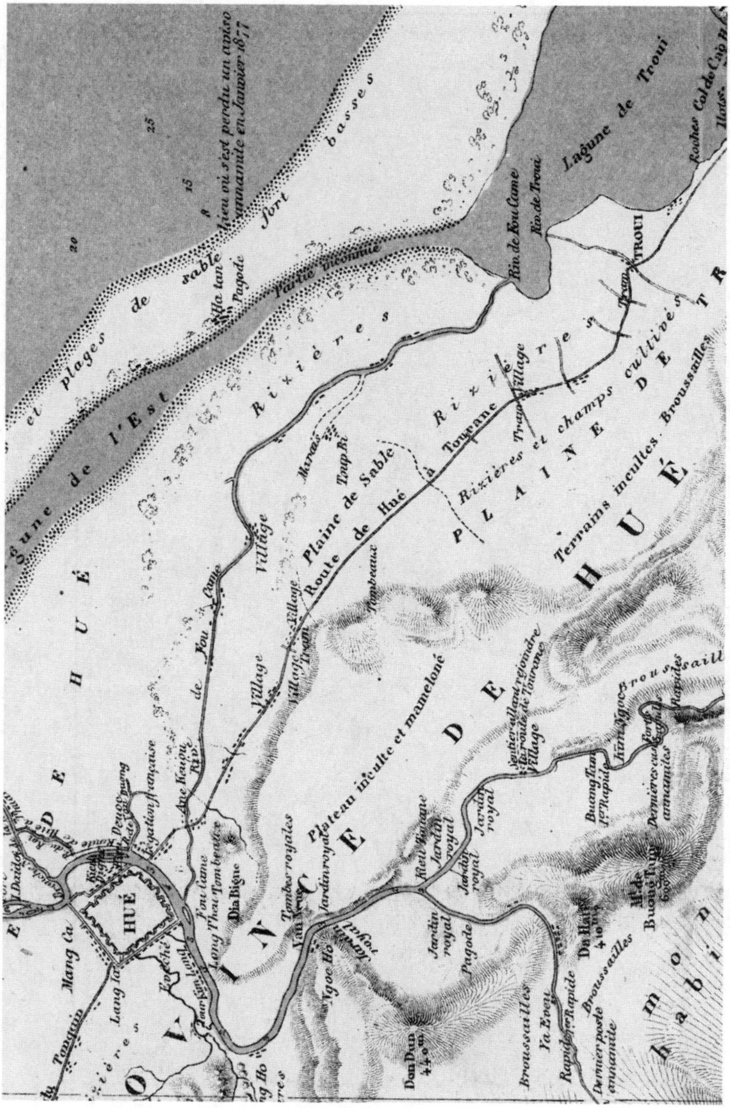

图 1.5 杜特勒伊·德·兰斯标注的承天顺化省古图细节

墓地中的军营：越南的军事化景观

虽然采取了严厉措施来重新征用土地，但都无济于事。

　　然而，兰斯忽略了内路村庄的最重要的一个空间特征。这些村庄根本不是"懒惰者"的堡垒，而是顽强的幸存者的社区，尽管发生了暴力战争，他们仍然坚守着祖传的土地、坟墓和家园。他在路上遇到的普通人可能是那些从1773年阮氏政权垮台中幸存之人的子孙后代，也可能是从西山起义后的腐败统治中幸存之人，或是从阮朝皇帝日益增长的军事需求中幸存之人。许多人都可以从他们的先辈一直追溯到家族的始祖，他们大多是在15世纪和16世纪为大越军队服役的士兵。在狭窄的平原上，被树篱和堤坝环绕的田野和村庄庭院就很好地体现了这种生存韧性。几个世纪以来，许多家庭与村社和朝廷代表进行了谈判协商，以保护这些景观及其血脉传承。

　　总之，尽管法国和越南使用了类似"休耕"等术语，但这些村庄背后的山并非一片荒芜之地或被遗弃的土地。一直以来，这些土地作为投机工业发展的区域或生产力较低的产业的公地，在乡村生活中同样发挥着重要作用。灌木丛中的树木为村民提供了必要的燃料，而草料可供村民的牲畜食用。考虑到平原上的空间有限，连绵的群山还提供了陵墓的用地。村民们知道先祖的魂魄在山上守护着他们，这样他们就可以安心入眠了。 45

• • •

　　尽管兰斯认为并非所有土地都是有价值的，但他的游记与阮朝的文献一样，得出了几个类似的结论。首先，他认识到这个地区的大部分人口生活在靠近内路的非常狭窄的村庄和田野地带，被群山和河口包围着。他还意识到，这一地带有古老的历史，是该地区的经济支柱，也会给殖民主义经济的增长带来挑战。和阮朝的实录与舆地志一样，兰斯也对静置于山林中的潜在财富充满想象。而当他凝视着群山时，阮朝的眼光已经更高了。随着法国的舰队统治了沿海水域，丘陵外的茂密森林和山地"海洋"成为越南人探险的最后出口。19世纪末，越南扩张领土的目标从海洋转移到了山区，这预示着20世纪越南革命者的海拔逻辑（elevational logics）的产生。

注释

[1] 权宪益密切关注人们通过建造祖先祠堂（lăng họ）和在前哨站或防空洞等前军事地点敬奉游魂等多种不同方式将这段历史联系起来，见权宪益《越南的战争幽灵》，第34页。克里斯蒂娜·申克尔（Christina Schwenkel）《当代越南的美国战争：跨国纪念和代表》（ *The American War in Contemporary Vietnam: Transnational Remembrance and Representation* ）更多地关注官方的纪念活动，包括战争烈士纪念碑、展览和摄影。

[2] 见阮世英（Nguyễn Thế Anh）《占族神灵婆那加的越南化》（ "The Vietnamization of the Cham Deity P. Nagar" ），载基思·泰勒和约翰·惠特莫尔（John K. Whitmore）编《越南往事随笔》（ *Essays into Vietnamese Pasts* ），第42—50页；《美庆塔：承天顺化舆地志》（ "Tháp Mỹ Khánh: Dư địa chí Thừa Thiên Huế" ），www3.thuathienhue.gov.vn/GeographyBook/Default.aspx?sel=3&id=21，最后一次访问于2014年3月24日。

[3] 政治人类学家詹姆斯·斯科特因其2009年对这一高地的研究而闻名。2009年，他根据威廉·冯·申德尔（Willem van Schendel）的工作成果，将这一地区称为"赞米亚"（zomia）。斯科特的工作因主张不一而引起了许多争论，但他的贡献之一是提出了一个观念，即陡峭的森林山坡产生了一种"侵占的摩擦"（friction of appropriation），使沿海居民无法获得控制权。与海洋一样，高原森林也为攻击提供了途径，因此以危险著称。见詹姆斯·斯科特《逃避被统治的艺术：东南亚高地的无政府主义历史》（ *The Art of Not Being Governed:*

　　　　　　　　　墓地中的军营：越南的军事化景观

An Anarchist History of Upland Southeast Asia），第198—199页。相比之下，威廉·冯·申德尔并不主张将"赞米亚"作为东南亚的一个独立区域来考虑，而将其视为一个动态的边境地区，挑战他所说的地区研究中隐含的"国家主义"假设。见威廉·冯·申德尔《已知的地域，无知的地域：东南亚的跳跃性规模》（"Geographies of Knowing, Geographies of Ignorance: Jumping Scale in Southeast Asia"），第655页。这种学术上的紧张关系与国家主义者和边缘人之间的紧张关系相类似，甚至在村庄一级也是如此。从军队到亡命之徒再到叛军，军事团体通常占据着国家统治结束和"无政府状态"所开启的空间地带。军队和叛乱团体不仅为土地而战，而且还为许多"非国家利益"而战。他们争夺土地，还争夺许多"非国家"人民，以扩大领土并"培养"其居民。在其古代历史的大部分时间里，中部海岸的狭长地带的村庄形成了一个不断扩张和收缩的国家空间，被高原和海洋包围。

[4]安德鲁·哈迪（Andrew Hardy）：《鹰木与占城和越南中部的经济历史》（"Eaglewood and the Economic History of Champa and Central Vietnam"），载安德鲁·哈迪（Andrew Hardy）、莫罗·库卡兹（Mauro Cucarzi）和帕特里奇亚·左莱赛（Patrizia Zolese）编《占城与美山的考古（越南）》（*Champa and the Archaeology of Mỹ Sơn*），第107—126页。

[5]阮金蓉（Nguyen Kim Dung）：《古代区域贸易网络中的沙黄文化：饰品比较研究》（"The Sa Huynh Culture in Ancient Regional Trade Networks: A Comparative Study of Ornaments"），载菲利普·派珀（Philip J. Piper）、松村博文（Hirofumi Matsumura）和大卫·布贝克（David Bulbeck）编《东南亚及太平洋史前史的新展望》（*New Perspectives in Southeast Asian and Pacific Prehistory*）。

[6]阮友聪（Nguyễn Hữu Thông）主编：《戈都人：居在水上之人》（*Katu: Kẻ sống đầu ngọn nước*），第24—25页。

[7]越南一度由中国古代王朝统治。位于横山关以北、与这一交流区接壤的中央海岸地区是九珍区。取得独立后，越族统治者将该地区改名为河静省和乂安省。在越南，这一地区被视为反抗的摇篮，因为它促成了1420年对明朝的战事，1930年共产党领导的起义则更具代表性。

[8]与永灵（Vĩnh Linh）一样，这个山口在印度支那战争期间也很有名，是北越士兵和物资进入南越的一个重要通道。

[9]最近出版的一部关于承天顺化省历史的书，包括了许多顺化杰出的历史学家和考古学家的集体作品，为中部海岸提供了极为丰富的早期历史注释。见阮文华（Nguyễn Văn Hoa）编《承天顺化舆地志：历史部分》（*Địa chí Thừa Thiên Huế: Phần lịch sử*），第24—25页。

[10]泰勒：《越南的诞生》。

［11］阮文华：《承天顺化舆地志：历史部分》，第 31—32 页。

［12］同上书，第 38 页。

［13］乔治·马伯乐（Georges Maspero）：《占婆史》（*The Champa Kingdom*），第 87—88 页。另见阮文华《承天顺化舆地志：历史部分》，第 47 页。

［14］孙来臣（Sun Laichen）：《明代中国的军事技术转让与东南亚大陆北部的兴起（约 1390—1527））》［"Military Technology Transfers from Ming China and the Emergence of Northern Mainland Southeast Asia (c. 1390–1527)"］，第 510 页。

［15］学者们不断修正早先关于占婆是一个单一的、统一的王国的说法；新的考古研究，包括海洋考古，表明沿海地区有多个占婆政体，它们以某种形式联系在一起。历史学家迈克尔·维克里（Michael Vickery）最近提供了两部关于中央海岸或群岛历史的修订版本。见迈克尔·维克里《关于占婆的修订》（"Champa Revised"），载陈奇芳（Trần Kỳ Phương）、布鲁斯·洛克哈特（Bruce Lockhart）编《越南的占族》（*The Cham of Vietnam*），第 363—420 页。另见迈克尔·维克里《占婆简史》（"A Short History of Champa"），载安德鲁·哈迪（Andrew Hardy）、莫罗·库卡兹（Mauro Cucarzi）和帕特里奇亚·左莱赛（Patrizia Zolese）编《占城与美山的考古（越南）》［*Champa and the Archaeology of Mỹ Sơn (Vietnam)*］，第 45—60 页。最早提出占婆以及越南是一个群岛空间的历史学家是基思·泰勒，见他的《早期王国》（"The Early Kingdoms"），载尼古拉斯·塔林（Nicholas Tarling）编《剑桥东南亚史》（*The Cambridge History of Southeast Asia*）第 1 卷第 1 部分，第 153 页。

［16］李塔娜（Li Tana）：《阮氏南圻：17 和 18 世纪的越南南部》（*Nguyễn Cochinchina: Southern Vietnam in the Seventeenth and Eighteenth Centuries*），第 41 页；查理斯·惠勒（Charles Wheeler）：《反思越南历史中的海洋：17—18 世纪沿海社会和顺化—广治的整合》（"Re-Thinking the Sea in Vietnamese History: Littoral Society and the Integration of Thuận-Quảng, Seventeenth-Eighteenth Centuries"），第 123—153 页。

［17］胡忠秀（Hồ Trung Tú）：《那样的五百年：历史分歧视角下的广南特色》（*Có 500 năm như thế: Bản sắc Quảng Nam từ góc nhìn phân kỳ lịch sử*），第 87 页。

［18］同上书，第 112 页。

［19］李塔娜：《阮氏南圻》，第 37 页。

［20］阮文华：《承天顺化舆地志：历史部分》，第 75 页。

［21］同上。

［22］释大汕（字石濂）［Thích Đại Sán (Thạch Liêm)］：《海外纪事》（*Hải ngoại kỳ sự*），第 107 页。由黄氏平明（Hoàng Thị Bình Minh）翻译："文治之世，是华亦自圣人而得名也。若夫山海间阻，圣王征讨所不及，声教难通，自为君长，久

安于鄙陋 ×× 之习，不复讲求乎等威度数，虽成定分，然势力相服，首不免于战争。独士卒甲兵，众人长技，至取威定霸，非设奇神变，何由自立于不可胜以制人之不胜乎？故国中多谈武备，不尚文德。"

[23] 克里斯托佛罗·博里（Christoforo Borri）：《关于南圻的报告：包含该国家许多令人钦佩的稀奇古怪之处》（*An Account of Cochinchina: Containing Many Admirable Rarities and Singularities of That Country*），第 28 页。关于博里和该记述的详细说明，见奥尔加·德罗尔（Olga Dror）、基思·泰勒《十七世纪越南的观点：克里斯托佛罗·博里于南圻以及赛缪尔·巴伦于东京》（*Views of Seventeenth-Century Vietnam: Christoforo Borri on Cochinchina & Samuel Baron on Tonkin*）。

[24] 基于村庄研究的历史学家和家谱学家已经汇编和翻译了（从中文或喃字到现代越南语）许多从殖民主义和现代战争中幸存的村庄记录的片段。越南家族协会最近也出版了（在线）族谱，找出在中部海岸登陆的始祖。这些资料支持不了细致的地方研究，但它们至少指出了早期现代越南村庄生活的一些共同轮廓。

[25] 《越南的武氏》，最后访问于 2014 年 6 月 1 日，http://hovuvovietnam.com。"Võ" 和 "Vũ" 是同一个汉字 "武" 的转写。

[26] 这部电视纪录片呈现了一种相对新颖的家庭历史与国家历史的并置，这在社会主义时代曾经是禁忌。电视新闻节目描述了家族后人在庆祝活动中与地方官员、国家代表进行礼节性交流的场景。这种家庭与国家关系的形象可能是社会主义时代以来的新形象，但它指出家庭、土地和国家之间的关系是现代早期政治的核心特征，是经常通过税收和兵役的谈判来检验的。《神符村武氏的清明节》（Lễ Thanh Minh của họn Võ làng Thần Phù），最后访问于 2014 年 6 月 1 日，http://hovuvovietnam.com/Ho-Vo-lang-Than-Phu-phuong-Thuy-Chau-TX-Huong-Thuy-Thua-Thien-Hue_tc_294_0_1110.html。

[27] 《中部—西原的胡氏与范氏》（Hồ Phạm Miền Trung-Tây Nguyên），族谱网站，最后访问于 2014 年 4 月 22 日，www.hophammientrung.com/tin-ve-coi-ngon/2/198/ho-pham-ba-lang-thanh-thuy-thuong/cong-nghe-so.html。《承天顺化舆地志》的作者指出，"范" 这个姓氏一般适用于占族人的后裔。见阮文华《承天顺化舆地志：历史部分》，第 34 页。

[28] 黎武长江（Lê Vũ Trường Giang）：《传统村落、顺约山寨的运动与神符村的文化印象》（"Sự vận động của làng xã cổ truyền, bản Thuận ước và những dấu ấn văn hóa ở làng Thần Phù"），访问于 2014 年 6 月 1 日，http://tapchisonghuong.com.vn/tin-tuc/p2/c15/n15136/Su-van-dong-cua-lang-xa-co-truyen-ban-Thuan-uoc-va-nhung-dau-an-van-hoa-o-lang-Than-Phu.html。

[29] 《越南中部西原的胡氏》（"Hồ Phạm Miền Trung-Tây Nguyên"）。

[30] 诺拉·库克（Nola Cooke）:《十七世纪南河（南圻）的阮族统治》["Nguyen Rule in Seventeenth-Century Dang Trong (Cochinchina)"]。

[31] 林氏美蓉（Lam Thi My Dung）:《越南中部广南省秋盆山谷的沙黄地区及区域间互动》（ "Sa Huynh Regional and Inter-Regional Interactions in the Thu Bon Valley, Quang Nam Province, Central Vietnam"），第 68—75 页。

[32] 阮廷头（Nguyễn Đình Đầu）:《南圻六省垦荒立邑历史的公田公土制度》（ *Chế độ công điền công thổ trong lịch sử khẩn hoang lập ấp ở Nam Kỳ Lục Tỉnh*）; 樱井由美子（Yumio Sakurai）:《阮朝统治下的良田制度》（ "Chế Độ Lương điền Duài Triều Nguyễn"），载国家社会科学与人文中心《越南学：第一届国际研讨会纪要》（ *Việt Nam Họn phương án: Kỷ yếu hội thảo quốc tế lần thứ nhất*），第 577—580 页。

[33] 在本书中，我使用了该村的传统名称 "符牌"（Phù Bài），并加上 "ù"，以区别于北面几公里处成为 "富牌"（Phú Bài）基地和机场的地区，这里最近还成为香水镇的一个区。如今，带 "ú" 的拼法已成为习惯法，而传统的名字已从地图上消失了。现在该村在行政上被称为水符公社，这个名字保留了原来的 "ù"。这个名字的含义也值得一提。"Bài"（牌，令牌）的意思是村里的神或魔术师用来帮助当地人避免鬼魂或不幸的神圣卡片。"符牌" 形容一张能给人们带来支持或帮助以避免厄运的卡片。"富牌" 的意思是为人们带来财富的卡片。虽然目前的行政名称已经改变，但村里的当地老人仍然使用传统的名称，所以我在这里保留了这个名称，我还加上了村庄这个词，以进一步区分住宅区与工业和基地区。感谢裴竹羚（Bùi Trúc Linh）在这方面的帮助。另见裴金芝（Bùi Kim Chi）《符牌旧村》（ "Phù Bài làng xưa"），最后访问于 2018 年 1 月 13 日，http://tapchisonghuong.com.vn/tap-chi/c253/n9543/Phu-Bai-lang-xua.html。

[34] 裴氏新:《关于两个传统工艺术村》，第 78 页。

[35] 同上书，第 60 页。

[36] 阮廷头:《阮朝地簿研究：承天》（ *Nghiên cứu địa bạ Triều Nguyễn: Thừa Thiên*），第 165 页。

[37] 黎武长江:《传统村落的运动》。

[38] 阮克顺（Nguyễn Khắc Thuận）主编:《黎贵惇选集：抚边杂录》（第一部分）[*Lê Qúy Đôn tuyển tập: Phù Biên tạp lục (phần 1)*），第 173 页。

[39] 同上。

[40] 同上书，第 174—175 页。

[41] 张有炯（Trương Hữu Quýnh）、杜邦（Đỗ Bang）编:《阮朝时期农业田地和农民生活情况》（ *Tình hình ruộng đất nông Nghiệp và đời sống nông dân*），第 69 页。

[42] 阮克顺:《黎贵惇选集》，第 173 页。

[43] 张有炯、杜邦编:《阮朝时期农业田地和农民生活情况》，第 70 页。

[44] 历史学家乔治·达顿（George Dutton）在他笔下的西山朝历史中指出，许多在 1774 年欢迎郑氏军队的人很快就对后者的暴虐行径感到愤怒，并在 1786 年迎接西山军队作为他们的解放者。15 年后，生活在西山朝统治下的村民们在经历了更多的饥荒、经济困难和对征兵和物资的无情要求后，又迎接阮氏军队的回归。见乔治·达顿《西山起义：18 世纪越南的社会和叛乱》（*The Tây Son Uprising: Society and Rebellion in Eighteenth-Century Vietnam*），第 165—170 页。

[45] 路易·卡迪埃尔（Louis Cadière），"La Pagode Quoc-An: Les divers supérieurs,"第 306 页。

[46] 巴里西的信件和其他为皇帝服务的法国人的信件被编入路易·卡迪耶尔《嘉隆帝时代相关文件》（"Documents relatifs à l'époque de Gia-Long"），第 1—82 页。

[47] 同上文，第 42—43 页。

[48] 同上文，第 49—51 页。

[49] 让-巴普蒂斯特·沙依诺（Jean-Baptiste Chaigneau）与来自胡志明市的一个显赫家庭的一位越南妇女结婚，并养育了几个孩子，后于 1825 年返回法国。他的儿子米歇尔·德·沙依诺（Michel Đức Chaigneau）出版了一本关于他在首都胡志明市长大的生活的通俗记录。见米歇尔·德·沙依诺《回忆顺化》（*Souvenirs de Hué*）。

[50] 关于对 19 世纪农村生活的全面调查，包括对风暴和饥荒的详细描述，见张有炯和杜邦编《阮朝时期农业田地和农民生活情况》，第 150—153 页。

[51] 史学院（Viện Sử Học）：《大南实录》（*Đại Nam Thực Lục*）第 6 卷，第 622—623 页。

[52] 史学院：《大南实录》第 1 卷，第 717 页。

[53] 阮廷头：《阮朝地簿研究：承天》，第 165、198 页。

[54] 张有炯和杜邦编：《阮朝时期农业田地和农民生活情况》，第 155—157 页。

[55] 两部英文史书重点介绍了阮氏第二任皇帝转向儒家和反世界主义政策的情况：亚历山大·伍德赛德（Alexander Woodside）的《越南和中国模式：19 世纪上半叶的阮朝和清朝文官政府的比较研究》（*Vietnam and the Chinese Model: A Comparative Study of Nguyen and Ch'ing Civil Government in the First Half of theNineteenth Century*），以及崔秉旭（Choi Byung Wook）的《明命帝统治下的越南南部（1820—1841）：中央政策与地方响应》[*Southern Vietnam Under the Reign of Minh Mạng (1820-1841): Central Policies and Local Response*]。这两部作品都利用朱本和实录来深入分析影响这位君主的复杂因素，因为他果断地摒弃他父亲和他的祖先阮主的政策。

[56] 历史学家布兰德利·戴维斯（Bradley Davis）特别探讨了这一作用，它不仅影响了国家的建设，而且影响了国家的发展。在非越族人的民族志中也是如

此。见布兰德利·戴维斯《人民的创造：帝国民族志和 19 世纪越南高地空间概念的变化》（"The Production of Peoples: Imperial Ethnography and the Changing Conception of Uplands Space in Nineteenth-Century Vietnam"），第 323—342 页。

[57] 崔秉旭：《明命帝统治下的越南南部（1820—1841）》，第 101 页。

[58] 同上。

[59] 关于中国清朝制图的研究，见劳拉·霍斯泰特勒（Laura Hostetler）《清朝的移民事业：中国现代早期的民族志和地图学》（*Qing Colonial Enterprise: Ethnography and Cartography in Early Modern China*）。我认为，阮氏朝廷转向这种更常见的东亚风格的舆图制作，只是因为嘉隆时期的政府已经试验过通过与法国和其他欧洲军事测量师通信而开发的平面和导航地图。历史学家约翰·K. 惠特莫尔（John K. Whitmore）的开拓性文章《越南的地图学》（"Cartography in Vietnam"）至今仍是关于越南地图学的最权威研究之一，尽管他认为这只是一个开始。它出色地概述了指引越南领土观念的关键宇宙学元素，特别是山峰和河流的并置。见约翰·K. 惠特莫尔《越南的制图学》，载 J.B. 哈利（J. B. Harley）、大卫·伍德沃德（David Woodward）编《制图学史》（*The History of Cartography*）第 2 卷第 2 册，第 478—508 页。

[60] 这种当地人对"峒"一词的使用在今天的越南中部仍然存在，特别是在提到某些高地山谷时，如在 20 世纪 40 年代末支持越盟抵抗区的香蕉峒。当地的年长者仍记得关于"谷"和"峒"的常见说法。"谷"一词的来源不明，今天顺化周围的越南人用它来形容最荒凉、最遥远的山脉。"峒"这个词的使用也很特别。它不是指今天普遍使用的洞穴一词，而是指由非京族人定居的高地谷地。该用法可能源于古汉语的"dong"，历史学家詹姆斯·安德森（James A. Anderson）和约翰·惠特莫尔（John K. Whitmore）指出，这是唐代的一个术语，指的是山区山谷的定居点。见詹姆斯·安德森和约翰·惠特莫尔编《中国在南方和西南方的遭遇：两千年重塑炽热边疆》（*China's Encounters in the South and Southwest: Reforging the Fiery Frontier over Two Millennia*），第 3 页。在此也向黄氏平明致谢。

[61] 这三本书后来被浓缩为一本，即最常见的 1910 年再版，从中文翻译成越南语，并于 1961 年再次出版。见阮文造（Nguyễn Văn Tạo）《大南一统志：承天府；上、中、下集》（*Đại Nam nhất thống chí: Thừa Thiên Phủ; Tập Thượng, Trung và Hạ*）。

[62] 皮埃尔·布罗舍（Pierre Brocheux）、丹尼尔·赫梅里（Daniel Hémery）：《印度支那：模糊的殖民化 1858—1954》（*Indochina: An Ambiguous Colonization, 1858-1954*）。

[63] 这些条约包括：两个将西贡和湄公河三角洲割让给法国的条约（分别签署于

墓地中的军营：越南的军事化景观

1862 年、1867 年），在沱瀼（1868）、顺化（1873）和河内（1873）分别授予港口特许权的条约。

[64] 杜特勒伊·德·兰斯：《安南王国和安南人：航行日志》。

[65] 同上书，第 289 页。

[66] 同上书，第 282—283 页。这是笔者的译文："承天顺化省的可耕地面积还在不断减少，这源于我们已经讨论过的不同原因，主要是安南人的懒惰和他们可悲的政府……安南人的对外贸易受到限制，没有任何兴趣去追求财富，这对他们来说是非常沉重的负担，而且他们也没有被鼓励生产日常消费需求之外的谷物，因为不论大小官员，都会很快地掠夺走他们的财富。"

第二章

土地改造

　　与通过长期的军事行动来控制南圻（1859—1867）和北圻
（1873、1883—1886）相比，法国对中圻海岸的征服相对迅速，而
且大多是在谈判桌上实现的。这部分是由于法国已经在北部和南
部战胜了越南军队，并且像过去一样，西贡向中部和北部供应了
当地急需的大米。就像之前的西山军队一样，法国于1883年入
侵的是一个弱小、食物匮乏的地区，且几乎没有受到太多来自当
地的反抗。然而，法国殖民者也不得不面对与前一批征服者相同
的挑战。1883年8月20日，一支由近千名法国海军陆战队员组成
的部队（包括几百名来自南圻的越南人）在顺安汛登陆，摧毁了
那里的要塞，杀死约2500名越军。利用铁甲舰、电力探照灯和哈
乞开斯速射炮（Hotchkiss revolving canons），法国舰队沿着香江一
路猛冲到顺化。由于在海岸已经展现出了如此强大的力量，一个
月前因为嗣德帝驾崩就已陷入混乱的阮朝当即同意签订条约。[1]
根据条约，阮朝将所有的要塞割让给法国，并同意召回在北圻以
及中越边境作战的数千名士兵。法国军队在接下来的一年里继续
扫荡北方的抵抗活动，直到1884年6月又迫使阮朝修订条约。这
项由法国和阮朝签署的新条约，切断了越南和中国之间的所有联
系，建立起覆盖越南北部和中部的法属保护国。一名法国的钦使
在顺化负责为"安南保护国"处理一些最基本的事务：征税、裁

决民事和刑事纠纷以及协调国防。[2]

　　与1884年柏林会议上欧洲人瓜分非洲土地的方式一致，法国官员为"安南保护国"划定了边界，但这与当地的自然条件毫无关系。中圻的北部边界远远超出了位于横山关口的自然边界，而西部边界则向内陆延伸，包括遥远的山峰，这些山峰是在十年前才首次出现在越南舆地志上的。在南部，它包括了所有饱受战争蹂躏的，曾经占族在活动的海岸线，直逼西贡。从地形的角度来看，这个新国家拥有任何政府都不可能管理到位的领土。沿着海岸铺设的皇家公路有许多部分都被破坏了，除了向西通往内陆山区的土路外，几乎没有其他道路。

　　驻扎在顺化和中圻港口的法国军队和一小批官员很快意识到，这片广阔的地区是产生抵抗的摇篮。在条约签署和1885年7月咸宜帝（Hàm Nghi）登基的一年之后，咸宜帝和一群辅政大臣伏击了一个法国代表团。代表团的幸存者在返回营地后，命令海军轰击宫殿和周边地区。皇帝和他的追随者逃到山区，并宣布发起一场"勤王"的抵抗运动。这主要是一场游击战，在山区有秘密基地，可以实现南北通信，这场游击战还得到了沿海许多城镇里的士大夫与士绅的大力支持。然而勤王者将他们的愤怒发泄在了该地区的越南基督教社区，由于缺乏法国军队的支援，那里有近4万人被杀。[3]法国军队很快抵达中部海岸，用了一年时间夺回沿海港口，并且在横山关附近的一个村庄——巴亭（Ba Đinh）——与阮朝的效忠者进行了一场决战。对巴亭的围攻持续了两个多月，3000多名法军用大炮轰击了约有3000名效忠者的营地。1887年，法国招募了一些曾经的皇室官员帮助镇压起义军，如前东京总督黄高启（Hoàng Cao Khải）。法国人同样利用了来自高地的芒族（Mường），他们最终击败了反抗入侵的皇帝。[4]

越南人猛然觉醒，直到 1945 年，他们都以武力反抗法国统治中部海岸的企图，这也在许多方面打击了法国在该地区的殖民野心。在中圻定居的法国人相对较少，他们几乎都集中在荣市、顺化、沱㶲、归仁和潘切（Phan Thiết）等受保护的沿海港口。法国航运、沿海公路以及后来修建的铁路，既保护着他们的安全，同样也在保护这片古老狭长地带上的阮氏贵族领地。正如 1885 年那场起义所表明的那样，中圻的大部分地区，那些森林密布的高地或光秃秃的丘陵，都对法国的统治构成了威胁，因为这种难以接近的地形限制了从海岸进入的可能性。

从整个殖民时期一直到 1945 年，这种军事上的弱点和山区起义的可能性，给殖民主义活动带来了阴影，同时还鼓舞了潜在的民族主义者。其间中部海岸的军事冲突不多，直到 1930 年，在 1877 年巴亭围攻战的废墟附近爆发了由共产党领导的乂安（Nghệ An）和河静（Hà Tĩnh）两省起义。中部海岸的大部分冲突都与内部安全或警察行动有关。虽然暴力程度很低，但其中一些行动却很关键。1908 年在顺化发生的一次小规模冲突行动，与一名来自乂安的年轻人阮生恭（Nguyễn Sinh Cung）有关。他就读于中圻有名的为法国殖民者和当地精英子弟开办的顺化国学中学，[5] 在为顺化农民的抗税活动当翻译时与警察起了冲突，然后逃离了该市，最终离开了印度支那，30 年后以胡志明的新名字回到了中越边境。许多未来的政治和军事领导人都出身于中部海岸，这一点与他类似。

虽然在殖民时期，中部海岸并没有军事要塞，但军事进程建

49

构着殖民发展和越南民族主义成长的空间。第一次世界大战后，随着飞机和航空摄影的出现，战争遗留下来的这些东西彻底改变了人们对中圻景观的认知，尤其是那里被废弃的丘陵和山林。随着照片包含的信息通过明信片和书籍得以传播，有改革意识的顺化殖民者，特别是林务员，认识到了殖民时期的清晰地形和这些被侵蚀的山丘的经济和政治成本。报纸的传播和越南国语字（*quốc ngữ*，罗马化）字母表使越南受众得以了解遥远的事件，而20世纪30年代的教科书则以新的空中视角把内路沿线的传统村庄和群山呈现出来。1941年，当日本飞机、船只和军队抵达这里时，中圻再次上演世界性的冲突，而当美国空军1943年开始轰炸海岸时，来自空中的军事破坏又上升到了新的层次。

不过，20世纪初相对和平的安南已然受到殖民地的军事问题和全球军国主义的影响。特别是在两次世界大战之间的时期（1918—1940），殖民地高官努力应对中圻土地退化带来的政治和环境挑战，而越南民族主义者则利用报纸、无线电和航空图像等新技术来想象后殖民时代的新未来。本章将探讨征服后的殖民军事融入土地政治的更隐蔽的方式，以及殖民改革者和民族主义者如何利用一战后的军事技术，从而为思考这片动荡土地上相互关联的政治和环境问题提供新视角。

山上的军事演习

19世纪80年代，在镇压起义多年，且在印度支那的殖民事业也亏损了大量资金后，资深的总督保罗·杜美（Paul Doumer）对中部海岸采取了决定性的行动。1897年，他与阮朝皇帝签署了一项协议，将所有的公共土地——包括一些有数个世纪历史的公地，以及丘陵公地和高地山谷，都纳入殖民地统治的范围。这是一个历史性的时刻，不是因为它最终帮助殖民地政府实现了将空旷山坡变成种植园的想法，而是因为它使这些地区的问题，特别是贫困问题，变成了法国人的事情。杜美意识到，法国在这个旧都的港口和城区组成的狭长地带里的军事和经济地位变得岌岌可危。1884年的《顺化条约》（The Treaty of Hué）保护了君主从私田（tư điền）征税的能力，尽管它剥夺了君主对公共土地和无主土地的所有权，但它也不允许法国殖民政府开发这些土地。该条约将欧洲企业限制在城市地区，主要在顺化和土伦（即岘港），并要求公共土地的出售必须遵守越南的习惯法。[6] 只有当地人才能买卖和开发这些地区。这一规定出自1884年的实际需要，目的是防止杜特勒伊·德·兰斯设想的欧洲白人在旧村庄上经营种植园的情况发生，从而避免中圻人民反殖民情绪的增长。在邻近的南圻，法国的土地拍卖和特许权导致了对当地彻底全面的掠夺，超过320万公顷的土地都移交到了法国人手中。而这种情况并没有在顺化发生。[7]

　　1897年，杜美试图消除这一法律障碍，用以补偿代价高昂的、镇压"勤王"抵抗运动的军事行动。他与顺化的成泰帝（Thành Thái）签署了一项法令，将印度支那的所有公共土地置于殖民法之下，由殖民政府处置。考虑到中圻未知的森林面积和过去被划分为公共土地的低地田地，这是一次史无前例的土地掠夺。它允许中圻钦使管理这片领土的经济和民政事务，这片土地从古代村庄的边缘一直延伸到未被开发、未绘制进地图的高地山谷。即使是仍在越南所有者之间进行的私人土地买卖，现在也将受法国的法律管辖，并需要缴纳殖民税。[8] 杜美以巩固对印度支那的军事和政治控制而闻名，他切断了皇室最后的主要收入来源之一。他在1902年出版的一本回忆录中指出了这一成就："为了支持印度支那总督，皇帝放弃了尚未分配给公共服务的资产，并就此承认了空置土地的无主状态。这为殖民者在安南定居提供了途径，我们知道他们会很好地利用这一点。"[9] 因此，杜美做好了必要的文书工作，让中圻面向资本主义企业全面开放。

51

然而，在这种情况下会出现两个问题。首先，即使是在颁布法令之后，许多土地也仍然有所有权主张；其次，该地区大多数被侵蚀的斜坡都难以种植作物。这种难以利用的地形不受法国定居者的欢迎，少数在中圻定居的人往往聚集在港口。1913年，整个中圻地区统计下来也只有1676名法国人，他们大多数最多居住在顺化和岘港。越南人口则超过450万，高地社群和其他亚裔社群有50万人。[10] 在钦使们分配出去的土地中，许多仍然"未得到改善"，因此又回到了政府手中。

村民们尽可能利用他们能提出的法律主张来阻止殖民地事业的扩张，尤其是在传统的丘陵地区。1900年，在高于夜黎村的小山上，钦使们将第一批特许权范围中的一块125公顷的土地，授予越南最有名的通敌叛国者之一。1883年，黄高启曾率领在河内的阮朝驻军抵御法国人的进攻。战败后，他加入了法国军队，并在接下来的几年里帮助法国军队镇压了"勤王"起义。1897年，

　　　　　　　　　　　墓地中的军营：越南的军事化景观

随着起义结束及其首领被击败，一名亲法的君主在顺化登基，黄高启回来充当辅政大臣，劝他与杜美达成协议。钦使们授予黄高启一处对于越南人来说相对较大的地产，这是他为法国人服务的标志，也代表一种新的尝试，因为很少有法国定居者对这些土地感兴趣。黄高启同意改造土地（种植作物），并在五年后开始为改造后的土地纳税。[11]

然而，协议的细则承认了之前的村民和政府对土地的所有权，这最终导致了黄高启的下台。协议要求年长的贵族允许村民在所有节日和祭奠日里都能前往祖坟，并保留了殖民地军队进入"火炮阵地"和靶场的权利。[12] 图 2.1 是该地与 1909 年的村庄地形图的叠加图，它为解释黄高启为何没有遵守协议提供了更多线索。在图中的部分地区，村民们已经建立了田地和住宅，很可能是在以前的公共田地里。夺取这片土地很可能会引起人们的敌意，也会引起与村庄当局的矛盾。黄高启没有对规定提出质疑，甚至没有取得这块土地。相反，他回到北圻，接受了河东总督（*tổng đốc*）的职位。* 这片土地和安南的大部分地区一样，仍然是被"遗弃"的，实际却掌握在公众手中。[13]

虽然到了 1897 年，法国远征军已经大部分离开了印度支那，但射击场（*champ de tir*）这样的地方对钦使们仍然很重要，因为它是法国军事霸权的象征，山顶的炮台能够抹平下面的村庄。在 1891 年的军事行动频频发生期间，前首都周围的丘陵成为法国远征军的营地和训练场地。法国远征军利用这样的场地训练了一支

52

53

---

* 实际担任这一职位的应该是黄高启之子，原文似有误。

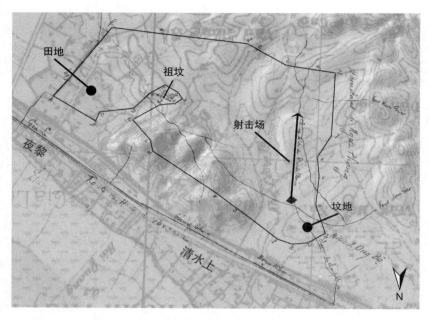

图 2.1　黄高启土地特许权范围

资料来源: Land Concession Agreement, October 27, 1900, Folder 220，Résident Supérieur de l'Annam，越南国家第四档案馆；1909 topographic map, War Office, Indochine 25000e, Deltas de l'Annam, reproduction of Service Géographique de l'Indochine, Deltas de l'Annam。

由约 3 万名步兵（轻步兵）组成的本土军队，镇压了整个地区的抵抗。[14] 即使在军队撤退后，许多旧的训练场地也继续每年举办训练演习，以保持军事准备状态。每年的实弹演习也有一种精心策划的政治效果，它提醒着人们，现代欧洲军队的破坏性力量从未远离。

　　鉴于 1900 年以后沿海山区的殖民事业活动有限，殖民地军队的这些训练活动是对山区土地传统用途的最突出的干扰。他们

　　　　　　　　　　　墓地中的军营：越南的军事化景观

的时间安排和对附近村庄提出的要求，以极具破坏性的方式宣称了殖民主张。1906年至1913年，神符村的居民、香水的殖民地官员、朝廷官员、省内官员、钦使们和殖民军队之间的书信集，凸显了年度演习引起的政治争议。这场冲突集中在岘港殖民地炮兵部队第三炮兵连开办的年度炮兵野战学校。从1903年到1914年，每年都有约15名军官和军士、50名欧洲炮兵、50名本地炮兵外加50头骡子和6匹马，在比神符村还高的丘陵上举办为期一周的炮兵学校（école à feu）学习。[15]炮兵学校地处丘陵，持续破坏着著名的东林。从1903年开始，炮兵学校每年都会安排学生在荒芜的山顶和山坡上练习发射数千发炮弹，山顶和山坡都被炮弹炸得面目全非。[16]

　　这些演习只持续一个多星期，但其时间安排和对村庄的要求构成了对村民文化空间和精神生活的入侵。这些活动在农历新年（Tết Nguyên Đán）期间进行，村民还被要求提供食物。村里的公共住宅和佛塔变成了军营，而佛塔庭院则拴着马匹和牲畜。1911年，有改革意识的维新帝（Duy Tân）通过他的机密院（viện cơ mật）向钦使们提出了这个问题。他解释说，春节前的几天是一年中最重要、最神圣的日子。村民们祭拜山上的祖先坟墓，并为家中祭坛和佛塔都准备了祭品。新年前两天，各家各户参拜宝塔准备祭品，种植竹子并诚心祈祷。庆祝活动在新年的第三天结束，机密院建议在所有仪式结束后，再让炮兵学校开始训练。尽管机密院因为承认钦使和殖民政府的权力而小心行事，但还是对这种利用军事训练来维护法国权力的举动表现出深深的敌意："移动祭坛来接待军队，放弃祭拜仪式，这些都是违背百姓感情

54

的事情，会引起不满。"[17]尽管维新帝代表村民进行了沟通，钦使们和殖民军队还是按部就班继续进行训练。然而，活动结束后，法国在当地的官员得知越南人的不满情绪日益高涨，于是写信给他的上司——公使，请求考虑更改日期。

虽然神符的村民没有足够权力去挑战殖民地军队，但他们还是利用他们的传统权利进行了反击。他们以参拜坟墓和家族祠堂为由，对军方永久侵占山地的企图提出抗议，使法国官员在漫长的文件往来中表现得束手无策。每年炮兵学校的演练结束后，村里的代表都会给钦使们发出新一轮的信件。他们承认自己有责任让士兵借住，但随后他们试图与政府讨价还价，表示应该免除他们维护贯穿该村的、长8公里的1号公路部分路段的相关徭役。也许是为了给当地服务创造就业机会，他们还要求政府在山上为部队建造一个永久性的营房。[18]经过几年的信件往来，1911年，钦使们最终向村庄妥协，还向河内当局抱怨说，炮兵学校已经在两周内停止所有的行政和司法业务。[19]

这场争论虽然具有较强的地方性，但却提出了有关法属印度支那文职官员和军事领导人之间权力划分的法律问题。最终，法属印度支那军队的指挥官西奥菲勒·彭尼昆（Théophile Pennequin）将军解决了这个问题。他提出了一个妥协方案，即还是坚持保留新年期间的训练安排，但会向村庄支付食宿费用。[20]巡抚对着又一次于新年期间在山坡上训练的炮兵学校抱怨道："恰恰是在政府好像要给当地居民所需的和平和安静时，又要求香水县地区这些不太幸运的村庄在半个多月内接受一支一百多人的特遣队驻扎进来，这对于当地村民来说显然是非常痛苦的。"[21]

55

尽管有这些信件反映出的干扰，殖民地军队还是在比神符村还高的丘陵上恢复了在假日的炮击。

军事废墟和绿色殖民主义

在第一次世界大战期间，法国动员其殖民地军队支援欧战，中圻地区的军事训练和营地再次扩大。河内的欧洲区外围的营地扩建，侵占了皇陵周围的土地，这引起了住在河内的法国居民的新一轮批评。士兵们开始砍伐那些前皇室花园周围无人管理的松树林。自 1897 年颁布法令之后，这里就没有守卫了，于是人们趁机在这些无人照料的区域收集木材，松树林逐渐消失。顺化是一座曾经有密林环绕于山顶的花园城市，然而在 20 世纪初，这里绿树成荫的街道和郊区花园饱受摧残。

1916 年，法国神父、历史学家利奥波德·卡迪埃尔（Léopold Cadière）通过他与越南高级学者一起创办的期刊《顺化老友杂志》（*Bulletin des Amis du Vieux Hué*）发出了警报。他最近参观了南郊亭（Nam Giao Pavilion），这是这座城市中最大的花园之一，然而却发现士兵们在砍伐大松树的根部，收集富含汁液的木片作为火柴出售。卡迪埃尔当即感到震惊，他写道："我惊呆了，而且很愤怒，我的心都碎了。"[22] 他继续解释说，这些枝干粗壮、交错缠绕的松树是神圣之树。许多树都是像明命帝这样的皇帝亲手种下的，树上都有刻着皇家守护神名的铜牌。卡迪埃尔是 1897 年法令颁布之前居住在该地区的少数法国人之一，他注意到这些花园正被迅速摧毁。一个驻扎在殖民地的士兵都可以砍倒皇帝种下的树，他对此感到痛心和不满。

他在日记里记录了他的惊恐。他小心谨慎，并不单指责士兵，而是认为松树林的消亡不仅仅是砍伐者的过错。19世纪90年代，殖民地的炮兵清除了一些山顶的植被；1904年，一场强台风袭击了群山，摧毁了许多大树。他指出，造成破坏的主要原因是人们用镰刀反复砍伐树干和树根，使树木暴露在风暴和病害之中。他将1916年的山间散步与1896年的进行了比较：1896年时，他曾带领学生们在黑黢扭曲的松树下参观了陵墓，而且那时的皇家士兵还曾向他们打招呼，并提醒他们注意防火。而到了1916年，山已经变得光秃秃，人们不得不顶着烈日前行。他对这种巨大的变化感到遗憾，写道："现在是守卫者自己在砍伐松树。这种肆无忌惮的破坏和毁灭是无法衡量的。我们必须采取行动。"[23]

56   尽管他提出了请求，但中圻的林业部门未能实现任何重新造林的目标。1918年，中圻的高级林业官员是亨利·吉比尔（Henri Guibier），他是卡迪埃尔的朋友，也是《顺化老友杂志》的成员。他与卡迪埃尔一样，也写过关于中圻森林的书，后来在《顺化老友杂志》上发表了对森林砍伐原因和可能的解决方案的看法。他提请人们注意，重新造林对缓解顺化每年可怕的洪水至关重要。他认为，森林就像海绵一样，在山坡中涵养水源。[24]吉比尔抨击了烧毁高地森林这种刀耕火种（rẫy）的传统。然而，他也谨慎地阐述了高地人这种传统做法与在沿海山区为放牧而烧毁森林之间的区别。吉比尔主张在高山地区建立森林保护区以研究该地区的生物多样性，但他也关注安南光秃秃的丘陵。[25]他抱怨说，殖民地官员倾向于把每种焚烧都视为刀耕火种，认为这是一种可持续的做法，"这种说法为一切事务提供了借口"。[26]吉比尔指着群山，其所指之处的大部分居民并不是高地人，而是越南少数民族，后者烧毁了数千英亩土地建造永久草原，这是一种"没有保留的明目张胆的清场管理，是一种毁林开荒"。[27]

吉比尔把他的目光投向在这些"闲置的荒地"和他认为是"浪费"的行为上，并提出了一种新的绿色殖民解决方案。1912年，他主持建立了松树苗圃，但在20世纪20年代，他把注意力转向了新进口的澳大利亚"神奇"树种。在钦使们的支持下，吉比尔和林业工作人员开设了一系列桉树苗圃。他种植了丝杉（黄麻，Casuarina equisetifolia），在沙地重新造林，在山上种植桉树。[28]多年后，他在《顺化老友杂志》上大肆宣扬这个物种和其他殖民物种的好处。

吉比尔成为在保护国建立一种新形式的绿色殖民主义的主要倡导者，这种绿色殖民主义当时正在世界各个殖民地扎根。他对这些外来物种的热情反映了人们普遍的兴趣，特别是在大萧条期间，林务人员对通过重新造林扩大木材商品市场的普遍兴趣。[29]桉树，特别是球状桉树，也是白人殖民地的标志性物种。在南非的英国林务员试图通过引进桉树来"断绝"当地人对本土物种的依赖；在马德拉斯的尼尔吉里山（Nilgiri Hills of Madras），英国人用桉树种植园取代了当地山区社群不断变更种植作物的农业传统。[30]在加利福尼亚，盎格鲁定居者希望用桉树来绿化老牧场光秃秃的丘陵，并在新城镇中铺设街道。[31]吉比尔这位植物学 57

上的"定居者"，最终有望完成杜特勒伊·德·兰斯在 1876 年提出的、杜美于 1896 年合法化的山区殖民工作。桉树会在土壤中扎根，同时通过降低地下水位来杀死本地植物。这种植物帝国主义成为世界各地殖民地土地改造的标志，但由于长久缺乏白人定居者，它在安南的发展进程较慢。

转向空中

　　第一次世界大战不仅刺激了越南等殖民地出现新的民族主义浪潮，而且还带来了三种重要技术——飞机、收音机和照相机，从而为殖民地官员和民族主义者提供了一个可以克服困难地形的、具有变革性的视角平台。第一次世界大战和《凡尔赛条约》未能解决殖民地人民权利的问题，催化了新一代越南民族主义者对新媒体和新视角的渴望。来自中部海岸、化名阮爱国的年轻人（胡志明），于 1920 年加入法国社会主义者群体，并帮助组建了法国共产党。1924 年，法国战后的抗议活动帮助左翼夺权，许多著名的法国社会主义者在殖民地担任职务并实施改革，为当地普及国语字报纸和教科书。到 20 世纪 20 年代初，甚至连顺化也通过"无线"通信和空中服务，成为这个全球网络的一部分，缩小了时间和空间的限制。那些有幸乘坐老式宝玑飞机（Breguets）从田地里升空的人，在看到他们脚下的家园景色后兴奋不已。20 世纪 30 年代初，这种空中视角也通过明信片、地理课本和杂志大量展现出来。

这个空中平台既令人兴奋，又令人不安。它为民族主义者的关系网和想象力开辟了新空间，同时也揭示了环境恶化的程度和殖民主义带来的"进步"仅限于欧洲人街区的网状区域内。20 世纪 20 年代初，空中技术首次传播到河内和西贡附近的机场和广播站，然后通过更加简陋的泥地、飞机棚和无线电中继传播到顺化和中部海岸地区。尽管如此，对于在顺化市精英学校中崭露头角的越南民族主义者，以及一些从海外回国的老一辈人来说，这 增强了他们夺回领土的雄心壮志，并且让他们能了解到越南和世界各地发生的事情。

殖民地的军事活动家，特别是资深飞行员，在这次空中转向中发挥了核心作用。他们操作大部分早期的航空基础设施，并拍摄了大量照片。他们曾进行过几次轰炸袭击，并为国内安保警察提供了空中侦察服务。这项技术必须是作双重用途的，以此证明它的军事和监察价值。法国的政客们认识到，印度支那的军队也需要用飞机实现现代化，以跟上暹罗、中华民国与昭和日本的发展速度。印度支那的机场和空域主要是军事空间。法属印度支那民航服务局成立于 1918 年，直接隶属于总督府，但由一名法国高级军官和飞行员负责。20 世纪 20 年代初，被分配到印度支那机场的大部分飞机都是剩余的军用飞机，在白梅（Bạch Mai，位于河内）以及边和（Biên Hòa，西贡附近）被重新分配为四个中队，每队 8—10 架飞机。[32] 虽然飞机和机场可用于商业活动，但它们的主要功能是保卫殖民地。1924 年，中部高地的一个少数民族村庄攻击了负责扩建道路的法国和越南双方的承包商，政府的回应是派两架飞机轰炸了这个村庄。飞机降落在高地村庄安溪（An

Khê）附近的一小块田地上。一天之内，这两架飞机向这个村庄投下了 8 枚炸弹。经过持续的轰炸袭击，本地人组成的警卫重新控制了村庄，修路工作仍在继续。[33] 五年后，同一地区发生了另一场起义，飞机在 8 天内投掷了更多的炸弹。[34]

在整个航空时代的初期，顺化和中部海岸只扮演了次要角色。最大的机场——白梅（河内）、宗（山西）、富寿（西贡）、土伦（岘港）以及边和（西贡）——发展成主要的城市和军事中心。无线电报服务始于 1909 年，1919 年后，无线通信扩展到商业领域，在白梅与富寿机场设有两个广播中心。[35] 1927 年，法属印度支那地理服务中心在白梅与边和安排了专家来协调航空摄影调查。[36]

经过各种比较，顺化是一个较小的停靠点，但作为一个风景优美的越南皇家中心，它吸引了早期的许多航空旅客。1924 年，钦使们在购买了符牌河以北的一片沙地后，开辟了富牌停机坪。省政府以每英亩 10 皮亚斯特的价格购得这些土地，在以前被炼铁破坏的荒地中修起了一条起降跑道。来自符牌村的村民在飞机跑道边保留了几个棚屋，并且为了飞机着陆而保持地面的通畅。[37] 到了 1931 年，该机场仍然缺乏基本的航空服务，如燃料、无线电导航和备件。[38] 军事航空公司（The Aéronautique Militaire）定期发送航空邮件，但只有少数几封回件。地理服务部门在顺化或土伦都没有工作人员，所以制图水准的航空摄影十分有限，因为当时该服务部门正在越南最大的两个三角洲指导航空摄影任务。[39] 1936 年，钦使们将一条电话线延伸到了富牌机场，但拒绝了将顺化的气象站和无线电报站搬迁到那里的请求（员工们更喜欢在顺化的欧洲区工作）。机场的看护人员每天早上都会打电话来确认着陆和起飞的天气条件。[40]

虽然殖民地政府还没有推进对中部海岸的空中调查，但飞行员在顺化及其周边地区拍摄的越来越多的斜角照片（Oblique shot）开始出现在旅游明信片、小册子和教科书中。航空旅行和航空图在历史学家克里斯托弗·高夏（Christopher Goscha）所说的"印度支那的空间重建"中扮演了核心作用。他引用了一本于1928年出版的法国有名的游记《五朵金花：探索印度支那》（*The Five Flowers: Indochina Explained*），法国飞机上一名年轻的越南乘客描述了他对"印度支那的构想"："我以为我在做梦：我穿越了近2000公里，穿越了十条河和一千座山。换句话说，多亏了这架飞机，我在几个小时内就穿过了整个印度支那。"[41]飞机、火车、电报线路、无线电广播和日益完善的平整道路网促进了跨印度支那空间的开辟。到1930年，越南地理学家已经将一些法国地理著作翻译成国语字，从而向越南读者介绍了更多跨印度支那的观点。激进的越南民族主义者如阮爱国（胡志明），在1930年组建越南共产党时也采用了这些跨印度支那空间的构想。[42]

20世纪30年代商业旅行的扩张，加上摄影和印刷的进步，产生了一波新的国际旅行写作浪潮。学者、富有的名人和自称流浪汉的许多西方人访问顺化，将其作为印度支那乃至亚洲之旅的其中一站。殖民地则将顺化宣称为"安南传统"的所在地，以其常常出现在香江上的龙舟、皇城、宫殿和花园为特征。美国作家哈里·弗兰克（Harry Franck）因他的第一本书《流浪环游世界》（*A Vagabond Journey around the World*，1910年）而闻名，他

60

于 1924 年访问了顺化，并在《暹罗之东》（*East of Siam*，1926 年）中对他的中圻之行作了精练的、含有大量照片的描述。然而，与其他人不同的是，他提倡一种普通人的"流浪"方式——当今背包客的先驱——选择避开航空旅行。弗兰克也是经历过第一次世界大战的老兵，他的曲折叙述反映了战后世界更加全球化的变化。

在《暹罗之东》的开篇，他描写了远在法兰西帝国边疆之外的人们，通过各种方式开始注意到越南这个偏远的地方："我们这些曾有幸参加过被称为世界大战这场伟大冒险的人，几乎没有注意到，在许多法国殖民军队里，一些身材矮小的男人穿着卡其色衣服、头戴斗笠，大多数人的牙齿是黑色的。直到凡尔赛闹剧发生的五年以后，我因为在地球上无止境地漫游而来到了他们的故乡——'南方王国'安南。这种满足感不仅源于在国内看到他们，对法国军队里的棕色小个子的好奇心；从我记事起，我就对地图上那个形状奇怪的地方感到好奇，那个细长的国家像钟乳石一样从中国的东南角滴下来。"[43]

弗兰克放弃了奢华的航空旅行，更喜欢坐公共交通工具出行。他乘坐公共汽车沿殖民时期的 1 号公路而行，还曾乘坐火车，在横贯印度支那铁路的一个完工路段行进。他的书里有一张法属印度支那地图，用红色标注了行程，还有他拍摄的一百多张"偏远"的照片，其中包括在皇宫举行的农历春节新年仪式上拍摄的照片，他穿着警察局长借给他的正装，陪同钦使出席了这次仪式。[44]

军事航空公司在顺化拍的照片很少，且主要拍的是纪念建

筑，但它们也提供了这片土地的早期鸟瞰图。其中一张照片来自
军事航空公司为 1931 年殖民博览会准备的航拍照片，展示了最
新修建的启定帝（Khải Định）的皇陵（图 2.2）。作为一个环境的
记录，这张照片也传达了关于周围丘陵的一些关键细节。苗圃里
一排排的苏门答腊松树为新陵墓周围的丘陵和花园遮阳。背景中 61
是 1 号公路附近的小山丘，都是被侵蚀的山坡，覆盖着没有树木
的大片草丛。

图 2.2　鸟瞰启定帝陵，背景是香水县地区的群山

资料来源: Aéronautique Militaire, *Souvenir de l'Indochine: Photograph Albums of Indochina*,
collection number 2001.R.21，Getty Research Institute，Santa Monica, California, plate 25;
reprinted with permission from the Getty Research Institute。

20 世纪 20 年代中期，殖民时期的改革和从机场到广播电台的新发展进程表明，在中圻和南圻，人们有通过更为和平的方式过渡到非军事化生活的可能性。1924 年，来自左翼的卡特尔（Cartel）在法国选举中大胜，1925 年，法国著名左翼人物亚历山大·瓦伦内（Alexandre Varenne）主张加强与苏联的关系，并在河内就任法属印度支那总督。他迅速推动改革，旨在通过改善当地的教育和卫生保健状况，以及给予更多的政治自由来赋予当地人民权利。他下令对所有军事财产进行全面清查，打算对许多地区进行改造。在顺化市，钦使们争先恐后地满足这些新要求，但还是反对关闭靶场。[45] 1927 年，他们最终妥协，在机场附近碱土山的一个前军事训练区建立了一个麻风病院。然而，殖民委员会将前军事空间改造为服务传染病患者的空间，实际上是通过将其作为一个不开放的空间，回避了这个问题。

从 1925 年到 1927 年，这一稍纵即逝的改革时刻为顺化注入了新的政治活力，尤其是对年长和年轻的民族主义者而言。瓦伦内政府为发行越南语报纸以及放松审查制度大开方便之门。1926 年，顺化成为潘佩珠（Phan Bội Châu）——越南最著名的民族主义者之一——的最后归宿。他在上海被法国秘密警察逮捕，被判定为谋杀罪的从犯，随后被瓦伦内减刑为在顺化实施软禁。[46] 瓦伦内允许另一位著名的民族主义者潘周桢（Phan Châu Trinh）从法国回来。潘周桢本打算前往顺化，但因为日益恶化的肺结核病情而留在西贡。他面向拥挤的听众发表了演讲，提出了实行人民民主的观点。他于次年 3 月去世，据估计有 7 万人参加了葬礼。顺化和越南各地的活动家利用仪式上的悼词来倡导更多的改革行动。[47]

这些年长的民族主义者和报社知识分子之中最杰出的代表之一是黄叔沆（Huỳnh Thúc Kháng）。他和潘周桢、潘佩珠一样，都来自中部海岸（广南省）。黄叔沆在 1904 年的会试中考中会元、廷试第三甲同进士出身。[48] 1908 年，黄叔沆因参与抗税运动被捕，他在昆岛（Côn Đảo）的罪犯流放地待了 13 年，直到 1921 年才被释放。回到顺化后，他逐渐恢复了在当地的声望，1926 年，他当选为新成立的法属印度支那"人民代表院"（Nhân dân Đại biểu viện）的主席。1928 年，他的政治改革试验以辞职告终，但在此期间，他成功地创办了中部海岸最早的越南语报纸《人民之声》（Tiếng Dân）。该报于 1927 年 8 月 10 日创刊，于 1943 年停刊，史无前例地持续了 16 年的发行。[49]

越南的激进主义和土地改革

除了 1927 年瓦伦内和他的支持者被赶下台之外，殖民者对大萧条的反应是结束了原本应该进行的合作，但同时也开启了一个以激进主义、暴力斗争和越来越关注贫困农村地区为标志的新时代。对顺化周围的丘陵来说更是如此。顺化早期的共产主义支持者主要是学生，他们受阮爱国（胡志明）等人物著作的影响，加入了当地的共产主义组织，想与广大农民进行接触。[50] 1930 年 1 月，来自顺化南部香水县村庄的年轻人成立了第一个委员会，选举了一名书记，并成立了一个流亡政府。一个月

63

后，来自越南各地的类似委员会代表前往中国广东，成立了越南共产党。[51]

虽然钦使们多次打击地方小组并逮捕其领导人，但他们无法根除这个网络。1930年5月1日，香水县党委成员在俯瞰顺化的御屏（Ngự Bình）山顶悬挂了写有"越南共产党"的红旗。当年12月，这些活动人士和国立中学的高中学生抗议殖民军队对信仰苏维埃的乂安—河静村民的袭击，这是荣市（Vinh）附近分离出来的农村地区。[52]殖民地警察逮捕了许多香水县党团的创始人和学生，并把他们送到"革命的摇篮"昆岛的流放地。当殖民地官员努力寻找新的方法来应对这场政治和农业危机时，他们利用了新的空中平台，特别是航空照片，以"俯视村庄的树篱"，并提出社会和生态工程的新模式。[53]到20世纪30年代中期，印度支那和世界各地的地理学家们抓住了航空摄影提供的新视角，更加关注热带土壤的损耗和人口稠密地区的人口过剩压力。法国地理学家皮埃尔·古鲁（Pierre Gourou）在1936年的研究《红河三角洲的农民》就广泛利用了军事航空照片，提出独特的文化和生态是如何结合在一起，形成古代三角洲的各个农业地区的。对于殖民者来说，像古鲁这样的研究标志着军事家和社会科学家对不受控制的乡村景观的观察方式有了重要转折。他们更加重视"本土精英"，同时也提倡大规模的移民安置计划，将这些当地的专家转移到生态上不同的、退化的边疆地区。[54]

20世纪30年代，航空摄影和航空透视被应用于许多不同的社会和生态工程方案。它们向殖民改革者和越南民族主义者表明了一种与农业传统和土地政治相分离的全知全能，它在建构古

64

墓地中的军营：越南的军事化景观

老的村庄。[55]航空摄影在中部海岸丘陵上所记录下来的荒地促使林务员、政客和激进分子都提出了激进的重新绿化策略。在顺化，吉比尔扩建了桉树苗圃，而诸如黄叔沆等知识分子就在他的报纸上发表融合绿色策略和农村政治的观点。[56]他的报纸《人民之声》和其他越南日报都报道了农村中重要的传统问题，如不公平的税收、饥荒和地主虐待佃农。其中一份日报《光明》(Ánh Sáng)甚至指出，中国共产党在1935年能够战胜国民党军队，正是国民党未能处理好农村地区的饥荒和高税收的直接结果。[57]黄叔沆和其他编辑通过报道这样的中国新闻来逃避审查，但相对来说，他们关于越南的政治观点是显而易见的。农村问题和土地正迅速成为反殖民主义者的核心关切。

在其他文章中，黄叔沆对农村发展采取了较为温和的语气，呼应了吉比尔的地形观点。在一篇题为"新农村市场"(Chợ Làng Mới)的文章中，黄叔沆援引了英国人休斯(W. R. Hughes)的作品《新镇：一个关于农业、工业、教育、公民和社会重建的建议》(New Town: A Proposal in Agricultural, Industrial, Educational, Civic, and Social Reconstruction)，阐述了以"花园城市"来振兴农村的方法，即通过在花园般的环境中建设小城市来解决农村居民的经济、社会和精神福利问题（休斯是著名的贵格会信徒，也是农村改革的倡导者）。[58]黄叔沆将这本书的原则应用于顺化市周围那些易产生饥荒、贫困的山区。为了迎合更激进的读者，他提出"花园式"的社会主义可能会流行起来，包括家庭手工业、人道的资本主义和地方手工业传统。[59]

全球性战争到达中部海岸

20世纪30年代末，随着法西斯意大利、纳粹德国和昭和日本军国主义的迅猛扩张，之前的构想犹如昙花一现般消失了。越南民族主义者更加关注日本军队的全球侵略，而法国选民则选出了一个由共产党人、社会主义者和其他反法西斯主义的左翼团体组成的人民阵线政府（Popular Front Government）。在人民阵线政府统治印度支那期间（1936—1938），越南民族主义者，特别是共产党人，利用宽松的殖民政策招募新成员，提升国语字报纸的影响力。1938年12月人民阵线政府解散后，顺化殖民当局的警察作出了严厉回应，围捕了大约60名记者和共产党员。他们大多数人被判入狱，到昆岛监狱服刑。1939年7月，殖民当局的警察终于抓到了该省的党委书记阮志清（Nguyễn Chí Thanh），于1940年4月把他送到了昆岛。[60]

1940年后，随着日本军队逼近印度支那的边界，因第二次世界大战而新产生的担忧占据了上风。1940年6月，纳粹进军巴黎，日军在印度支那北边的中国境内扎营，此后，殖民政府于9月与日本签署了一项条约，允许日军在印度支那活动。[61]首批25000名日军转移到北部港口海防（Hải Phòng）和河内周围的机场，此处成为他们在中国作战的后方基地。[62]次年7月，日军沿着内路向南挺进，在包括富牌在内的机场集结，为夺取整个东南亚做准备。在印度支那的南下扩张，为日本1941年12月的突袭提供了有利的军事基础。法属印度支那政府接受了日军的进入，以此作为保留国内事务权威的交换。为了防止城镇内部发生冲突，日军在机场和港口附近扩建营地，而日本外交官、商人和顾问则在城镇内工作。[63]

两个不平等盟友之间不寻常的战时协议，掀起了中部海岸军事基地新的建设浪潮。一个日军连队在富牌地区进行空中行动。在公路和铁路对面，他们关闭了麻风病院，建造了武器掩体和米仓，以便运往前线。[64]日本外务省及其秘密警察组织宪兵队与法国殖民地官员合作，将该地区的大米和经济作物作为军用。法国和日本签署的一系列外交协议规定了每年每地的大米出口量。[65]殖民地军队主要由越南士兵组成，还有少数法国军官，他们在城里仍拥有武装，但隶属于日本军队和宪兵司令部。[66]

直到1945年初，随着盟军在欧洲和亚洲的进军，日军在顺化附近更多地处于防御态势，他们在机场以外的军事力量仍然相对较少。3月9日，他们对法国殖民政府发动了一场突然的军事行动，在几天之内解除了法国官员和军官的武装并将其监禁起来，把政府的控制权（至少名义上）移交给了顺化的君主。[67]随着日本方面发起的这一突然行动，顺化和皇宫在50多年后又重新成为政权中心。

66

美国的空中军事视角

在配备了新一代轰炸机和更先进的航空摄影设备后，美国军方于1943年底开始往中部海岸派出飞机，为了给轰炸行动做准备而拍摄日本工业和军事要地。这种侦察工作不过是美国将军克莱尔·陈纳德（Claire Chennault）在东南亚领导作战的延伸。陈纳德是美国第一志愿飞行队或飞虎队（位于昆明）的创始人，1942 年中期，美国陆军航空队第 23 战斗机队成立，陈纳德领导了一次大规模军事行动。到 1943 年，它发展成为第 14 航空队。从那时起直到太平洋战争结束，第 14 航空队负责收集有关日本基础设施的情报并执行轰炸任务。

　　这项由美国人领导的摄影工作，结果却是毁灭性的，最终将中部海岸纳入了美国在战略地区上空拍摄的全球马赛克图像中。到 1944 年中期，美国飞机支配了印度支那的领空，同时和地面上的盟军保持无线通信。空中飞行和无线通信将内陆山区变成了一个新战场。昆明的情报人员将摄影情报与截获的日本海军和外交官的无线电信息相结合，以扩大战略攻击范围，而且对地面状况有了更详细的了解。[68] 这种摄影工作与美国军队在欧洲和太平洋地区的推进相一致，是一种更加全球化的侦察行动。在执行摄影任务时，单人飞行员驾驶着洛克希德公司（Lockheed）的 P-38 小型轰炸机，并在驾驶舱后面配备了大画幅相机（Fairchild K-18）。飞机的航程约为 1400 英里；前往顺化的任务需要往返 1300 英里，这不论对飞行员还是飞机来说都已达极限。增压舱允许飞行员在 31000 英尺的高空飞行，这远远超出了老式战斗机或高射炮的射程。机载的大画幅相机能在 9×18 英寸的大画幅底片上，以 1∶16000 的地图比例尺进行高分辨率打印。[69] 图 2.3 是富牌机场和建在前麻风病院附近的日本营地的图像，是美国于 1943 年 10 月 11 日在顺化上空拍摄的首批图像之一。右边的深色区域曝

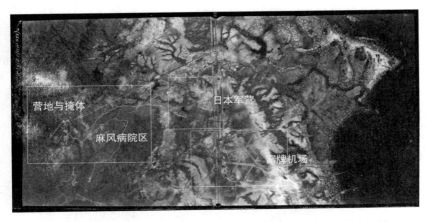

图 2.3　富牌机场和日本军营的军事航拍照片（1943 年 10 月 11 日）

这张照片是通过在灯光台上重新拍摄原始的底片，然后对新照片进行数字化以正面打印出来的。资料来源：Frame 54, October 11, 1943, Mission B7735 / ON#026656, RG 373，国防情报局记录，美国国家档案与记录管理局，马里兰州大学园区分馆。由作者进行数字化复制。

光过度，但它清晰地展现了沿着村庄较低区域的河口稻田延伸的内海岸线。沿海岸线的一排排长方形地块，展示了村庄住宅周围的树篱。中下方三角形的线条是机场，平行的公路和铁路从图像的中间穿过。与殖民时期的调查照片相比，这些照片仅需几帧就可以覆盖大片区域。这次任务拍摄的一系列照片，都是以顺化为终点，沿着 20 公里长的公路和铁路拍摄的。

　　虽然这些照片的主要功能是向美军提供日本军事设施的相关情报，但仔细观察可以发现，它们同样显示出，日本军方的新道路和建筑与附近贫困的山区形成了鲜明对比。图 2.4 是上述碱土山营地的画面摘录，展现了在光秃秃的山上连接地堡和其他建筑

68

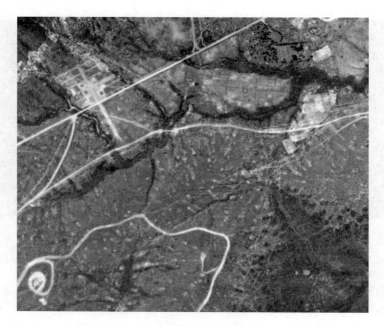

图 2.4　碱土山营地的航拍画面

摘录自 Frame 54, October 11, 1943, Mission B7735 / ON#026656, RG 373。

的白色道路。山上的白点和条纹图案即私人的家族坟墓。每年，富牌和其他村庄的家庭成员都会去这些坟墓周边清理杂草，留下一圈光秃秃的土地，被每年雨季的大雨冲刷。黑色的斑点表示灌

69　木和树木的轮廓；大多数情况下他们都与溪流紧相依偎。

　　除了这些照片之外，在书籍或档案中几乎没有书面记录能提供这段军事占领时期的更多细节。另一个摄于 1943 年的场景（图 2.5）显示了更有前景的特征：在夜黎和清水上村山上的幼林。这里同样有白色的坟墓图案覆盖了村庄上方的丘陵，然而，有三片

图 2.5　夜黎和清水上村山区的航拍照片

摘录自 Frame 54, October 11, 1943, Mission B7735 / ON#026656, RG 373。

树林表明，村庄、皇室和殖民地林业部门可能在重新绿化方面取得了一些成功。在启定帝的皇陵区，松树覆盖着山顶。清水上村有一座古老佛寺，它附近的三座小山丘被这个古老村落的古树树冠覆盖着，它曾在 1900 年土地特许权拍卖会中被拍卖（见第一章）。村民们将这片土地作为林地种植，并在其周围扩建了宅基地。最后是一片人工林，可能是桉树林，它沿着连接日军基地和顺化的道路填充了整洁的几何轮廓。

第二章　土地改造

地面战争，地面网络

　　美国对越南的地面情况了解甚少，这也就解释了为什么美国在 1945 年与胡志明及其越盟组织建立了更紧密的联系。在美国在华作战的最初几年，一个主要由同情抵抗运动和盟军的线人组成的法国情报网将情报传入中国。然而到了 1944 年，这个网络已逐渐萎缩，而且在日本于 3 月击溃法国的殖民政府、警察和军队之后，更是完全消失了。军事历史学家罗纳德·斯佩克特（Ronald Spector）追溯了 1945 年 1 月到 6 月期间，美国与乂安人及其领导的越盟组织之间复杂的、多层次的交流，这些来往凸显了双方关系的不断发展。与许多普遍为人接受的观点相反，在昆明的美国官员和他们在华盛顿的上级并没有放弃支持在印度支那的法国人，他们收集日本军队和行动情报的问题具有足够高的优先级，以至于他们愿意忽略胡志明的共产党组织关系，以实现收集情报和找回被击落的飞行员的短期战略目标。[70]

　　考虑到后来的冷战环境，美国在 1945 年中期支持越盟这一点是引人注目的，1943 年中国国民党指挥官在越南北部地区对胡志明的援助，对越盟 1945 年至 1947 年的发展起到了更大的作用。1943 年，张发奎将军解救了被关押在广西柳州军部的胡志明；同年 9 月，为了在越南抗日组织中寻找一名有力的领导人，他指定胡志明为中国国民党支持越南独立联盟的联络人。[71] 胡志明和他的越盟同志们迅速利用张发奎提供的资金和武器，把越盟变成了一个有效的游击组织和情报网，并得到了越南北部地下组织的

71

大力支持。张发奎的举措使越盟得以建立抗日和反法的武装抵抗和基础设施。1945 年日本政变后，美国战略服务局（OSS）曾试图依靠法国军官进行地面行动。其第一次行动始于 6 月，但该组织发现越南人怀有敌意，于是放弃了这次行动。到 7 月，美国战略服务局的特工选择与越盟合作，发现后者在情报收集方面效率极高。[72]

1945 年 8 月 6 日和 8 日，美国在广岛和长崎投掷原子弹，使日本的投降速度比预期更快，这导致越盟不仅向河内，还向日本军事基地和广播电台等关键基础设施点进军。在印度支那，越盟团体迅速且普遍以非暴力方式控制了地方和国家政府，这反映了全国各地地下政治的影响程度之深。历史学家大卫·马尔（David Marr）利用美国战略服务局的记录、采访和越南人的回忆录，提供了对越盟的进入的总结，特别是进入越南中部各省份的逐省总结。除了一些例外情况，越盟与外国人和日本支持的保大帝政府成员之间的互动，都是比较和平的。马尔讲述了保大帝政府的一名成员沿着海岸前往河内的行程。在被拘留在荣市的一个检查站后，他得到当地越盟长官的放行，还说"逮捕他的人归还了他的行李、钱和文件"。[73]

顺化和香水县的当地回忆录描述了一次类似的组织良好、十分果断的行动，该行动旨在控制关键的地堡、粮仓，尤其是无线电站点，从而夺取政府控制权。8 月 15 日，就在日本天皇发表无线电广播讲话宣布投降的同一天，越南全国各地的共产党领导的抵抗委员会开会，决定立即实行解放战略。安南中部委员会在顺化开会，概述了将由地区和公社一级委员会执行的政策。[74]四天后，在一处坐落于树木繁茂的山顶、可以俯瞰清水上村的殖民时期碉堡里，村民黎明（Lê Minh）成为地区解放委员会的主席。

从建在山上的混凝土观察站安全地带开始，解放委员会成员沿着主要公路逐村完成权力移交。从 8 月 20 日到 22 日，委员会接手了从顺化南部的创始村庄到安旧（An Cựu）、清水上、夜黎、神符和符牌地区的政府、警察和军队控制权。[75] 权力的迅速转移，很大程度上依赖于在日本支持的政府工作的越南行政人员，以及军官们自愿的、往往是秘密的支持与承诺。在革命前担任香水县知县（tri huyện）的武寿（Võ Thọ）自愿支持越盟，并命令警卫和当地官员也这样做。负责清水上村高速公路哨所的越南军事指挥官在八月革命 * 前曾秘密承诺，会移交所有武器并下台。他确实做到了，委员会这才能占领军事基地和训练营。[76]

在 8 月 23 日的这次行动中，解放委员会及其武装团体沿着道路前往该省的重要回报是：碱土山的集中营和粮仓。除了小型武器和弹药外，地堡里还有充盈的大米。日本军队自 1944 年底以来一直在囤积大米，尽管一场严重的饥荒曾席卷这个国家，造成100 多万人死亡。8 月 15 日，日本天皇宣布投降后，在富牌的日本军队向越盟缴械，并任由后者搬卸大米。[77]

---

* 1945 年 8 月越南人民在印度支那共产党领导下进行的民族民主革命，组成了越南民主共和国临时政府，终结了阮氏王朝。同年 9 月 2 日，胡志明在河内宣告越南独立和越南民主共和国诞生。

国家广播

1945 年 9 月 2 日，胡志明在河内向几十万群众发表独立演讲，他是第一个在全国范围内进行现场广播的越南领导人。那年 8 月，越盟夺取政权，这代表着它不仅取得了地面的成功，还获得了空中的胜利。胡志明的声音继续保持在空中。他刚抵达河内，就下令建立一个国家广播电台。一个由美国战略服务局无线电操作员训练的越盟通信小组，征召了当地的无线电技术人员，收集相关部件来建造一个发射器。他们从白梅机场在殖民时期的无线电报中心取来一台旧的摩尔斯电码发射机，并将其改装为发射调幅无线电信号机，将其放置在胡志明发表独立演说的广场附近的一座建筑物内。他们打开发射器的开关，胡志明的《越南民主共和国独立宣言》就被传送出来了。[78]

越南的这一历史性空中时刻不仅标志着现代政治进入了二战后的世界，也意味着依靠无线电作为空中平台的军事组织的开始。[79] 8 月 15 日，盟军和日本电台转播日本天皇的投降宣言，促使当地越盟委员会采取行动。陪同胡志明前往河内的美国战略服务局特工利用无线电向驻昆明的美国军事总部传递新闻和信息，让越盟知晓每日发生的一系列事情，包括广岛和长崎的原子弹爆炸。越盟军队缺少飞机，但在独立演讲中，许多越南人将低空飞行的美国 P38 轰炸机中队视为盟军空中支持的标志。[80]

虽然八月革命等重大事件反映了越南支持独立的浪潮，但它们也表明，外部世界的几个航空大国决定了越南的民族主义与外交的脆弱性，尤其是控制着全球大部分空域的美国和苏联。美国人在日本城市上空引爆了两枚原子弹，结束了太平洋战争；一种新式船只——航空母舰——帮助美国人在太平洋的海军竞赛中获胜。越盟和革命前在顺化的保大帝政府都使用无线电进行通信和获取战争信息，但它们在空中的力量要脆弱得多。

• • •

在中圻，60 年的殖民统治引入了新的技术、思想和物种，催生了改变偏远地区和社会的新方式。但随着全球大萧条和日本的军事占领，"土地改造"几乎没有取得什么进展。1944 年到 1945 年，盟军的轰炸摧毁了公路和铁路上的桥梁，切断了来自南方的大米运输线。日本军队囤积大米，为抵抗盟军的两栖登陆做准备，然而中部海岸地区有许多人却在忍饥挨饿。1944 年至 1945 年的饥荒导致 100 多万人死亡。杜特勒伊·德·兰斯的播种经济作物的愿景和黄叔沆的花园城市愿景都未能实现。吉比尔的桉树和垂枝木麻黄苗圃繁殖了新的树木，但这并没有带来任何经济效益。

尽管在地表上没有发生真正的变化，但 20 世纪 30 年代飞机和电台的出现，在建构未来主义思想和民族主义想象方面发挥了强大的作用。宫殿和沿海村庄的新颖鸟瞰图片通过报纸和教科书流传。少数幸运的人成功登上了飞机，更多的人看着他们起飞降落。无线电在事件发生当天就被写进了当地报纸，20 世纪 40 年代初的广播电台让少数听众可以知悉遥远的事件。胡志明和省级党组织领袖阮志清等新兴民族主义者通过地下小册子和报纸向追

墓地中的军营：越南的军事化景观

随者进行宣传。1945 年 9 月 2 日，胡志明在全国广播中向他的同胞们发表了讲话。这种新的空中视角为民族主义者带来了希望，同时也使 1945 年后在顺化市幸存下来的少数法国人坚持着建立帝国网络的梦想。

注释

[1] 关于 8 月 20 日的海上攻击和随后 8 月 25 日的《顺化条约》谈判的详细描述，见吕西安·胡尔德（Lucien Huard）《图说战争，中国—东京—安南，第一卷：东京战争》（*La guerre illustrée, Chine-Tonkin-Annam, Tome 1: La guerre du Tonkin*），第 110—122 页和第 122—130 页。

[2] 阿尔伯特·比洛特（Albert Billot）：《东京事件：对安南的保护权的建立和与中国的冲突的外交史 1882—1885》（*L'affaire du Tonkin: Histoire diplomatique de l'établissement de notre protectorat sur l'Annam et de notre conflit avec la Chine, 1882-1885*），第 171—184 页。

[3] 布罗舍和赫梅里：《印度支那：模糊的殖民化 1858—1954》，第 52 页。

[4] 同上书，第 55 页。

[5] 这所公立学校一般被称为国学高中或顺化国学高中，至今仍是越南最著名的中学之一。1932 年，该校以已故皇帝的名字改名为启定公立中学；1955 年越南共和国成立后不久，该校又改名为顺化国学高中。中部地区许多最著名的领导人，包括胡志明、吴庭艳和武元甲都曾在该校就读。

[6] 这就形成了一个法律上的灰色地带，法国行政官员在交易约定上签字，税收则交给中圻钦使府，但所有法律索赔和侵权行为都由越南习惯法解决。R. 比安弗尼（R. Bienvenue）：《中圻的土地所有权》，雷恩大学博士论文，1911 年。

[7] 布罗舍和赫梅里：《印度支那：模糊的殖民化 1858—1954》，第 156 页。

[8] 同上书，第 128 页。

[9] 保罗·杜美：《印度支那的情况（1897—1901）》[*Situation de l'Indo-Chine (1897-1901)*]，第 92—93 页。这是笔者的译文："此外，国王为了印度支那总督的利益，放弃了处置不受影响的国内资产的特权，以提供公共服务，并在此基础上管理空置和无主的土地。这是为了殖民者在中圻定居的措施，而且我们知道他们已经成为一种有益的用途。"

[10] 亨利·布雷尼尔（Henri Brenier）：《法属印度支那统计图集》（*Essai d'atlas statistique de l'Indochine Française*），第 12—13 页。

［11］Land Concession Agreement, October 27, 1900, Folder 220, Résident Supérieure de l'Annam (hereafter RSA) Record Group, Vietnam National Archives Center no. 4 (hereafter VNA4).

［12］同上。笔者译文："此外，还规定武显殿大学士黄高启在建立炮兵阵地上享有优先权，该土地已被废弃。"

［13］在 19 世纪 80 年代末，黄高启指挥着一支由大约 400 名雇佣兵组成的队伍，他的队伍引导着殖民主义军事力量在北部与勤王运动力量进行大规模战斗。见查尔斯·福尔尼奥（Charles Fourniau）《安南—东京（1885—1896）：面临殖民主义征服的越南士人和农民》（*Annam-Tonkin 1885–1896: Lettrés et paysans vietnamiens face à la conquête colonialie*），第 169 页。

［14］同上书，第 168 页。

［15］这一估计来自 1910 年 2 月 2 日的炮兵学校人员和时间表的公告。见《指挥第三炮兵部队的拉扎尔上尉就第三炮兵部队的炮兵学校问题致顺化地区军分区司令部营长的信函》（Le Capitaine LAZARE Commandant la 3ème Batterie au Chef de Bataillon Commandant le Subdivision Militaire Territoriale à HUE au sujet des écoles à feu de la 3ème Batterie），第 627 页，RSA Record Group，VNA4。

［16］见前一章中对东林的讨论。另见黎武长江《传统村落的运动》。

［17］1911 年 1 月 14 日，执政委员会成员对中圻钦使的看法，第 627 页，RSA Record Group，VNA4。笔者译文："然而，移动祭坛来接受名单，放弃礼拜来举行仪式，这些都是有悖于居民感情的事情，会引起他们的抱怨。"

［18］1910 年 4 月 8 日，《法国驻承天公使就炮兵部队在香水的停留问题致中圻钦使阁下信》（Le Résident de France à Thua-Thiên à Monsieur le Résident Supérieure en Annam au sujet du séjour de l'artillerie à Huong-Thuy），第 627 页，RSA Record Group，VNA4。

［19］1911 年 8 月 24 日，《中圻钦使致顺化领土营长巴蒂永先生的信函》（Résident Supérieure en Annam à Monsieur le Chef de Bataillon, Commandant de la Subdivision Militaire Territoriale à Hue），第 627 页，RSA Record Group，VNA4。

［20］1911 年 12 月 5 日，《印度支那集团军部队高级指挥官彭内金少将向第 3 旅司令部和顺化分区司令部营长汇报情况》（Le Général de Division PENNEQUIN, Commandant Supérieur des Troupes du Groupe de l'Indochine à Messieurs le Général Commandant de la 3ème Brigade et le Chef du Bataillon Commandant la Subdivision de Hué），第 627 页，RSA Record Group，VNA4。

［21］1911 年 12 月 27 日，《法国驻承天公使致中圻钦使阁下信》（Le Résident de France à Thua-Thiên à Monsieur le Résident Supérieure en Annam），第 627 页，RSA Record Group，VNA4。笔者译文："就在政府似乎要给原住民所需的安宁和平静的时候，

墓地中的军营：越南的军事化景观

强加了义务给香水地区的贫困村庄，让那里在半个月以上的时间里容纳 100 多人的特遣队，对这个地区的居民来说，这肯定会令人感到非常痛苦。"

[22] 利奥波德·卡迪埃尔（Léopold M. Cadière）:《拯救我们的松树!》（"Sauvons Nos Pins！"），载《顺化老友杂志》，第 3 卷第 4 期，1916 年，第 437—443 页。

[23] 同上文，第 442 页。笔者译文:"今天，是守卫者自己砍伐这些松树。今天，它是无节制的破坏，是没有尺度的破坏。我们必须采取行动。"

[24] 帕梅拉·麦克尔韦（Pamela D. McElwee）:《森林是金:越南的树木、人民和环境规则》（ Forests Are Gold: Trees, People, and Environmental Rule in Vietnam），第 47—49 页。

[25] 弗雷德里克·托马斯（Frédéric Thomas）:《森林保护和殖民环境主义:印度支那 1860—1945》（"Protection des forêts et environnementalisme colonial: Indochine, 1860-1945"），第 104—136、122—123 页。托马斯挑战了历史学家理查德·格罗夫（Richard Grove）的论断，后者认为欧洲的帝国主义科学在环境主义伦理学的发展中起了形成性的作用，尤其是在印度。见理查德·格罗夫《绿色帝国主义:殖民扩张、热带岛屿庄园和环境主义的起源 1600—1860》（ Green Imperialism: Colonial Expansion, Tropical Island Edens and the Origins of Environmentalism, 1600-1860）。

[26] 亨利·吉比尔（Henri Guibier）:《中圻的森林状况》（ Situation des forêts de l'Annam），第 31 页。

[27] 同上。萨塔格（Sartage）是一种古老的森林焚烧方式，曾在比利时南部的阿登地区实行。在村民缺乏足够田地的地方，他们烧毁了部分森林，然后种上小麦或燕麦。

[28] 同上书，第 38 页。关于松树苗圃的更多详细信息，见 M.H. 帕利塞（M. H. Palisse）《关于购买一块土地以建立苗圃的森林总护卫队给中圻钦使阁下的报告》（ Garde Général des forêts à Monsieur le Résident Supérieure en Annam au sujet de l'achat d'un terrain pour l'installation d'une pépinière），第 682 页，RSA Record Group, VNA4。

[29] 弗雷德里克·托马斯（Frédéric Thomas）:《1862 年至 1945 年法国在印度支那的林业制度和服务历史:热带森林的殖民科学和科学实践社会学》（ Histoire du régime et des services forestiers français en Indochine de 1862 à 1945: Sociologie des sciences et des pratiques scientifiques coloniales en forêts tropicales），第 39 页。

[30] 布雷特·班尼特（Brett M. Bennett）:《埃尔多拉多的林业:印度、南非和泰国的桉树 1850—2000》（"The El Dorado of Forestry: The Eucalyptus in India, South Africa, and Thailand, 1850-2000"），第 27—50 页。

[31] 贾里德·法默（Jared Farmer）:《天堂里的树木:一部加利福尼亚史》（ Trees in

第二章　土地改造

Paradise: A California History)，第 112 页。

［32］法属印度支那：《印度支那航空沿革》(Historique de l'aéronautique d'Indochine)，
第 19 页。

［33］同上书，第 45—46 页。

［34］同上书，第 45—46 页，第 57 页。关于对高原人起义和殖民镇压运动的深入调
查，见奥斯卡·萨勒明克（Oscar Salemink）《越南中部高地人的民族志：1850—
1990 年的历史背景介绍》(The Ethnography of Vietnam's Central Highlanders:
A Historical Contextualization, 1850-1990)，第 106 页。安溪的登陆场在 1965 年
至 1972 年期间也曾是美国的一个主要军事基地和机场，位于从港口城市归仁到
中部高地城镇波来古的半途。

［35］L. 加林（L. Gallin）及法属印度支那：《印度支那的无线电报服务》(Le service
radiotelegraphique de l'Indochine)，第 7 页。

［36］印度支那总督府（Gouvernement Général de l'Indochine）：《印度支那地理局：其
组织、方法、工作》(Service geographique de l'Indochine: Son organisation, ses
methodes, ses travaux)，第 12 页。

［37］《富牌的简易机场 1924—1926》("Terrain d'atterrissage de Phú Bài, 1924-1926")，
Folio 1438, RSA Record Group, VNA4.

［38］印度支那总督府：《印度支那的军事航空》(L'aeronautique militaire de l'Indochine)，
第 50 页。

［39］印度支那总督府：《印度支那地理局》，第 32 页。

［40］《顺化航空站向富牌航空站的转移》("Transfert de la station météorologique de
Hue sur le terrain d'aviation de Phu Bai")，Folio 3655, RSA Record Group, VNA4.

［41］克里斯托弗·戈沙（Christopher Goscha）：《"越南"还是"印度支那"？越南民
族主义的空间概念之争（1887—1954）》[Vietnam or Indochina? Contesting Concepts
of Space in Vietnamese Nationalism (1887-1954)]，第 19 页。

［42］同上书，第 20 页。

［43］哈利·弗兰克（Harry A. Franck）：《暹罗之东：法属印度支那五地漫游记》
(East of Siam: Ramblings in the Five Divisions of French Indo-China)，第 vii 页。

［44］同上书，第 128—131 页。

［45］《承天的军事财产清单 1925—1926》，Folio 1769, RSA Record Group, VNA4.

［46］让-皮埃尔·卡亚尔（Jean-Pierre Caillard）：《亚历山大·瓦伦纳：共和党人的
激情》(Alexandre Varenne: Une passion républicaine)，第 120—121 页。

［47］潘周桢（Phan Châu Trinh）：《潘周桢和他的政治著作》(Phan Châu Trinh and
His Political Writings)，永骋（Vĩnh Sính）编辑和翻译，第 36—38 页。

［48］潘氏明礼（Phan Thi Minh Le）：《独树一帜的越南学者：黄叔沆，越南中部第

　　　　　　　　　墓地中的军营：越南的军事化景观

一份国语字越南报纸〈人民之声〉的发行人》["A Vietnamese Scholar with a Different Path: Huỳnh Thúc Khang, Publisher of the First Vietnamese Newspaper in Quốc Ngữ in Central Vietnam, *Tieng Dan* (People's Voice)"]，载吉赛尔·布斯凯（Gisele L. Bousquet）和皮埃尔·布罗舍编《发现越南：法国学者对二十世纪越南社会的研究》(*Viêt-Nam Exposé: French Scholarship on Twentieth-Century Vietnamese Society*)，第 217 页。

[49] 同上书，第 224—231 页。

[50] 威廉·杜克尔（William J. Duiker）：《胡志明的一生》(*Ho Chi Minh: A Life*)，第 173—177 页。

[51] 香水县常委会（Thường Vụ Huyện Ủy Hương Thủy）编：《革命斗争史》[*Lịch sử đấu tranh cach mạng của đảng bộ va nhan dan huyện Hương Thủy* (sơ thảo)]，第 43—45 页。

[52] 同上书，第 47 页。

[53] 关于我对航空摄影和空中监视的这种政治转向的讨论，见大卫·比格斯《航空摄影和殖民话语》("Aerial Photography and Colonial Discourse")，第 110 页。

[54] 皮埃尔·古鲁（Pierre Gourou）：《东京三角洲的农民；人文地理学研究》(*Les paysans du delta tonkinois; étude de géographie humaine*)。关于古鲁在 20 世纪 30 年代对热带地理学的讨论，见阿曼德·科林（Armand Colin）《皮埃尔·古鲁关于热带国家的地理思想的演变（1935—1970）》["L'évolution de la pensée géographique de Pierre Gourou sur les pays tropicaux (1935-1970)"]，第 129—150 页。最近的一项研究强调了古鲁在全球范围内使用航空摄影的影响，见珍妮·哈夫纳（Jeanne Haffner）《太空俯瞰》(*View from Above*)，第 19—23 页。

[55] 科学史学家珍妮·哈夫纳的《太空俯瞰》讲述了关于维达尔的欧洲门徒之间发生转变的故事。例如，她讲述了让·布鲁希（Jean Brunhes）和慈善家阿尔伯特·卡恩（Albert Kahn）的故事，他们开启了一个名为"地球档案"的项目，目的是摄影调查全球，以展示全人类的多样性与和谐。见《太空俯瞰》，第 24—25 页。在美国，卡尔·索尔（Carl O. Sauer）的地理学工作，特别是他的文章《景观的形态学》("The Morphology of Landscape")提出了类似的观点，第 19—53 页。

[56] M.H. 帕利赛（M. H. Palisse）：《森林总护卫队致中圻钦使阁下关于购买一块土地用于建立苗圃的信函》(*Garde Général des forêts à Monsieur le Résident Supérieur en Annam au sujet de l'achat d'un terrain pour l'installation d'une pépinière*)，Folio 682，RSA Record Group，VNA4。

[57]《在华的共产党军队情况》("Tinh Hình quan cộng sản ở T")，《光明》(*Ánh Sáng*)，1935 年 4 月 13 日第 1 版和 1935 年 4 月 15 日第 4 版。

［58］田民（Điền Dan）:《多希望有个适合这新时代的"村"》（"Ước gì có cái 'làng' thích hợp với đời mới này"），《人民之声》（Tiếng Dan），连载于 1939 年的以下日期：8 月 24 日，第 1 页；8 月 31 日，第 1 页；9 月 2 日，第 1 页；9 月 6 日，第 1 页；9 月 7 日，第 1 页；9 月 9 日，第 1 页；9 月 12 日，第 1 页；9 月 16 日，第 1 页；9 月 23 日，第 1—2 页；9 月 26 日，第 2 页。另见威廉·拉文斯克罗夫特·休斯（William Ravenscroft Hughes）《新镇：一个关于农业、工业、教育、公民和社会重建的建议》（New Town: A Proposal in Agricultural, Industrial, Educational, Civic, and Social Reconstruction）。关于休斯在 20 世纪早期花园城市和英格兰的乌托邦实验方面的工作，见丹尼斯·哈迪（Dennis Hardy）《乌托邦式的英格兰：社区实验 1900—1945 年》（Utopian England: Community Experiments, 1900-1945），第 84—97 页。

［59］田民:《多希望有个适合这新时代的"村"》,《人民之声》, 1939 年 8 月 31 日。

［60］阮秀（Nguyễn Tú）和朝元（Triều Nguyên）编:《香水舆地志》（Địa chi Hương Thủy），第 380 页。阮志清后来被释放，并升至人民军的将军级别。他是民族解放阵线的首席军事指挥官，在他 1967 年去世前，还是 1968 年春节攻势的主要策划者。

［61］越南人在日本军队越过印度支那边界之前的近三年时间里，非常熟悉日本军队的暴力扩张。从 1937 年 7 月中国全面抗战爆发开始，越南的报纸就在头版刊登文章，记录了中日战争的最新事件。例如，1939 年 3 月 16 日的《人民之声》杂志描述了日本对海南岛的军事入侵以及在那里建立空军和海军基地的情况。见《日军急忙在海南建立空军和海军基地》（"Nhật lo lập nơi căn cứ không quan và thủy quan ở Hải-Nam"），《人民之声》，1939 年 3 月 16 日。通过建立这些新基地，日本军队将前往河内的距离减少到不到 400 公里。1939 年 11 月 21 日，胡志明市的另一份报纸报道说，日本军队已经占领了北海，一个离印度支那北部约 120 公里，地处北部湾的中国沿海港口。见《中日战争：日军是否已登录北海？》（"Trung Nhật Chiến Tranh: Quan Nhật đã đỗ bộ ở Bắc Hải rồi chăng？"），载《长安报》（Tràng An Báo），1939 年 11 月 21 日，第 4 版。

［62］关于这些军事行动和外交谈判的详细说明，请见羽田郁彦（Hata Ikuhiko）《军队进入印度支那北部》（"The Army's Move into Northern Indochina"），载詹姆斯·威廉·莫利（James William Morley）编《命运的选择：日本向东南亚的进军 1939—1941》（The Fateful Choice: Japan's Advance into Southeast Asia, 1939-1941），第 155—280 页。

［63］长冈信二郎（Nagaoka Shinjiro）:《驶入印度支那南部和泰国》（"The Drive into Southern Indochina and Thailand"），载《命运的选择：日本向东南亚的进军 1939—1941》，第 237 页。另见（Kiyoko Kurusu Nitz）《第二次世界大战期间日

本对法属印度支那的军事政策：通向"明号作战"之路（1945年3月9日）》
["Japanese Military Policy towards French Indochina During the Second World War:
The Road to the 'Meigo Sakusen' (March 9, 1945)"]，第 329 页。

[64] 阮秀和朝元：《香水與地志》，第 380 页。

[65] Kiyoko Kurusu Nitz：《第二次世界大战期间日本对法属印度支那的军事政策：
通向"明号作战"之路（1945年3月9日）》，第 329 页。

[66] 拉尔夫·史密斯（Ralph B. Smith）：《日据印度支那时期和1945年三九政变》
（"The Japanese Period in Indochina and the Coup of 9 March 1945"），第 269 页。

[67] 关于对三九政变以及越南民族主义者，特别是王室的反应的深入探讨，见大
卫·马尔（David G. Marr）《1945年的越南：对权力的追求》（*Vietnam 1945:
The Quest for Power*）、皮埃尔·布罗舍《当代越南史：坚韧的民族》（*Histoire
du Vietnam contemporain: La nation résiliente*）。

[68] 关于摄影和信号情报的深入军事历史，见约翰·克瑞斯（John F. Kreis）《穿
透迷雾：二战中的情报和陆军航空队行动》（*Piercing the Fog: Intelligence and
Army Air Forces Operations in World War II*）。关于美国从20世纪30年代中期
开始破译日本海军密码的讨论，见该书第99—102页。关于第十四航空队的照
片情报和轰炸项目的深入讨论，见该书第312—320页。

[69] 关于K-18相机以及其他关于二战摄影侦察的详细讨论，见罗伊·斯坦利
（Roy M. Stanley）《二战时期的情报图》（*World War II Photo Intelligence*），第
149—153页。第二十一摄影侦察中队的退伍老兵网站将洛克希德P-38（F-5）
列为执行这些任务的主要飞机，图3.4拍摄于1943年10月，内容是飞机从中
国桂林起飞的场景。关于该中队的详细情况，见毛勒·毛勒（Maurer Maurer）
《空军的战斗中队；第二次世界大战》（*Combat Squadrons of the Air Force; World
War II*），第111—112页。关于具体的照片任务和图3.4的解释，见《军事情报
摄影报告第373号》（"Military Intelligence Photographic Report No. 373"），File
Number 20487, Box 222, MIPI Series, RG 341, Records of Headquarters US Air Force
(Air Staff), 1934-2004, NARA-CP。

[70] 罗纳德·斯佩克特（Ronald Spector）关于1945年OSS与越盟之间关系的历史
记述，是对该主题研究最深入的文章之一。见罗纳德·斯佩克特《盟军情报部
门与印度支那1943—1945》（"Allied Intelligence and Indochina, 1943-1945"），第
23—50页，第36—39页。

[71] 历史学家威廉·杜克（William Duiker）在《胡志明》（*Ho Chi Minh*）一书详尽
描述了胡志明和张发奎在柳州的互动。见该书第267—276页。

[72] 罗纳德·斯佩克特：《盟军情报部门与印度支那1943—1945》，第40页。

[73] 大卫·马尔：《1945年的越南：对权力的追求》，第429页。

[74] 阮秀和朝元:《香水舆地志》,第 382 页。

[75] 同上。

[76] 这位名叫冯东的军官不仅暂时停止军事行动,而且很快加入了越盟军队,到 1946 年已升至陈高云团的参谋长职位。1947 年 4 月,他被法国人抓住并被处决。见香水县常委会编《革命斗争史》,第 58—59 页。

[77] 同上书,第 59 页。

[78] 越南之声:《1945 年 9 月 2 日的特别广播》("A special radio broadcast on September 2, 1945"),最后访问于 2014 年 10 月 6 日,http://english.vov.vn/Society/A-special-radio-broadcast-on-September-2-1945/264418.vov。

[79] 英文见大卫·马尔《1945 年的越南:对权力的追求》,第 364—365 页。

[80] 杜克:《胡志明》,第 324 页。

墓地中的军营:越南的军事化景观

第三章

抵　抗

　　1946 年 7 月，时任省级地下党组织负责人的阮志清在离开
本省，去领导一个新成立的覆盖越南中北部六个省的越盟战区时
说："坚持与人民在一起，因为我们只能通过人民组织对敌作战。
丛林、战区是必要的，但决定性因素还是那些能在村庄里对抗敌
人的人民组织。"[1] 通过胡志明在法国谈判达成的协议，法军将
于 3 月 6 日接替中国国民党军队驻扎顺化。他们抵达后就与反共
的越南人合作，一起追捕像阮志清这样逃脱的人。在接下来的四
个月里，阮志清在山区为躲避顺化反革命扫荡的同志及其家人建
立了一个战术区（*khu chiến thuật*）。当阮志清准备向西进入山区
时，他与同志们交谈，重申了在城市、基地和村庄内维护地下网
络的迫切需要。这是越南革命的关键时刻。一个由中圻的学校、
沿海村庄和帝国城镇的学生和政治精英领导的激进政治团体，匆
忙组建了军事及政治组织。他们预料到了法军的海上入侵，于是
在顺化周围准备了防御，也将目光投向了山上。阮志清的同志中
很少有人涉足过他们祖先村庄周围的山地，只有少数人会说戈都
语、布鲁语（Bru）、老挝语（Lao）或沿线高地族群会讲的其他
语言。[2] 阮志清接受了第四联区（*Liên khu chiến thuật IV*）主席
的提名，该地区有着令人生畏的地形，它从顺化南部的海云岭开
始，经过横山关一直向北延伸到清化（Thanh Hóa），有几十个民

族语言群体共同居住在那里。[3]

虽然在越南的故事、歌曲和电影中，这种"游上"（*du thượng*，
上山）的形象常常被描绘成浪漫和爱国的，但阮志清这次演讲的
主要目的不是颂扬那些志愿者，而是提醒他们，他们的斗争依赖
于家庭关系和海岸秘密网络。许多亲人会留在祖辈居住的村庄，
反革命组织肯定会给他们贴上同情者的标签。顺化的政治局势也
很混乱。帝国政府不再为民族主义者提供掩护。1945 年，保大帝
退位并加入越盟；1946 年 3 月，当第一批法国军队进入顺化时，
他离开河内前往中国，并在香港定居。[4]反共民族主义者的新联
盟努力铲除共产主义的同情者，他们中的一些人隶属于日本支持
过的前政府，另一些人则追随法国人。

在军事化方面，入侵的法国军队再次通过暴力占领了机场、
城市和港口，同时在山上部署了越南联军士兵。越盟的军事与政
治单位则在山区建立了战区和网络，并在山区以及接近 1 号公路
的边缘地区与法军作战。随着战争从 1947 年的反殖民主义斗争
演变为 50 年代初的全球性冷战，这些沿着内路分布的古老战场
更成为全球战线的一部分。

本章关注了这场不断演变的斗争，但更多地关注它是如何在
顺化周围的景观中展开的，而不是宏观的战争政治史。这些地方
独特的历史和生态影响了越盟和法国的军事实践，战争产生了新
的成王败寇之地。

游上

　　虽然越盟在顺化和越南大部分地区的"区"变得与山地的藏身之处息息相关，但其 1945 年后的军事活动是从内路起源的。在北纬 16 度以北，负责战后占领的中国国民党卢汉将军拒绝重新武装法国人。相反，他准许胡志明和他的越盟政府建立一股"自卫"力量。[5] 尤其在河内和顺化，越盟的军事领导人开始训练军官、建立团部和训练步兵。然而，战后占领的这种转变并非没有隐患；越南共产党领导人认为该计划是美国的"帝国主义阴谋"，是为了潜伏在盟国的旗帜后面武装非共产主义集团。1945 年 9 月，附属于中国国民党军队的越南国民党（Việt Nam Quốc Dân Đảng）民兵组织随着五千名中国士兵抵达顺化。他们在参加军事训练时与共产党人竞争。越南国民党的游击队利用他们与中国人的联系，在许多村庄与越盟的共产党领导人争夺权力。[6]

　　在这些全球部署和内部斗争中，越盟在越南中部狭窄领土 78 上的权威是岌岌可危的。1946 年 1 月 6 日全国第一次普选后，越盟领导人尽管还控制着民选政府，但不得不应对来自各个层面的许多现实难题，尤其是财政和军备问题。胡志明敦促新政府打击"三个敌人"：饥荒、战火和外国侵略者。新政府组织了"黄金周"，接受市民的捐款，迅速建立起金库。在夜黎，两名来自贫困家庭的妇女捐献了她们结婚时的耳环，并呼吁其他妇女也进行捐献。在许多农村家庭中，妇女的黄金首饰相当于她一生的积蓄。[7] 政府还依靠贸易公司和走私网络进行海上贸易。在顺化，越升（Việt Thắng）贸易公司的一个分支机构主要通过中国的北海港口来管理越盟的进出口事务。甚至在 1949 年中国共产党接管这个港口之前，中国商人就参与了这种贸易，转售了大量二战时储备的武器物资。越盟集团利用与海运船队的秘密无线电通信来安排货物登陆以及转运至山区。[8]

在法国和越南民主共和国于 1946 年 3 月 6 日签署临时协议和停火协定的短短 8 个月后，越盟和越南国民党之间就出现了裂痕，于是中国人被赶走，一支小规模但全副武装的法国军事分遣队（秘密）抵达了顺化市的前法国区。菲力普·勒克莱尔（Philippe Leclerc）将军领导的法国军队用武力夺回了岘港南部的港口城市，并沿湄公河上游进入老挝南部。

然而，越盟利用这个机会整顿了越南民族主义者，并开展了一项应急计划来创建他们的军队。[9] 800 多名法国士兵驱车穿过劳保（Lao Bảo）关口，进入顺化并占领了香江南岸以及其中一些重兵把守的据点，如莫林酒店、国学高中和前钦使驻地。在欧洲区安定下来后，他们面对着河对岸 19 世纪城堡的雄伟城墙，墙上飘扬着越盟带有金星的红旗。[10] 还有几百名士兵——其中大部分是从法属非洲招募的士兵，进入了富牌的空军基地和训练场。更庞大的兵力则聚集在近海和岘港附近的基地中。[11]

79 在中部海岸的越盟领导人开始为应对法国的进攻做准备。他们让新成立的陈高云（Trần Cao Vân）团从富牌撤入山中。只有该团的第 18 营留下来在碱土山区的基地周围巡逻。[12] 法国士兵，主要是欧洲军官指挥的非洲殖民地新兵，整个夏天都在机场集结物资，并在外围建造了一圈带有机枪的碉堡。他们向任何试图闯入草地边缘的人开枪；有一本回忆录就讲述了一个小孩误入周边区域，然后被炮火误伤的故事。[13]

与法国以及其他国家将越盟描述为丛林叛乱组织的说法相反，那些挖建防御工事并为应对法国入侵做准备的军事力量，是一个深深扎根于内路古老村庄的组织。除了一个由参与者和支持者组成的地下网络外，越盟还依靠无线电来联系军事部队，并向大众进行广播。无线电台将历史学家克里斯托弗·高夏所称的"群岛空间"（Archipelago space），一个由"森林村庄"、省级军事司令部以及听众组成的网络连接起来。法国在入侵之前在城市里广播，而入侵后它在偏远地区甚至在位于中国、老挝、泰国和缅甸的电台进行广播。[14] 胡志明十分了解无线电的力量，它可以将政党的主张投射到在殖民时期或前殖民时期从未完全融合的土地上。[15] 当广播播放教化和爱国节目时，士兵和游击队员也在努力地进行自我教育，无论是进行扫盲活动还是学习军事。顺化的一份报纸《战士》（Chiến Sĩ）每天都刊登关于军事的文章，内容从实际的防御问题到更有哲学性的话题，如《孙子兵法》。[16]

保持高地和海岸之间后勤和政治联系的关键，是山麓下一连串的设防村庄，也被称作战区。每个战区都位于一条从高地到大海的东西走向的小河沿线上，大多位于从光秃秃的小山丘到森林，从越族社群到高地人社群的过渡空间。承天顺化省的第一个基地就在顺化以西的溪债（Khe Trái）与和美（Hòa Mỹ）两个村庄。两者的优势都是位于受保护的山谷内，但离顺化足够近，一天内就能到达。信息、人员和物资沿着河流和山脊线穿过这片景观。在 1947 年的冬天，越盟在阳和（Dương Hòa）和南东（Nam

80

Đông）又新增了两个战区，位于离上游更远和超出法国军队火力范围的小村庄（图 3.1）。[17]

1946 年 12 月 19 日，越盟和法国军队之间的战斗在海防爆发，一个月后，法国海军在顺化发动了一次破坏性的入侵，迫使成千上万的年轻人从低地防御区撤退到战区。在入侵前的几个月里，越盟敦促其成员挖建隧道、战壕和设置路障。在顺化市和附近的村庄，几千名青年按照要求建设了防御阵地。越盟部队收到海防战斗的消息后，遂炸毁了顺化 1 号公路沿线的所有桥梁。顺化市的越盟军队在莫林酒店和法国区其他政府大楼袭击了超过800 名装备精良的法国士兵，使对方遭受了重大伤亡。[18]

与 1883 年的海军袭击不同，此次登陆行动在从海滩到顺化街道的区域都遇到了顽强的抵抗。1947 年的春节攻势在春节开始前 5 天发动，造成大量平民伤亡，城镇的部分地区化为一片废墟。法国海军陆战队，其中大部分士兵来自法属非洲，使用海军火炮和重型武器来对付装备虽少但一直在构建防御阵地的越盟。越盟军队在八月革命后统治了顺化一段时间，甚至在 1946年法军返回之后，他们还指挥了一个团，并在村庄得到了有力的支持。他们的部队在慈贤（Tư Hiền）和顺安两个登陆口与从海上入侵的法国军队交战（图 3.1）。法国军队在滩头阵地登陆，伤亡惨重。其中一支有几千名士兵，他们乘坐着美国制造的装甲车，由美国制造的军用登陆艇运送到距离 1 号公路几百米的斋湖（Truồi）岸边登陆。另一支在顺安海滩登陆，乘坐装甲车从北方攻击顺化。前一支法军需要用 19 天的时间从斋湖沿着 1 号公路行驶 30 公里，才能与两天前抵达顺化的另一支部队会合。在接

墓地中的军营：越南的军事化景观

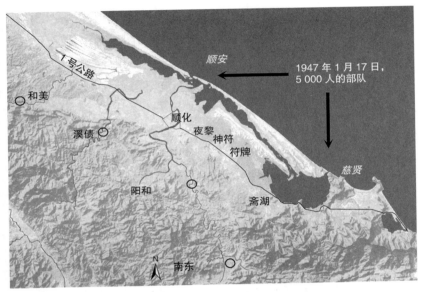

图 3.1　1947 年，法国在顺化附近的入侵路线和战区

资料来源：阴影浮雕和土地覆盖层由 ESRI Inc. 提供。笔者绘图及添加注释。

下来的一个月里，法国军队从顺化和富牌出发，重新占领了关键的军事设施，但是发现它们已经被清空，所有物资都被转移。[19]

当法国军队在 1 号公路上守护阵地时，他们摧毁了一些村社 81
的房屋，如夜黎村和符牌村，并在该地区一些极具历史意义的遗址所在地建立指挥所。其中最具有象征意义的一个是位于顺化南部边缘的南郊亭。那里包括一片松树林和一个亭子，是皇帝每年为祈愿繁荣和丰收而举行仪式的地方。法国军队对该遗址的亵渎，明确表达了法国对最近退位的保大帝的态度。在那里靠近法国区边缘的森林砍伐区，法国军队建立了北安南—顺化区司令部。[20]

在法国军队突破越盟的防线后，越盟部队撤到了战区。在随后的几年里，这种"游上"促进了领土和个人的深刻转变，尤其对成千上万的越南青年而言。自1946年3月起，越盟的政治和军事领导人与他们的家人在和美团聚了一年多。陈高云团的三个营撤退到这里并组建了一支突击队，去顺化执行游击任务。[21]

82 1947年夏，在法国入侵之后，有更多部队和大批的士兵及其家属继续出逃，同时将隧道网络扩大到山区，挖建地堡和地窖。省委员会预计法国占领军会强迫低地的年轻人为他们服务，所以委员会建立了战区，以此将10多岁到30多岁的年轻人从1号公路沿线的村庄转移至此。他们还建立了交通联系路线——小道和暗号，引导青年志愿者进入战区，为逃离和游击队的返回开路。[22]

虽然大多数历史书写都集中在这些地区的"战略"因素上，但一部香水县地区的抗争史记录了那些被占领村庄的家庭的损失——他们的子女都"游上"了。即使没有敌人的攻击，抵抗区也是难以生存的地方。许多蚊子携带疟疾，越盟的野战医院能有奎宁（quinine）作为预防药物就已经很幸运了。受过有限的护理培训的年轻妇女经常冒着被搜身、拘留和经受酷刑的危险，从顺化等城镇携带药品进入抵抗区。一位医生放弃了在顺化蒸蒸日上的事业，携带医疗用品去管理溪债（Khe Trái）基地的一家战地医院。[23] 战区促使来自不同低地村庄的人们与每个营地之间建立了深厚的情感联系。一部地方史志记载了这种对亲情的渴望："战区是一个令人向往，充满重聚的兴奋和深切同情的地方，这里是理解生命之珍贵的大本营……午后，富旺（Phú Vàng）和香水县的人们从乡下的家中眺望远山中的战区，回忆在那里从事服务、运输、通信、后勤工作的人，回想起他们第一次进入战区的经历。"[24] 由于抵抗运动持续了七年，这些情感联系和该地的往来交通促成了新的小道和土路网络的形成，通过这些网络，越盟将建设国家的愿景延伸到了中部海岸的更多崎岖之地。

到1948年，这个道路网络不仅在东西方向、低地高地方向大大扩展，还加强了许多南北走向的联系，在山麓和高原地区与内路呈平行状。有关小道的历史，平治天省（Bình Trị Thiên）有记载指出，到1948年底，越盟已经为全国范围内的通行建立了三个南北向的主干道。在抵抗运动早期，连接和美等战区的小道是士兵北上前往主前线的首选路线。早年间，高地上的战区比较有限，而沿老挝边境的小道则较少被使用。第三条道路穿过低地村庄和城市的安全屋和藏身点，这是一种地下通道，与越盟控制下的岘港以南省份的部分地面铁路相连。[25]

对越盟来说，"游上"也就意味着要脱离地图的范围，至少是地形图。山上的地区通常没有被绘制进地图，这也部分地反映出法国测绘人员在地面和空中需要面对崎岖地形带来的挑战。高地缺乏道路、桥梁和建筑物，这使测量人员无法铺设测地基准，从而无法准确测量距离和海拔高度。那些陡峭的不规则山坡，大多还被树冠覆盖，使得航空照片的几何校正（正射校正）几乎是不可能完成的。由于缺乏关于越盟战区和小道的优质地图，这也就意味着法国军事情报小组难以传达炮击或空袭的坐标情报。

对于越盟的军队来说，通过地名、山脊和河流来传达方位，有助于使他们的位置在航空地图的网格空间中更加隐蔽。这种高原地形的地图也反映了这样一个事实，即在前往高原的数千名青年中，大多数人可能从未见过地形图，更不用说解读了。战区与山河交汇处的联系是越南传统景观组织方式的一种表现。地图（如第一章中讨论的 1832 年舆图集）记录了山峰和河流的名称，便于沿海航行和进入内陆的通行（通常是在水上或沿着水岸）。舆地志和省份地理志也同样以"山川"（núi sông）一节为开头。这种将河流和山脉并列的传统做法，不仅反映了帮助人们确定方向的实际需要，也反映了长期以来的风水传统（phong thủy）。风水是一门传统的科学，帮助人们根据风向、潜在的水流和无形的气运——优良的空气、充裕的财气或良好的生气，为住宅、经商和田地选址。一个核心原则是，无形的"龙线"穿过山川的脊柱，追踪能量流动（气）的路径。虽然只有少数人是风水专家，但大多数人应该都熟悉这种定向系统。[26]

84 　　图 3.2 摘自 1952 年两张关于和美的法国地图，显示了该地区在地形、环境和文化边界的结合点。开阔的山地（白色背景）中更精细的等斜线与更精细的地名正字法相匹配。越南的地名包括变音符，如景界山（Núi Cảnh Giới，边界山）。在和美以西，随着海拔高度和坡度的增加，精细度相应下降。详细描述溪流和河流的笔幅更宽，不那么精确，而较高的森林山脊的名称则转变为非越南语地名，如 Coc Par Nol Pran（可能是戈都语名称）和香蕉峒（Dộng Chuôi，但"động"一词表示使用者并非越族群体）。如同使用山峰和河流作为地面导航的辅助工具，使用这些非越族的地名标志着进入了非越族的文化空间。最近一部省级战区的历史书延续了这种比较熟悉的描述风格，指出和美"位于乌娄—浽过河

　　　　　　　　　墓地中的军营：越南的军事化景观

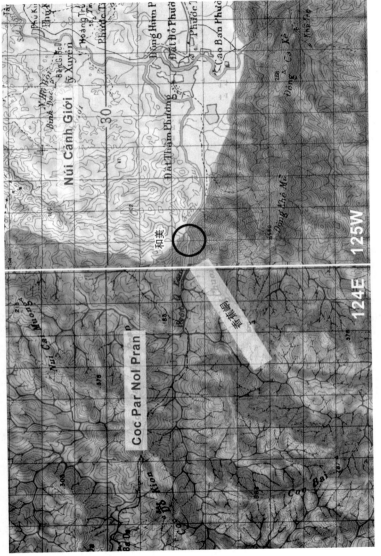

图 3.2　和美战区示意图，摘自 124E 和 125W

资料来源：US Army Map Service, "Indochine 1：100000," Series L605, 1954 年 5 月。底层明影。地理信息和注释由笔者绘制。

（Ô Lâu-Rào Quao）和香蕉峒的森林山脊和山脚之间"。[27]

　　在图 3.3 中，重建的和美基地以及背后群山的斜视图，让人更加直观地感受到这个空间是进入第四联区的地表门户。越南军队和当地居民花了几个月时间沿着香蕉峒的陡峭山坡开凿隧道、壕沟和构建路障。这一地表景观也证明越盟对高地的控制给法军带来了难以克服的困难。1948 年 5 月 7 日，法军对和美基地的第一次军事进攻开始了，三架飞机开始轰炸，随后伞兵沿着土路和光秃秃的山头降落下来。大部分由非洲士兵组成的步兵部队沿着1 号公路前进。此次进攻的兵力包括一个非洲营、两个法越营、

图 3.3　和美地区（山谷中心）与香蕉峒脚下森林覆盖的山麓和山谷（左侧）的斜视图，2017 年

资料来源：谷歌地球（Google Earth），笔者注释。

两个炮兵营和 13 辆装甲运兵车。这场战争持续了 16 天，但法军无法突破和美进入山区。越盟部队仍然盘踞在高坡上的岩石掩体中，将炮弹射入山谷。[28]

随着法国伞兵攻击的加强，越盟方面一度深入高地，建立新的网络，更重要的是还将非越族高地人纳入他们的网络化国家。南东战区（图 3.4）位于香江的上游（左泽河，Sông Tà Trạch），在顺化以南 50 公里处。在空间和制图方面，它位于地图上的领土边缘；在民族方面，1947 年之前它是一个不同的世界。在兰斯绘制的老地图上，这里是一片"居住着野蛮人的"空白区。在有关当地戈都人的有限记载里，殖民者将他们描述为猎头者，会对外来者进行"血腥袭击"。[29]

1947 年 2 月，在法国对斋湖进行两栖攻击之后，越盟在南东的山谷中建立了组织。在法国军队攻破斋山的防线时，沿海富禄（Phú Lộc）的几千名越南游击队员撤退到这里。记载了这片后山的历史的党史著作指出，越盟的基地为老挝边境的南北交通提供了重要的东西向连接。越盟在这里的建设活动最开始是扩大稻田和建立营地。官方历史记载，他们的目标是教育"100% 文盲"的土著同志（用越南语）。除了为戈都人开设识字班外，第四联区政府还迅速免除了高地人在 1947 年之前可能累积的所有债务，从而"解放"他们来支持越盟的斗争。1949 年 4 月，法国军队对南东发动了大规模进攻，但是越盟军队和戈都游击队将其成功击退。在余后的冲突中，他们一直维持着这一地区的稳定状态。[30]

86

87

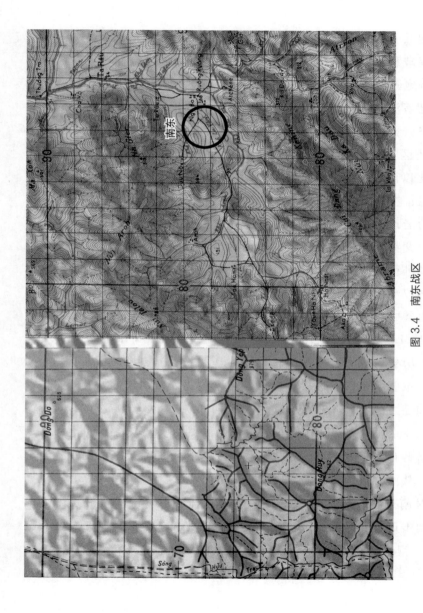

图 3.4　南东战区

资料来源：US Army Map Service, "Indochine 1：100000," Series L605, 1954 年 5 月。底层阴影由 ESRI 公司提供。数字化、地理信息和注释由笔者绘制。

　　墓地中的军营：越南的军事化景观

内路的分层主权

　　虽然这些深山地区的越盟游击队在向内陆扩张时几乎没有遇到军事抵抗，但在符牌和夜黎等低地村庄却面临着被多股相互竞争的势力所困扰的状况。从 1945 年 8 月起，越盟国民自卫队推动加快了第一个后殖民政府的建立，并在 1946 年 1 月的普选中得到承认。*在早期的国家建构过程中，越南国民党团体也发挥了作用，且受到中国国民党军事占领区盟友的保护。1947 年 2 月，法国远征军发动军事入侵，重新占领了顺化市，他们袭击了越盟的军事防御设施及其控制下的重要文化遗址。2 月 5 日，在符牌，法国军队夷平了主要的村社房屋，名义上是为了防止越盟军队在那里避难。两天后，他们占领了夜黎和清水上的公房和路边的佛塔。[31]

　　从法国军事占领的暴行开始，法国对越南盟友团体的立场也充满了敌意。远征军在越南盟友的帮助下追捕了未逃到战区的越盟政治和军事领导人。在 1947 年到 1948 年期间，法越部队拘留、拷打并处决了他们。法国军事指挥部和一个匆忙组建的越南中部管理委员会的目标是"安抚"乡村人口，并将他们与越盟的山区基地隔离开。[32]这种绥靖策略表面上由非共产主义越南团体领导，但由于法国不愿意放弃主权控制，该策略在各个层面上都受到了阻挠。围绕控制内部事务的程度，越南与法国在从乡村纠纷到国际外交的各个层面都产生了冲突。法国于 1947 年 3 月派出新

---

* 即越南民主共和国。

的印度支那钦使埃米尔·博拉特（Émile Bollaert）与胡志明进行谈判。这一时期的美国外交电报广泛评论了法国在扶持保大帝作为越南国家元首时面临的"窘境"。这位曾经的皇帝在越盟政府中保留了一个官方头衔，在中国香港居住，还有一批支持者。许多非共产主义民族主义者和顺化地区的天主教徒，特别是南越后来的总统吴庭艳（Ngô Đình Diệm），对君主的回归表示强烈反对。[33]

博拉特提出了保大帝的问题，并任命了一位著名的顺化天主教徒和君主主义者陈文李（Trần Văn Lý）为越南中部管理委员会主任。陈文李曾在旧式殖民体系中受过公务员训练，他一直怀有低调的民族主义愿景。与吴庭艳等强烈反法的天主教徒不同，陈文李在越南中部的政治圈子里受到一定的尊重，并愿意在法国指挥官手下工作。[34] 作为权力有限的越南中圻顾问省长，陈文李执行了博拉特的一项重要指示，即建立一支国民警卫队，其任务是加强高地村庄的安全防卫，以防止越盟突击队在公路上伏击车队。他指导一个由 462 个"受控"村庄的村长和区长匆忙组成的网络，为这支准军事部队——越兵团（Việt Binh Đoàn，VBD）招募青年兵员。这支即将成立的军队沿 1 号公路修建了 84 个堡垒和几十个瞭望塔。法国远征军在南郊亭、法国区的莫林酒店和富牌机场等地的重要防御基地扎营，尤其是其中的欧洲部队。远征军——包括法属非洲士兵和几个营的前纳粹士兵，被分配到公路沿线的营地，然后武装薄弱、基本未经历练的越兵团奉命守卫战区间的丘陵边界。[35]

这种军事领域的地理分割，即让越兵团在山上驻守，法国部队在 1 号公路沿线分布的方式，导致越南和外国军队之间产生了深刻的裂痕。法军经常遭到越盟的路边伏击，游击队员通常在路边设置爆炸装置或直接向过往卡车开火。法军被伏击后，就对当地村民进行报复，把他们称为乡巴佬（nhà quê）。越盟游击队撤退了，但在大部分情况下，遭到法国报复的民众是越兵团部队成员的亲属。在夜黎这样的低地村庄里时常流传着这样的故事，丈夫或儿子从山上的哨所站岗回来，却发现家人在斗争中受伤或死亡。1949年的一份管理委员会报告认为："如果法国军队继续以恐怖手段执行他们的平定政策，修复法越关系问题的日子就不会到来。让法国军队撤回基地似乎是唯一可能的补救办法。"[36]

这些报告凸显了法国行动的一个关键缺陷。管理委员会抱怨的核心问题是"主权"和法国的"治外法权"问题，尤其是在顺化的村庄和街道上。与殖民时期一样，当地法院没法起诉法国特工和军队，后者的行动超出越南法律管制的范围。殖民时代令人恐惧已久的秘密警察——联邦安全局（Sûreté Federale），在越南当局不知情的情况下逮捕和审讯越南嫌疑人，而且不会顾忌他们与盟友政府的关系。[37]

即使在毛泽东领导的中国人民解放军取得胜利，以及法国决定扶持保大帝重新成为国家元首之后，1950年的越南国官员还在强调他们和"归顺者"（脱离越盟的人）面临的残酷约束。他们必须保护自己免遭越盟以及法国军队和秘密警察的打击。越南国没有保护个人，特别是归顺者免受法国军队的攻击或拘留的法律依据。[38]鉴于法国人"激发叛国"的行为，即便是保大帝在重返越南后，也拒绝谴责越盟。1949年6月，他回到越南，向海防地区那些在法国1946年轰炸中遇难的越南人的坟前献上棕榈枝。他的随行人员公开谈论在那与法国人作战的越盟游击队员是"我们的英雄"。[39] 即使是法国高级军事领导人，如陆军总司令乔治·雷韦斯（Georges Revers），也理解这种双重困境。他主张让保大帝完全独立，并将战争任务交给越南国民军。然而，政治反对派泄露了他的报告和这些建议，雷韦斯被解除了职务。[40]

即使在地表上，法国军队内部对战争的想法也存在分歧，且往往是因种族和民族血统而异。少数欧洲军官指挥着来自塞内加尔、突尼斯、阿尔及利亚和摩洛哥的非洲部队，这些国家都经历着各自的独立危机。非洲人承担了法国在越南中部推进的绝大部分军事行动。在中部海岸的北安南区，只有第二外籍军团主要由欧洲人组成，其中还包括前纳粹士兵；该部队驻扎在岘港以南，位于法国控制的南部边界——会安。在靠近顺化的地方，各种各样的欧洲坦克中队、炮兵连、通信连和工兵在南郊附近活动。[41] 在法国军事占领中部海岸的大部分时间里，法越控制的地区都紧贴着1号公路，形成了一个极其动荡的区域，越兵团部队在这里面临着来自越盟的攻击和法国部队的报复。在这条公路的北面和南面，越盟控制了从山区到海岸的大部分土地。

从更近的角度看，占领区也没有覆盖所有的沿海地区。法国人在1952年绘制的一张越盟地区草图显示，沙丘、沼泽和沿海河口区也在越盟的控制之下。在顺化北部几公里处的大片沿海和河口地区也被描述为"非控制区"。因此，法军不仅受到登山的"阻力"限制，而且还有穿越咸水、浅水河口和沙丘的阻碍。[42] 被山区和长长的海岸线隔绝的占领区，是一个挣扎中的后殖民地

墓地中的军营：越南的军事化景观

群岛国家的一部分。补给品通过岘港的船只或飞机送到法国人手中，许多地方的"控制区"离1号公路只有几百码远。

对于非洲裔部队来说，靠近越盟地区往往会带来更深层次的政治挑战，因为越盟的宣传强调，他们在摩洛哥、塞内加尔，特别是阿尔及利亚的许多同胞也在进行抵抗运动。抵抗运动的支持者用阿拉伯语和法语散发传单，旨在赢得非洲和阿拉伯"兄弟"的心。法国安全部门获取的一份传单上写着：

> 自由是我的生命——也是我孩子的——独立！
>
> 阿拉伯人：要知道，我们已经对压迫大家的法国发动了圣战。任何想为独立而战的人都知道，他将在独立的旗帜下战斗。
>
> 听着！在越南的高平省（CONBAN）地区，［越盟］老兵们在短时间内赢得了巨大的胜利。从1949年11月1日到1949年12月10日，他们发起了9次行动。法国方面的损失包括112人死亡，17人受伤，63人被俘。缴获的物资包括：1门迫击炮，9挺机枪，7支冲锋枪，181支英美步枪，1台便携电台等。
>
> 我为我的国家和独立而战，而你的国家却被出卖了——你的灵魂也将迷失。[43]

虽然战斗中的各方都在进行宣传，但像这样的传单却直击法国非洲裔部队在印度支那作战的"动机"的核心。与越兵团部队一样，他们也陷入了相互对抗的军事逻辑之中。

非洲裔军队在山区的行动，尤其是一群来自摩洛哥的突击队员，经常在越南天主教徒众多的地区引发教派冲突。为了防止大米、药品和情报流入山区，法国指挥官将平定冲突的军事行动委托给了摩洛哥轻步兵的一支精锐部队——第九塔博尔（the Ninth Tabor）。*在第二次世界大战中，"古姆"（goum）曾因攻破纳粹在意大利山区的南部防线而引起国际关注。"塔博尔"（tabor）一词源于"营"的土耳其语，而"古姆"一词源于马格里布阿拉伯语，意为"人"。[44]因此"古米耶"（goumiers）指的是来自不同部落和种姓的部队，但大部分来自阿特拉斯山脉讲柏柏尔语的民族。[45]1952年初，第九塔博尔在南郊亭设立总部，任务是摧毁山区的越盟地下网络。他们从南郊出发，通过砍伐和焚烧竹篱、大型灌木以及大树，在村庄和公路沿线建立了防御哨所。他们在光秃秃的丘陵上建立了狙击阵地，并在检查站使用常见的恐吓战术，阻挠人们在公路和步行道上的日常行动。

这些行动与村民和越兵团产生了明显的摩擦，也引发了广泛的抗议，因为古米耶以宗教神职人员为目标，拘留他们并袭击教堂和佛塔。法国驻顺化地区的指挥官将这种作战称为古米耶的最后一搏，称为"大米之战"，目的是更严格地管理收获后的大米的流动。古米耶将成为训练越南准军事团体的模范。[46]随着军队从宗教中心和私宅中搬走储存的大米，这场运动的逮捕行动持续升级。根据最新的严格规定，中部海岸的村民只允许在自己

---

* 即摩洛哥古米耶（Moroccan Goumiers），1908—1956年在法国非洲军团中担任辅助的摩洛哥部队。"古米耶"（goumier）指来自不同部落的人，源于马格里布阿拉伯语中的"古姆"（goum）一词。一个塔博尔大约包含三四个古姆。

墓地中的军营：越南的军事化景观

家里储存不超过 10 公斤的大米。其他所有大米都被要求运到政府管控的粮仓。运输超过几公斤的大米需要地区军事当局的签字文件。[47]

　　如果说以前的暴力事件还没有使低地的人们反对法国人，那么，此次大米之战则引发了广泛的抗议和叛逃。对越兵团而言，最重要的是在一系列冲突爆发后，许多著名的佛教和天主教领袖威胁称要攻击法国人，特别是与南郊基地附近的古米耶部队发生冲突之后。在邻近的山上有一座天安（Tien An）神学院，它是该地区最大的天主教神学院之一。那里的神父会前往整个地区的农村集会，他们经常越过边界到越盟控制区做礼拜和举行仪式，特别是临终祈祷。古米耶不仅骚扰穿越边境的神父，还袭击该神学院，抢走捐给穷人的大米和其他食品。

　　神学院的院长给越南国政府、保大帝和驻扎在南郊的法国区指挥官写信，强调了问题的严重性。天主教徒和佛教徒都很愤怒，因为这些古米耶不仅拿走神学院和几座大佛塔里的粮食，还掠夺和亵渎这些场所。根据传统，神学院和佛塔都会在其私产中储存大米，以便在圣日为大量人群提供食物，还会为穷人免费提供。这位与吴庭艳这般反法派天主教徒有密切联系的神父，与越兵团指挥官的观点一致，他们认为对当地居民的镇压为越南国敲响了丧钟。[48]

　　除了对中部海岸民众文化生活造成的这些深刻破坏之外，古米耶在 1952 年前日渐频繁的突袭行动和使用美援武器等行为，同样对中部海岸的自然和文化景观产生了破坏。对越南人和法国人来说，这种影响体现得最明显的地方莫过于南郊亭（图 3.5）。

93

图 3.5 1953 年，南郊亭的鸟瞰图和墓群的放大图

图片中轮廓较大的营地区域是顺化分区指挥部，较小的是非洲裔士兵的营地，最初驻扎的是塞内加尔第二十八连队，然后是第九塔博尔。资料来源：File TV310，1953 年 8 月 13 日，Service Historique de la Défense，法国空军影像档案。

墓地中的军营：越南的军事化景观

北安南—顺化区总部位于第九塔博尔基地旁边通往皇室所在地的路上。在南郊亭的长方形地块上，遮天蔽日的松树被完全砍掉了。法国军队利用这个平坦的台面监视周围的山头，他们在混凝土平台下面挖了一些掩体来放置弹药。这些行动或许还不至于令在山上那些被砍伐的松树林中长大的顺化市民感到不安，但法国和摩洛哥的营地突然出现在公墓周围的山顶上则不可避免地会引起恐慌。这片墓地靠近城市和帝国遗址，是许多精英家庭的祖坟所在。[49]

在顺化市南部的山上，四个主要的军事哨所遵循的是一种地形逻辑——视野开阔的地方——以及过去军事化的逻辑。除了南郊的基地，法军还占领了日本人留下的两个军事区：夜黎上和碱土山。机场的法国指挥官命令他的塞内加尔部队在公路对面的山脚下安营扎寨，那里有连接机场和夜黎上的道路。这个曾经的麻风病院、战俘营和越盟训练区，在1952年作为绿洲营（Camp Oasis）迎来新生。越兵团部队守卫着两个重要的村庄，平浪（Bang Lang）和夜黎上。[50]

随着1952年后更多美国援助的到来，以及法国对越南人在1号公路上的攻击越来越担忧，军方清理夜黎上等山顶哨所的树木和植被的活动开始升级。法国工兵将推土机和火焰喷射器从南郊运到村子里，进行清理灌木的行动。[51]出于对边境安全的考虑，所有的树木，无论是人工种植的还是野生的，都要被摧毁。1943年刚开始的植树造林成果毁于一旦，代表裸露黏土的白色斑点显示了越兵团哨所的位置（图3.6）。图片中的黑色脉络描绘了从山上流下的溪流，低矮的植被紧贴岸边。

94

图 3.6　夜黎上岗哨的鸟瞰图，1953 年 5 月

资料来源：File TV310，Service Historique de la Défense，法国空军影像档案。地理信息和注释由笔者绘制。

美国人的重返

　　山上的新推土机以及在头顶盘旋的飞机，标志着美国的援助来到了顺化，这些援助也是印度支那战争其他更深刻变化的一小步延伸。与过去一样，中国的情况在触发美国人这次重新卷入该军事事件中发挥了关键作用。1949 年，节节胜利的中国人民解放军为越盟提供了关键的后方支持。海南岛也解放了，因此中国的船只和飞机可以容易地打击法国在海防和河内的据点。新成立的中华人民共和国于 1950 年 1 月在外交上承认了越南民主共和国，而不久之后，美国通过立法援助法国并承认了越南国。[52] 在美国国会授权加强对朝鲜军事干预的同时，它还成立了一个军事援助顾问团（MAAG）和一个特别技术及经济代表团，办事处设在西贡。

这一被外交史学家广泛记载的关键时刻，标志着法国军队在物资策略方面的决定性转变。[53] 美国援助的第一批物资于 1951年初抵达西贡和海防，其中包括 100 架战斗机、50 架轰炸机和运输机、足够装备 30 个营的地面武器、大炮、海军舰艇以及近 2000辆吉普车和六轮驱动卡车。[54] 中国对美国的这一动作进行了回应，大幅增加对越盟的军事援助。据称到 1952 年，中国已经送去了 4 万支步枪、4000 支冲锋枪、450 门迫击炮、120 门无后坐力炮、45 至 50 门高射炮、30 至 35 门野战炮、数百万发子弹和数万枚手榴弹。[55] 双方提供的军事援助分别在 1953 年和 1954 年加速，之后越盟军队在奠边府（Điện Biên Phủ）取得了对法军的惊人胜利。

随着美国援助的增加，顾问、外交官、援助人员、记者和间谍的队伍迅速扩大。弗雷德里克·罗格瓦尔（Fredrik Logevall）回顾了美国进入越南的历史，讲述了这一时期两位最著名的英语作家：英国人格雷厄姆·格林（Graham Green）和在法国长大的美籍博士生伯纳德·法尔。他们分别在作品《安静的美国人》（*The Quiet American*，1955 年）和《没有欢乐的街道》（*Street without Joy*，1961 年）中介绍了 1952 年至 1954 年其在印度支那的经历。[56] 格林的《安静的美国人》传达了这样一个概念：非致命性军事援助在很大程度上是秘密政治行动的幌子，而法尔的

《没有欢乐的街道》描述了法国人岌岌可危的地位，尤其是在中部海岸。

虽然美国的援助物资堆积在岘港的港口，但其中大部分直到1953年末才运送到顺化地区。当时美国人主要关注的是在岘港进行大规模基地建设。1950年之前，岘港只是一个沉睡的港口。然而，中国人民解放军在1950年解放海南岛使美国规划人员放弃了在河内附近建设基地的项目。岘港的机场和周围的土地发展成一个类似于美国城镇的地方。基地建设活动的特点是建造新的货运码头、美国空军机械师和后勤人员的新营房、几十个弹药库，以及改进主跑道和几个辅助机场。[57]

中国人民解放军的进军还有另外一个重要的间接影响——把美国的空军机队从中国推向了更广泛的地区。1945年战争结束后，在昆明的美国飞虎队指挥官陈纳德购买了几架多余的飞机以援助中国国民党军队。国民党战败后，陈纳德将他的小型机队卖给了美国中央情报局。中央情报局以一家名为"民用航空运输公司"的空壳公司的名义，以大约100万美元的总价购买了这批飞机，并将这些飞机转用于支持在印度支那的行动。由中国、美国和欧洲飞行员组成的老牌组合，继续驾驶民用航空运输公司的客运航班定期途经中国台湾，或驾驶军事包机前往印度支那。这家复苏的航空公司为美国人和他们的法国盟友在顺化、大叻、广治和岘港等城市提供商业服务。民用航空运输公司后来因电影《美国航空》（*Air America 1990*）* 而出名，也是美国早期介入行动的

---

* 中译名还包括《飞离航道》或《轰天神鹰》。

临时象征。民用航空运输公司的大多数飞行员和它的 DC-3 机队在抵达富牌机场等地之前，已经在中国（包括大陆与台湾）、韩国、日本上空飞行了数千小时。[58]

到 1952 年，这群美国顾问在空中目睹了向越南运送的大量军事装备。许多美国援助人员，就像《安静的美国人》中的人物派尔（Pyle）一样，为中央情报局秘密工作。他们与美国的军事顾问、记者和法国官员一起在印度支那各地辗转。虽然《安静的美国人》等小说将美国援助人员描绘成无知且危险的形象，但美国驻西贡使团的档案记录表明，美国人的首要任务只是想知道如何从一个地方前往另一个地方。最早访问顺化的美国人之一是公共卫生官员克利福德·乔普（Clifford H. Jope）博士。他的任务是前往中部海岸和高地的医院，而他发现几乎半数的城镇都不可能到达。他在 1951 年 10 月记录说，由于缺乏可靠的航空运输和机场，他在前往医院时屡屡受挫。飞机经常取消在富牌的经停，而对于如广治这样更远的地方，民用航空运输公司的大型 DC-3 无法到达。乔普要求乘坐较小的飞机到达偏远地区，他还提供了图 3.7 所示的清单，以强调机场的糟糕状况。

1953 年，随着法国军队所处的战争局势持续恶化，美方的空中介入有所增加。稳步扩大的飞机和飞行员的供应意味着空中交通、跑道的发展，以及对航空摄影的更多支持。美国自二战时期遗留的，配备费尔柴尔德 K-17 相机的 B-26 型航空摄影侦察机，于 1952 至 1953 年在中部海岸掀起了新的航空摄影热潮。[59]虽然法军指挥官管理着航空摄影工作，但顺化的飞行员日志显示，飞行员和摄影技术人员群体中有许多非法国人：美国人、英国人、

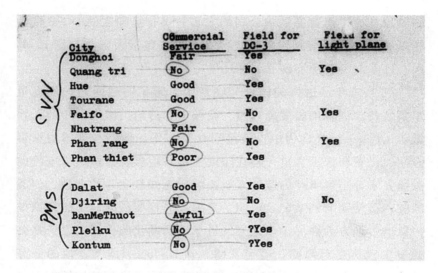

图 3.7　克利福德·乔普博士关于机场条件和商业服务的清单，1951 年 10 月

资料来源：Box 3, Mission to Vietnam: Office of the Director Subject Files, Entry 1430, RG 469，美国国家档案与记录管理局，马里兰州大学园区分馆。

中国人、印度人、挪威人和瑞典人。法军指挥官追踪他们在军事区的往返，并特别关注他们的飞行，担心飞机会飞过战区的中间地带。[60]

可见性和不可见性

　　尽管天空中汇集了大量的"眼睛"，但地面上 1 号公路沿线占领区的边界几乎没有变化。虽然推土机清理了山顶，航空摄影

144　　　　　　　　　　　　　　　墓地中的军营：越南的军事化景观

任务也有助于绘制新的区域地图，但法国军队却无法清理和控制诸如和美的边境地区，甚至是顺化北部几公里的沿海地区。1953年，法军对沼泽地和沙丘发起了前所未有的空降攻击，即卡马格行动（Operation Camargue），* 利用美国飞机和发起突袭，包围了一个据称在那里扎营的越盟第九十五团。伯纳德·法尔认为这是法国在此次战争中最大的行动之一，甚至强调法国及其越南盟友总是所向披靡。这次海陆空联合袭击行动共动员了30多个营（约1.5万名士兵），在沙滩、沼泽、运河和河谷地区的各个方向登陆。机械化的斯帕希团（来自摩洛哥的法国新兵）、阿尔及利亚步兵、前纳粹军团士兵、伞兵和两栖部队在1号公路上向北移动，以防止越盟军队向山上撤退（图3.8）。据法尔报告，这次袭击造成了越盟成员182人死亡、387人被俘，而法军方面则有17人死亡、100人受伤。然而，第九十五团的大部队通过迷宫般的运河和隐藏在竹篱下的战壕成功在夜间逃脱了。[61]

法尔对越南盟友占领这一地区的后续行动的描述，强调了法国军队不仅没能适应当地复杂的景观和生态，也没有融入当地越南人相对隐形的社会网络。法尔描述了此次行动后两个法国营长之间的对话：

来自第6斯帕希团（the 6th Spahis）的少校说，"有趣的是"在东桂村（Dong Qué）看到一些新的［越南］行政人员，

---

* 指1953年7月28日—8月10日法国远征军和越南国民军联合发起的军事行动，试图驱逐1号公路沿线的越盟力量。

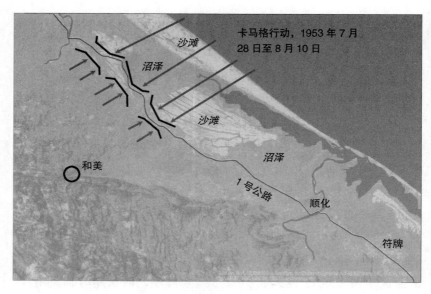

图 3.8　卡马格行动示意图

资料来源：底层由 ESRI Inc. 提供。细节来自伯纳德·法尔《没有欢乐的街道》，第
168 页。

他们似乎从未成功地与民众打成一片。他们的到来要么是试
图为我们的飞机或坦克造成的混乱而道歉；要么大摇大摆地
威胁农民，好像对方是敌国的百姓一样——让我们面对现实
吧——在很多情况下他们就是敌国百姓。"也许是这样，"年
轻的迪雅尔丹（Dujardin）中尉站在他的 M-24［坦克］的阴
影处说，"但今晚我们撤退时，我可不想从他的角度来看待这
些。他会和他的行政小组的四个人一起待在昨天还被共产党
指挥官占据的房子里，最近的一处哨所还在三百码开外。该
死的，我打赌他甚至不会睡在这里，而是睡在哨所里。"[62]

　　　　　　　　　　　墓地中的军营：越南的军事化景观

如果将法国军官们的看法与本章开头阮志清有关人民在自己的土地上作战力量的话语相比较，可以知道两者都意识到重大军事行动之前、行动期间，特别是行动之后以人为本的网络的核心作用。

　　虽然法国军队多次以武力入侵的方式成功占领了越南中部农村，但他们缺乏在被占领地区建立新的村级组织的能力。法军指挥部不愿意将权力移交给越南国，也不愿意将军事领导权移交给越兵团，这也说明了非共产主义的越南组织处于法国和越盟的双重束缚之下。

　　法国和美国议事机构中的大多数民选代表之所以继续支持这场战争，并不在于他们缺乏对"地表"的了解，而在于他们对其全球的、"空中的"视角的完全信任。对大多数美国人和法国人来说，印度支那是一个由共产主义和非共产主义、盟国和非盟国组成的不断变化的全球阵列中的一个空间。越兵团指挥官或行政人员对当地的关注被纳入这个更大的、全球空域的关注中。越南中部海岸地区内的摩擦是不可避免的，但法国和美国的"平叛"支持者仍相信，充分地清理这些空间，最终可能会产生开放新社会和空间的可能性，从而使这些空间融入一个不断扩大的全球商业网络。

注释

[1] 《香水县武装部队历史 (1945—2005) 》[*Lịch sử lực lượng vũ trang Huyện Hương Thủy(1945-2005)*]，第 38 页。笔者译文："依靠人民，只有组织好人民才能打败敌军。柘林，战区需要具有的决定因素是组织人民抵抗村里社里的敌军。"

[2] 雄山（Hùng Sơn）、黎开（Lê Khai）编：《经过广平广志承天顺化的胡志明小

道》（*Đường Hồ Chí Minh qua Bình Trị Thiên*），第 28—29 页。

［ 3 ］ 同上。

［ 4 ］ 弗雷德里克・罗格瓦尔：《战争的余烬：帝国的衰落和美式越南的形成》
（*Embers of War: The Fall of an Empire and the Making of America's Vietnam*），第
199 页。

［ 5 ］ 同上。另见大卫・马尔的《1945 年的越南》，以及马尔的《越南：国家、战争
与革命 1945—1946》[*Vietnam: State, War and Revolution (1945-1946)*]。

［ 6 ］ 阮秀、朝元：《香水舆地志》，第 384 页。

［ 7 ］ 同上书，第 389 页。

［ 8 ］ 历史学家克里斯托弗・高夏撰写了几部关于越南和共产主义网络延伸到越南
以外的东南亚和中国的作品。关于顺化周围的区域贸易，见克里斯托弗・高夏
《越南战时早期与中国南部贸易的边界：当代视角》（"The Borders of Vietnam's
Early Wartime Trade with Southern China: A Contemporary Perspective"），第 1004
页。关于他在延伸到东南亚的网络方面的研究，见《泰国和越南革命的东南
亚网络，1885—1954 年》（*Thailand and the Southeast Asian Networks of the
Vietnamese Revolution, 1885-1954*）。

［ 9 ］ 关于维权协议的深入讨论，见斯坦坦尼・汤尼森（Stein Tonneson）《1946 年的越
南：战争是如何开始的》（*Vietnam 1946: How the War Began*），第 65—70 页。

［10］ 阮文华：《承天顺化舆地志：历史部分》，第 330 页。

［11］ 越南的资料显示，到 1946 年夏天，承天顺化省的人数在 1300 人到 2400 多人不
等。香水县的一部党史指出，被派往顺化市法国区的 850 名士兵来自老挝的法
国—老挝游击队。他们从老挝的沙湾拿吉出发，穿过山区，经 9 号公路到达广
治，然后向南到达顺化。见《革命斗争史》，第 81—82 页。

［12］ 陈高云团是在 1945 年秋天顺化的八月革命后不久成立的。陈高云是一位爱国的
王室成员，于 1916 年被殖民当局处决。该团包括许多经过法国和日本培训的越
南军官和士兵，他们曾在革命前由日本军队支持的越南政府任职。其中一位名
叫何文楼（Hà Văn Lâu）的军官指挥越盟军队在南部港口城市芽庄附近与法国
部队公开作战。1946 年 12 月，在北方与法国的敌对行动爆发后，他回到了自
己的家乡顺化，指挥陈高云团。关于何文楼的更多采访内容见"越南之声"网
页版，《与何文楼上校和黎名先生的在线交流》（"Giao lưu trực tuyến với Đại Tá
Hà Văn Lau và .ng Lê Danh"），2006 年 9 月 11 日，最后访问于 2014 年 11 月 21
日，https://archive.today/20120716145957/vov.vn/Home/Giao-luu-truc-tuyen-voi-Dai-
ta-Ha-Van-Lau-va-ong-Le-Danh/20069/42212.vov#selection-705.0-705.56。另见马尔
《越南：国家、战争与革命 1945—1946》，第 168 页。

［13］《革命斗争史》，第 82 页。

墓地中的军营：越南的军事化景观

[14] 克里斯托弗·高夏:《越南:一个诞生于战争的国家（1945—1954）》（*Vietnam: Un état né de la guerre 1945–1954*），第 63 页。

[15] 越南人民军通信联络部队（Binh Chủng Th.ng Tin Liên Lạc, Quan Đội Nhan Dan Việt Nam）:《军事通信史，1945—1995》，第 28—29 页。在许多与胡志明相关的名言中，有一句是关于他对现代通信技术的需求:"通信是革命工作中最重要的一项，因为它决定了统一的指挥和力量的分配，从而确保胜利。"笔者译文:"联络是革命工作中最重要的事情，正因为它决定指挥的统一、力量的分配，因而保证胜利。"关于这句话的讨论，参见杜中代（Đỗ Trung Tá）《胡志明主席关于保护通信网络工作的永恒教训》（"Sáng m.i lời dạy của Chủ tịch Hồ Chí Minh đối với c.ng tác đảm bảo th.ng tin liên lạc"），《越报》（*Việt Báo*），2006 年 8 月 14 日，最后访问于 2014 年 11 月 10 日，http://vietbao.vn/Chinh-Tri/Sang-mai-loi-day-cua-Chu-tich-Ho-Chi-Minh-doi-cong-tac-dam-bao-thong-tin-lien-lac/65063156/96/。

[16] 马尔:《越南:国家、战争与革命 1945—1946》，第 168 页。

[17] 阮文华:《承天顺化舆地志:历史部分》，第 339 页;阮秀和朝元:《香水舆地志》，第 340 页。

[18]《革命斗争史》，第 89 页。

[19] 阮文华:《承天顺化舆地志:历史部分》，第 339—342 页。

[20]《革命斗争史》，第 92 页。

[21] 阮文华:《承天顺化舆地志:历史部分》，第 348—349 页。

[22] 关于德·阿根利厄与保大帝的政策，见奥斯卡·查普斯（Oscar Chapuis）《越南末代皇帝:从嗣德帝到保大帝》（*The Last Emperors of Vietnam: From Tu Duc to Bao Dai*），第 146 页。关于该决定的讨论的影响，见《革命斗争史》，第 94—97 页。

[23]《革命斗争史》，第 115 页。

[24] 同上书，第 116 页。笔者译文:"战区是蕴藏多少思念、多少激情之地，是团聚和仁爱之心的地方。这里是人的宝贵的基础存在……那些薄暮时分，富旺和香水的人民站在自己的家乡抬头仰望战区、遥远的丘陵，他们又回想起自己去当民工、运送伤员者、接济者、运输者的时光，回想到来战区的第一天。"

[25] 雄山、黎开:《经过广平广志承天顺化的胡志明小道》，第 67 页。

[26] 关于越南地名传统的一般概述，见历史学家陶维英（Đào Duy Anh）编、范重兆（Phạm Trọng Điềm）译《大南统一志:第一部》（*Đại Nam nhất thống chi: Tập 1*）中的介绍性评论，第 5—12 页。

[27] 阮文华:《承天顺化舆地志:历史部分》，第 349 页。笔者译文:"平趋在乌渗—洮过河与靠在香蕉峒山脚的山林中间。"

[28] 阮文华:《承天顺化舆地志：历史部分》，第 356 页。

[29] 杰拉尔德·希克（Gerald C. Hickey）:《战争之窗：越南冲突中的人类学家》（ *Window on a War: An Anthropologist in the Vietnam Conflict* ），第 71—75 页。

[30] 吴轲（Ngô Kha）主编:《南东县党史（1945—2000）》[*Lịch sử đảng bộ huyện Nam Đong (1945-2000)*]，第 48、54 页。

[31]《革命斗争史》，第 92 页。

[32] 同上书，第 96 页。

[33] Telegram No. 1489，1947 年 4 月 11 日，《杰斐逊·卡弗里大使致国务院》（ Ambassador Jefferson Caffery to Department of State ），Frames 431—432, Reel 3, 载保罗·凯泽斯（Paul Kesaris）编《美国国务院中央机密档案，印度支那内部事务，1945—1949》(*Confidential US State Department Central Files, Indochina Internal Affairs, 1945-1949*)。

[34] 汤尼森:《1946 年的越南：战争是如何开始的》，第 224 页。

[35] 阮文华:《承天顺化舆地志：历史部分》，第 354 页。

[36] File 1035, "Rapport Politique," 1949 年 9 月，THTV, Phủ Thủ Hiến Trung Việt, VNA4。笔者译文:"如果法国军团继续执行其通过土地进行安抚的政策，这种情况可能会在未来的某一天爆发，并使法国与越南之间的问题重现于世。法国方面在基地内的撤退似乎是唯一可能的解决办法。"请注意，从 1949 年 4 月起，越兵团地方部队被合并为一支新的越南国家军队，称为越南卫兵，后来又称为越南国家军队。在顺化市当地，无论是法国人还是越南人，直到 1954 年都继续称这些营为越兵团。

[37] 同上。

[38] 同上。

[39] 埃伦·哈默（Ellen J. Hammer）:《夺取印度支那的斗争》(*The Struggle for Indochina*)，第 246 页。

[40] 关于逆转行动以及随后报告的广泛历史分析，见丹妮尔·多梅格·克洛亚雷克（Danielle Domergue-Cloarec）《逆转行动任务以及报告》("La mission et le rapport revers")，第 97—114 页。

[41] Box 3448, Series 10H, Service Historique de la Défense, Vincennes, France (SHD)。

[42] 在此我要感谢詹姆斯·斯科特，他认为（1945 年前）低地国家在地形和高地人民中遇到了阻力，因此主要在低地地区扩张。他将此称为"地形的摩擦"。见斯科特《逃避被统治的艺术》，第 21 页。在与斯科特的通信中，我们研究了一个相关的问题:国家在洪水或沼泽地带会做什么。在东南亚，特别是越南中部，沿海低地和河口受到了国家资助的密集灌溉和筑堤项目的影响。然而，一

墓地中的军营：越南的军事化景观

些潟湖和沼泽地被证明耗资巨大或难以管理；在我的工作中，我认为这种沼泽地也产生了一种生态和政治"摩擦"，起事者与这些地区的原住民结盟，也建立了抵抗基地。见大卫·比格斯《泥潭：湄公河三角洲的国家建设与自然》。

[43] 笔者译文："自由是我的生命——她也是我的女儿——独立！阿拉伯人：要知道，我们已经对压迫大家的法国发动了圣战。任何想为独立而战的人都知道，他将在独立的旗帜下战斗。听着！在越南的 CONBAN [高平省] 地区，[越盟] 老兵们在短时间内赢得了巨大的胜利。从 1949 年 11 月 1 日到 1949 年 12 月 10 日，他们进行了 9 次行动。法国方面的损失包括 112 人死亡、17 人受伤、63 人被俘。缴获的物资包括 1 门迫击炮、9 挺机枪、7 支冲锋枪、181 支英美步枪、1 台便携式收音机等。我为我的国家和独立而战，而你的国家却被出卖了——你也将失去灵魂。"

[44] 考虑到印度支那战争核心的主权斗争，这些古姆人—柏柏尔族和阿拉伯裔摩洛哥士兵的立场反映了占领区士兵面临的多重矛盾。20 世纪 50 年代初，摩洛哥的政治团体越来越多地呼吁从法国独立。摩洛哥的苏丹有点像越南的保大帝，在倡导独立方面也越来越大胆。在摩洛哥和北非，讲柏柏尔语的人不仅作为法国的殖民地臣民，而且作为历史上的原住民，在一个越来越多阿拉伯—伊斯兰化的国家中穿梭于种族边界。柏柏尔人是最古老的原住民群体之一，就像红河三角洲的越南人的经历一样，他们在几个世纪里与罗马、阿拉伯和法国的帝国扩张作斗争。

[45] 爱德华·宾伯格（Edward L. Bimberg）：《摩洛哥的古姆人：现代战争中的部落战士》（ The Moroccan Goums: Tribal Warriors in a Modern War ）。

[46] 《对南郊以南地区的思考》（ "Reflections sur la Region du Sud de Nam Giao" ），1953 年，Box 3166，Series 10H，SHD。对印度支那的第九塔博尔的更多描述，见贝特朗·贝莱格（Bertrand Bellaigue）《印度支那》（ Indochine ），第 95—100 页。

[47] Box 3166，Series 10H，SHD。

[48] 《对南郊以南地区的思考》，1953 年，Box 3166，Series 10H，SHD。

[49] File TV310，SHD。

[50] 建立这些营地的细节可见 File3378，Series 10H，SHD。

[51] 关于在顺化市周围进行清剿活动的详细信件，见 Boxes 3482、3166，Series 10H，SHD。

[52] 关于包括美国提供直接军事援助和承认 ASV 的决定的主要资料在内的经典研究，见为《五角大楼文件：美国与保大政府的关系》收集的原始材料，1947 年，Folder 11，Box 01，道格拉斯·派克（Douglas Pike）收藏：第 13 单元—越南的早期历史（Unit 13-The Early History of Vietnam），得克萨斯理工大学越南中心和档案馆，访问于 2014 年 12 月 17 日，www.vietnam.ttu.edu/virtualarchive/

items.php item=2410111012.

［53］美国外交史学家马克·阿特伍德·劳伦斯（Mark Atwood Lawrence）和弗雷德里克·罗格瓦尔广泛而富有说服力地论述了美国加入印度支那战争的历史。见马克·阿特伍德·劳伦斯《承担重任：欧洲和美国对越南战争的承诺》（*Assuming the Burden: Europe and the American Commitment to War in Vietnam*），马克·阿特伍德·劳伦斯和弗雷德里克·罗格瓦尔主编《第一次越南战争：殖民冲突和冷战危机》（*The First Vietnam War: Colonial Conflict and Cold War Crisis*），以及罗格瓦尔《战争的余烬》。

［54］具有讽刺意味的是，第一批运往印度支那的美国军事装备中，有一些是美国安全局在 1944 年至 1945 年运送给中国南方胡志明游击队的无线电设备。见本章开篇，以及罗格瓦尔《战争的余烬》，第 284—285 页。

［55］同上书，第 321 页。

［56］罗格瓦尔用了整整一章的篇幅介绍格雷厄姆·格林，以新的方式阐明了在西贡街头间谍、外交官、将军和记者相互关联的世界。见罗格瓦尔《战争的余烬》，第 293—310 页。伯纳德·法尔曾是法国抵抗组织的一名游击队员，也是被纳粹杀害的维也纳犹太人的孩子，1951 年通过富布赖特奖学金来到美国，一年后开始研究印度支那冲突。见罗格瓦尔《战争的余烬》，第 358—359 页。他讲述了 1953 年法国为清除顺化 1 号公路以北地区的一次大规模但基本不成功的攻势，于是他将法国的战败报道为——《没有欢乐的街道》。见格雷厄姆·格林《安静的美国人》。另见伯纳德·法尔《没有欢乐的街道》。

［57］《杜兰特基地的理论依据》（Tourane Base Justifications），1953 年 3 月，Series 10H3388，SHD。

［58］《印度支那战争 1945—1956，一个跨学科的工具》（The Indochina War, 1945-1956, An Interdisciplinary Tool），最后访问于 2017 年 9 月 2 日，http://indochine.uqam.ca/en/historical-dictionary/288-civil-air-transport-cat.html。

［59］1952 年 2 月，Commandement des Forces Terrestres du Centre Vietnam, "Directive Particulière à la Zone Nord," Box 3248, Series 10H, SHD。

［60］1953 年 10 月，《中队队长邦尼弗斯给少将先生的信》（Le Chef des Escadrons Bonnefous à Monsieur le Général de Division），Box 3248, Series 10H, SHD。

［61］法尔：《没有欢乐的街道》，第 171 页。

［62］同上书，第 170 页。

第四章

废　墟

1954 年 7 月 21 日签署的《日内瓦协议》平息了大部分战事。夏日缓逝，战斗人员和管理机构重新集结，放弃了他们九年来在战斗中建立的要塞和战区。越盟部队从越南中部向北转移，而法国军队和诸如越兵团的越南国民军则向南转移。这一过程持续了近 300 天，民众和外国观察员得以第一次看到长期隐藏在战线之后的地区。撤离的法国军队在城市的驻地留下了大量废旧武器。大多数外国人关注的是日内瓦会议后大城市的转变，如河内、海防、岘港和西贡，很少有人去过顺化或越南中部和南部的农村地区。

尽管顺化和中部海岸毗邻新边界以及北纬 17 度以南的非军事区，还是从民族主义舞台的中央退了下来，而河内和西贡的街头则充斥着各种抗议和游行活动。在中部海岸，《日内瓦协议》产生了一种模糊的过渡状态，其特点是刚刚退伍的外国士兵和越南士兵可以不受限制地流动，却未被批准返回家园。法属非洲士兵成群结队地在原先越盟占领的山坡上扎营，而非共产党的越南民兵则相互争夺低地村庄的控制权。从停火的第一年到 1955 年 7 月，西贡政府仍在岘港急速扩建港口、机场和军事设施，但来自 美国的军事援助物资只有少部分能被运抵顺化和富牌的机场。有一种观点认为，越南中部连同其古老的三角洲村庄和动荡的丘陵如今可能会成为一个非共产主义地区，但当地的实际情形并非如此。

在《日内瓦协议》之前，越盟的战区政府称其对中部海岸和内陆丘陵等大片土地拥有无可争议的权力。这些地区偶尔会受到法国的轰炸和伞兵行动的影响，但自1947年以来，越盟组织在培养新公民、新士兵以及发展新公社方面的工作基本没有受到阻碍。他们作为第一个建设越南国家的实体，将中部海岸的大片山区纳入其由小道、秘密后勤中心和无线电发射器组成的国家网络中。美国顾问在1954年制作的一幅"越盟在印度支那的形势"地图显示了这些网络的范围。

与印度支那战争中越南北部的一些关键战区不同，越南中部的大部分土地几乎没有受到破坏，直到战争结束以后，成千上万的士兵又在北部和南部重新集结。讽刺的是，给许多高地带来生态破坏的是和平，而不是战争。为期300多天的重新部署意味着越盟疏散后，大片丘陵地带和山区没有一个替代政府来治理。这一时期的党史描述了停火前越盟防线后方的生活相对有序，也有雄心勃勃的土地改革、征兵和扫除文盲计划。[1]越盟军队和党的领导人迁往非军事区以北，这在战区内产生了政治真空，几乎毁掉了九年以来社会主义国家建设的成果。

不论是越南国内还是国外的历史学家，他们的许多作品都研究了胡志明和北方的共产主义领导人从事"社会主义国家建设"的热情，而南方的吴庭艳和美国盟军则建立了越南共和国。[2]然而，在实行这些紧急建设计划的首都地区之外，边缘地区的生活则更显混乱和割裂。在顺化，充满敌意的民兵与新国家军队发生了冲突。吴庭艳的弟弟吴庭瑾（Ngô Đình Cẩn）建立了一支秘密警察队伍和一个商业利益网络，直到1963年都强烈地影响着当地的政治和经济。吴庭瑈在没有担任任何官方职务的情况下就做到了这一切。他在越兵团以及天主教徒和当地商人群体中组建了一个秘密的初级官员网，通过勤劳党（Cần Lao Party）支持兄长吴庭艳和吴庭瑾的工作，他的间谍和警察网络以非正式的特别工作处（Special Works Division）的名义开展行动，追捕所谓的共产主义特工和任何可能与吴氏家族敌对的人。[3] 1959年，美国积极参与顺化地区的军事建设和训练，但这并未对吴庭瑈产生政治影响。

图 4.1　九座地堡

九座地堡纪念碑的工作人员正在打开八号地堡的大门，这个地堡有20个牢房，1956年至1963年期间，这里被专门用来拷问共产党员。照片由笔者拍摄，2015年7月。

第四章　废墟

如今，在顺化市，吴庭瑾留下的最为人所知的印迹，是南郊周边丘陵上的一个特殊监狱和审讯中心，此处曾由他的特警管理。九座地堡（Chín Hầm）现在是国家历史遗址，也是对 100 多位曾被警察带走并在那里遭受酷刑之人的纪念地。[4]作为一个记录了吴庭瑾所有"敌人"的苦难的地方，九座地堡提供了一个有利的视角，用以探索多年战斗和几十年殖民占领留下的军事和帝国"废墟"景观如何影响了 1954 年后的私刑和杀戮。正如人类学家安·斯托勒（Ann Stoler）和其他人所认同的，"废墟"一词代表了一个"特殊的反思场所"。[5]当然，在今天，由于此地的各个牢房都作为美国—吴庭艳时代（1954—1963 年）残暴行为的历史提醒物被保留下来，这些遗迹服务于一种高度构建的、以国家为中心的深刻反思之举。然而还不太清楚的是，1956 年法国军队撤离后产生的新废墟，如何造就了一个在共产主义和非共产主义作品中都被描述为怪物的人。

　　吴庭瑾组建了一个秘密警察网络，在（越盟）撤离后的战区遗迹上迅速建立了秘密据点和前哨。在越盟和法国士兵撤离以及北方难民和美国援助人员在混乱中到来后，此处的一切活动都是他和他的支持者进行的。日内瓦会议授权的撤离、法国军队的突然缩编以及美国设备与武器的涌入，为吴庭瑾的崛起提供了空间和机会。

　　要了解他为什么选择通过一个特殊的警察网而不是军事或政府官方渠道展开活动，人们必须了解越南指挥官与法军或美军结盟的程度。吴庭瑾刻意选择穿上传统官吏的奥黛（áo dài）长袍并拒绝与美国官员一起出现在公众面前，这表明他试图精心打

墓地中的军营：越南的军事化景观

造一个与殖民时期、社会主义网络或不断扩建的美国军事基础设施没有任何牵连的身份。不论是在物质层面还是法律层面，吴庭瑾与许多越南人一样，都在这场旷日持久的反殖民战争中勉强度日。虽然党内认可的吴庭瑾传记也指出其在抵抗运动中犯下诸多罪行，但在某种程度上，人们甚至可以感觉到党内作者对其流露出的尊重，因为他的特别工作处建立了一个强大的安全体系，独立于那些在吴庭瑾看来追随法国殖民者或屈从于美国军事顾问的人。正如一位美国领事在1961年对吴庭瑾的回忆中所说的那样，这种本土的"影子政府"在顺化的迅速扩张，在许多方面都是越南人的一种回应：他们共同抵制殖民主义和冷战破坏的遗产。[6]

撤离中间地带

8月，在《日内瓦协议》达成后的几周内，第四联区的越盟政府致力于将部队、政治官员、档案和设备从北纬17度以南的战区转移到北部地带。《日内瓦协议》将第四联区分割成两半，清化、义安、河静和广平（Quảng Bình）省的社区接收了成千上万从非军事区南部迁来的人。从1954年8月开始，该省的党内领导人聚集在和美进行最后的告别，监督人员和办公地点向北方迁移。从8月17日至19日，近三千名党干部、战士和平民离开了顺化，开始向北跋涉迁徙。8月20日，在广治又有两千人加入北上迁移的队伍中。到了10月，中间地带北部已经接收了超过2.6万名从广治和顺化撤离过来的人。[7]

这种有序的撤离，掩盖了党内官员和当地支持者眼中越盟政府、通信和安全所遭受的毁灭性破坏。第四联区的新领导人在完成人员和办公点的转移后，向选择留下的党员发表了以下讲话："继续解决问题，同意［日内瓦协议］的规定，遵循中央委员会的使命和新方式，改正错误，克服缺点。各级工作人员要看到广治—承天顺化两省和南方的［新］形势……基层党组织要做好保密工作，保持与群众的密切联系。重组党的细胞、选择新党员的工作必须有选择地逐步进行，避免对党的工作造成任何冲击。还需要定期对干部进行再培训，以稳固地方组织。"[8] 实际上，这些话只能起到安抚人心的作用。北迁的上级领导完全没有意识到新南方政府将给"当地越共"控制区带来的暴力。一份关于南东战区的党史报告称，在撤走该省大部分工作人员后，剩余的党员回到了低地，他们通常会在吴庭艳政府的"控共，灭共"（tố cộng, diệt cộng）运动中被监禁或杀害。许多干部留在山上，依靠高地组织的同志帮助，在顺化市及其周边地区的反共清洗中幸存下来。[9]

　　在越盟军队离开后的几个月，一队队法属非洲士兵进入了被遗弃的战区。全副武装的塞内加尔和摩洛哥士兵（包括古米耶）在荒废的原越盟地区扎营，并向南越官员宣称他们打算留在此地。一份该省警察局长的备忘录指出，摩洛哥士兵对当地人群一般都很友好，没有暴力倾向。有一队人马在南东前战区的一处瀑布附近安营扎寨。当地人来此处拾捡薪柴时，部队士兵还会给他们面包。警察局长还指出，一架法国军用飞机定期空投食品和物资，这表明法国将继续对该行动提供军事支持。[10]

　　　　　　　　　　　　墓地中的军营：越南的军事化景观

法国士兵上山扩张造成的后果不仅仅有政治方面的，还有生态的。在没有任何明确的政府授权的情况下，外国军队和无地的原住民试图为他们的营地或营生获取一切可以利用的东西。和平时期的他们可以自由地砍伐森林而不必担心受到攻击。顺化市的一位新任林业局局长试图抵制这种破坏行为。阮友订（Nguyễn Hữu Đính）写道，长达九年的战争本就给该地区的森林造成了沉重的打击，然而 1954 年 8 月之后，对松树的破坏"像风暴一样疾增"。据他估计，在停火后的九个月里，超过 100 万棵松树被砍伐。[11] 阮友订和他的同事们恳求法国军事指挥官阻止这种破坏森林的行为，因为它与城市中的抢劫相差无几。[12]

占领区的混乱局面

对于 1 号公路沿线的村庄来说，人们对《日内瓦协议》签署后几个月的社会和物质影响知之甚少。越南国和法国的军事档案提及了在香水县和夜黎等地的混乱和暴力事件。在 1 号公路沿线的村庄，南越军队与一系列亲法政党相关的组织和准军事警察利用停战间隙来追踪和拘留共产党员。与吴庭瑾由个人党派成员和特警组成的影子政府相类似，这些准军事警察并不完全属于省或国家。

其中，驻扎在顺化附近的最大的部队之一是保政团（Bảo Chính Đoàn）。这支准军事部队主要由北方人组成，它从红河三角洲迁移到了非军事区的南部。它得到了皇室成员以及大越党

（Đảng Đại Việt）中许多亲法越南人的支持。1954 年 9 月，在顺化，一支羽翼渐丰的国家军队与保政团和越兵团共同掌权，这两个独立的准军事团体在许多低地村庄争夺控制权。由于渴望为自己打造一个新的空间，保政团也在积极地追捕所谓的共产党员。

109　　　　在一起与保政团有关的暴力事件中，日内瓦会议后的承天顺化省省长在顺化给越南中央代表写信——这是法国人设立的另一个临时政府职位，谈及两名据称是共产党员的人在清水上村被保政团的特警抓获。保政团的两个小队在检查站拦截了两个没有合法身份证件的人。当他们实行逮捕时，这两个人向同村的村民呼救。瞬息之间，300 多名村民包围了保政团的小队，用竹钉威胁他们放走这两个同胞。特警小队随即通过无线电向位于夜黎的越南国民军哨所请求支援，一个连队的士兵很快赶到。他们将 21 名村民和两名被拘留者拖到了县监狱。[13]

　　　在这些因大规模迁移和大量剩余武器供应而开辟的新空间里，亲法的越南人与仇法的越南人之间也爆发了激烈的地方性冲突，他们在法国的破坏性军事行动和越盟的军事压力之间进退两难。新成立的越南国民军自上而下出现了分裂，军官们相互竞争，有时还挑战南越的领导人。1954 年 8 月，从吴庭艳担任南越首相的第一天起，他和他的弟弟吴庭琇就建立了反法的天主教盟友网络，以挑战亲法的国民军司令阮文馨（Nguyễn Văn Hinh）。在西贡，美国外交官和间谍负责协助吴庭艳，德怀特·D. 艾森豪威尔总统承诺，一旦国民军与法国顾问断绝关系，美国将颁布"紧急方案"直接支援国民军。[14] 特别是在吴氏家族的家乡顺化附近，由吴庭瑾领导的亲吴庭艳势力网在努力地笼络准军事部队中的大量低级军官，甚至还在历史悠久的村庄关系网中展开基层工作。

　　1954 年 8 月，来自顺化地区的法国军事情报以震惊的口吻报告了这些"反法活动"。其中一份日期为 1954 年 8 月 3 日的报告描述了这类运动在地方的开展情况。一位名为孝（Hiếu）的中士陪同两名来自富牌机场哨所的国民警卫队士兵到符牌村的吴草（Ngô Thảo）先生家中开会。这位中士是情报部门的线人，他报告说，所有与会人员都是天主教徒。他认为吴草所述的全部内容都值得分析，可以显示出目前反法人士正在考虑的军事选择的极端范围以及反共阵营内部的深刻分歧。他说：

　　　　吴庭艳不久后将前往美国，要求美国对法国人和越盟　　110
　　进行武装干预。如果吴庭艳让法国人在越南分一杯羹，那是
　　因为他希望美国能用原子弹轰炸越盟地区来回应。越南分裂
　　后，法国看起来就像一个妓女，为了钱可以委身于所有人，
　　哪怕是麻风病人。这是一个奸诈的敌人，我们必须抢在我们
　　的越盟同胞之前与其战斗。爱国的天主教徒们，我们的责任
　　就是要实现所有反法宣传。宣传时必须强调法国在日内瓦会
　　议后就已丧失威信。[15]

　　当外交官和国家元首在西贡、巴黎以及华盛顿进行谈判时，类似的言论在越南各地的家庭、驻军和学校中愈演愈烈。人们普遍认为《日内瓦协议》已经有效地结束了法国在越南的介入。但与此相反，这些斗争揭示了即使在同一个军事组织内，越南军队和法国军队之间仍存有深深的敌意。就在符牌的事件发生之后的

几天，另一个法国军方线人报告说，越南中部地区的反法势力袭击了位于夜黎1号公路边的陆军哨所。他们劫持了28名越南士兵作为人质，其中只有2人逃出。更重要的是，反法派带走了17支冲锋枪、14支步枪、2箱手榴弹和一些其他装备。[16]

从某些方面来看，根据《日内瓦协议》（第2条），法军在南部的基地和营地重新集结的时间足足有300天，这就造成了长期持续的混乱。在顺化基地周围，这意味着直到1955年5月，来自欧洲的法国指挥官和法属非洲部队一直控制着关键港口和机场。在此期间，富牌机场仍然是法国军事指挥官关注的焦点，而且，与越南工人和军队偶尔发生的冲突事件突显出日内瓦会议后当地生活面临的前所未有的压力。

随着越来越多的美国人和军事人员乘飞机来到顺化，富牌机场也成为当地人直接向美国人鸣不平的舞台。此类事件最早发生在1954年9月。一架美国飞机降落后，200多名工人在停机坪上包围了刚下飞机的代表团。1954年7月后，法国军方停止支付他们的工资。工人们已经两个月没有拿到工资了，所以他们向新的外国顾问抗议，要求支付工资。法国军警担心美国人的安全，于是向人群发射了催泪瓦斯，致使两名妇女严重受伤。对这次涉及美国高级官员、法国军队和越南工人的"政治敏感"事件的调查，将此事归咎于把美国机场服务资金从西贡转移到顺化的新渠道的建设被延误了。实际上，美国在1954年以前就已经间接地支付了机场服务费，它汇款给法国军事委员会，而法国军事委员会又汇款给越南人。[17]

除了为法国曾经控制的军事设施寻找新的支付和运营方式

墓地中的军营：越南的军事化景观

外，南越政府开始了艰难而必要的工作，即在试图建立新的军事基础设施的同时挖掘军事物资。法国军队在撤离时，匆忙地掩埋了藏匿的机器、弹药和武器。有时他们把武器扔进河里，有时他们又会用泥土掩盖掩体。顺化市的越南官员记录下了在法国军队撤离后发现的几十个藏匿点，而顺化周围的山上到处都是。一份日期为1955年5月25日的报告列出了在其中发现的一个细节：在堆积如山的废品里都是美国制造的制动器、散热器、通用公司的卡车零件和报废的吉普车。[18]越南的警察和军队急于维持弹药和武器的库存，却惊恐地发现武器被系统性销毁。一份日期为1955年3月9日的报告描述了满载弹药的法国驳船离开顺安海岸的情景，要么抢救出这些弹药，要么把是它们扔到近海。法国军队沿着1号公路将重炮、步枪、卡宾枪和手枪运往河边倾倒。只要有可能，越南警察和部队就会拦截他们，回收这些美制武器。[19]

对南越来说，抢救法国的军事废弃物品至关重要，因为《日内瓦协议》限制了新的武器采购。其次，无人管理的藏匿点意味着敌对团体或越盟组织也可能会回收这些武器。最后，这些军事废品也给吴庭艳政府的美国顾问带来了挑战，因为大部分废弃设备都来自美国，是通过互助计划借给或送给法国的物资。

美国的援助和全球领空

除了改造南越的军队，美国的援助也在将越南的地形景观与全球航空网络相连这一方面发挥深远的作用。1947年，法国军队从海上返回越南并重新占领了城市据点和港口，而美国人则抵达机场，将其作为越南国家建设的关键节点。美国人对空域的空前重视，很大程度上归因于二战期间飞机制造业的蓬勃发展，尤其是 C-47"空中火车"（Skytrain）运输机，这是 DC-3 客运机的军用版（图 4.2）。作为一种运输军队、炸弹和货物的飞机，C-47 在美军的诺曼底登陆行动中将伞兵空投到德国防线的后面，发挥了关键作用。道格拉斯飞机公司（Douglas Aircraft）在南加州的庞大工厂生产了数千架飞机，英国、苏联和战后日本的类似工厂也是如此。[20] 1945 年后，美国军方开始出售飞机，这些飞机受

图 4.2　DC-3/C-47 飞机投在稻田上的阴影

资料来源：File 10H3254，Service Historique de la Défense，法国空军影像档案。

到韩国等受美国支持的国家，以及陈纳德民航公司这样的亲中国国民党的私人单位的欢迎。飞机成为从柏林空运事件到印度支那战争的早期冷战的一个标志。

《日内瓦协议》签署后，DC-3飞机为南越的航空公司——越南航空公司（Air Vietnam）服务，而军事化的C-47飞机则参与南越空军的组建。1956年，更多DC-3和C-47飞机的引入，使许多人可以乘飞机在国内旅行，也可以前往海外的马尼拉、东京、曼谷和美国等地。在1948年至1949年的空运中，从柏林到亚洲各地城市和山区机场的飞机成为美国提供全球援助的象征。它们因为着陆速度低，能够在较短的跑道上着陆，尤其C-47因为是全金属结构，还可以在泥地上着陆。它们提供了一个运行良好的空中平台，将中央高地偏僻的简易机场与西贡，以及由东南亚和日本的附属机场连接成一个区域网络。越南基地和军事组织被纳入这个军事航空经济的空中网络里，还被纳入一个由美国指导的，由在菲律宾和日本的重要空中物资领域工作的海外承包商、技术专家和军事后勤管理人员组成的网络中。鉴于越南"境内"军事人员受到严格管制，美国于是依靠这个域外太平洋网络来提供培训以及维修受损设备。[21]

在越南当地，根据《日内瓦协议》的规定，美国顾问团只能有几百名工作人员，但通过与全球军事后勤网络的联系，他们管理着越南军事物资进出口带来的前所未有的物流。在1954年后的头几年里，由于对法国和越南的承诺，行动变得复杂。1950年后，美国向印度支那的法国军队提供了飞机和设备，到1953年，诸如飞机机械师等美国军事人员已经深度参与到法国在岘港和西贡基地的军事行动。《日内瓦协议》签署之后，美国对越南的军事援助分为两个项目，一个是针对法国旧项目的印度支那军事援助顾问团 (MAAG-Indochina)，另一个是新成立的驻越南军事援助顾问团（MAAG-Vietnam）。[22] 在 1955 年至 1956 年，印度支那军援顾问团为法国军队及其装备的撤离提供便利，而驻越军援顾问团则协助南越军队处理废弃的法国装备和残余的飞机。由于《日内瓦协议》对军事集结有严格限制，驻越军援顾问团不得不抢修现有的设备，以免受到来自 1954 年停火后派出的国际观察员的批评。[23] 这种同时进出口军事物资的做法大幅增加了岘港和西贡码头的工作负荷。仅 1956 年 9 月这一个月内，军援顾问团的工作人员就签下了价值 2.3 亿美元的物资——卡车、弹药和飞机，这些物资随法国军队从码头运出。同月，他们掌管了南越空军的 25 架 C-47 飞机，以及 700 辆卡车和几千吨弹药的翻修和进口。在这些设备进入岘港港口的同时，超过 1.4 万辆废旧车辆还在等待出口检修。[24]

114

虽然驻越军援顾问团和技术设备修复团（TERM）在顺化的工作人员从未超过十几个人，然而在 1955 年至 1956 年，他们在指导南越军一个整编师的修整和富牌周围的设施扩建方面发挥了关键作用。他们让南越军利用到由军事基地、供应站和维修设施组成的全球性军事基础设施。比较 1952 年和 1963 年的航空照片，可以看出美国人支持富牌周围这种建设的程度（图 4.3）。虽然富牌相比岘港来说很小，但 1963 年时它已经有了无线电发射塔、喷气式飞机降落跑道、一个陆军基地、几个难民营、一个军事行政大院和新的弹药掩体。像富牌这样的机场成为美国空中经济的

115

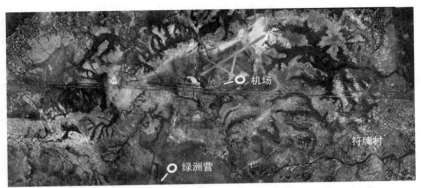

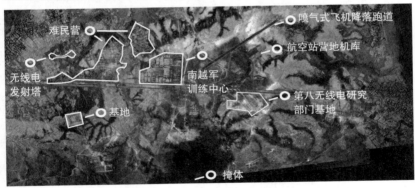

图 4.3　富牌周边 1952 年和 1963 年的航空照片对比

资料来源：File TV279-ELA54-1952 年 6 月 4 日，法国空军影像档案；Mission F4634A，ON#69708，RG 373，美国国家档案与记录管理局，马里兰州大学园区分馆。数字化、地理信息和注释由笔者绘制。

枢纽。更长的跑道、现代化的控制塔、气象站、高强度的灯光、可视化的全向射程、机库和掩体引导着交通。

　　除了使碱土沙丘和光秃秃的山头迅速城市化之外，美国人对富牌的关注为越南官员提供了一个机会，即将军事人员和几十年来殖民主义军事占领的遗迹从城市内部，特别是从南郊转移出来。该地区的一名越南顾问利用美国人的建设，将南越军的部队赶出了该市。他指出，自 1947 年以来，法国军官和古米耶一直在南郊的皇家遗址和墓群中扎营。他希望通过撤销军事哨所，向公众重新开放一处"国家文化和宗教的历史遗迹"。他向驻越军援顾问团请求清除顺化市内埋在地下的炮弹堆，并要求他的军队同胞搬去富牌。[25]

法国的影子政府和越盟遗迹

　　如果说 DC-3 飞机是美国空中影响力的象征，那么"九座地堡"则是吴庭瑾统治中部海岸城市和乡村的象征。他并没有在南越担任任何官方职务，但在《日内瓦协议》签署后，他迅速组建了一个反法网络，其中的反法人士大多是当地企业和警察里的天主教徒，他们利用家族政党建立了一个地区性帝国。[26]吴庭瑾利用政党这一组织将军事和民事的各级领导人联合起来。他能通过勤劳党调配忠诚者，提拔亲信，对付异己。[27]他在本省警察中成立了一个特案小组，并宣称南郊附近御西山（Ngữ Tây）上的废弃地堡是进行法外审讯和酷刑的场所。他与母亲，曾经是保姆的敛太太（Mụ Luyến）住在附近，有人认为敛太太是他的情妇，是"越南中部顾问的第一夫人"。[28]自 20 世纪 40 年代中期被废弃以来，这个地堡就成为一个恐怖空间。它不仅关押着共产党员，而且还关押着勤劳党所有的"敌人"。吴庭瑾的特警围捕了"法国间谍"、莫林酒店的经理，还在 1963 年一系列抗议活动后逮捕了佛教神职人员和学生。[29]当顺化的传言还只是聚焦废弃的地堡时，吴庭瑾的势力网络在 1956 年时就已经远远超出了顺化市的范围，延伸到了岘港和沿海地区的大部分地区。在顺化市，他将九座地堡与美国情报监管员担心的"敢死队"结合起来，有针对性地暗杀可疑的共产党员和政治对手。[30]吴庭瑾不同于他在西贡的哥哥吴庭琰，他坚持将特警部队与中央情报局的特工分开。美国驻顺化市领事馆中的美国人在很大程度上仍然与勤劳党的网络处于隔绝状态。

在夜黎和符牌这样的村庄，勤劳党坚持认为村委会和警察局的所有人都是他们的成员，因此必须在顺化参加定期培训，以加强他们对勤劳党的支持。人类学家詹姆斯·特鲁林格根据他在 1975 年对居民的采访，更加详细地描述了这个新组织是如何胁迫当地人参与的。除了宣誓效忠勤劳党，当时在职的村委会成员还时常滥用职权，如出租公有土地以收受贿赂。不管他们是否支持勤劳党，村民们只知道，为了租用土地或获得"公共"医疗服务，他们需要填补村委会的腰包。这些村委会成员反过来又将这些贿赂的一部分上交给县里和省里的勤劳党官员，以获得收取贿赂的"特权"。村委会成员还被要求通过胁迫或塞票来确保该党在票选中的成功。[31]然而，对那些有十几岁孩子的家庭来说，最具有威胁性的，是要求所有村里的青年加入该党的共和国青年团（Republican Youth），这是一个直接仿照希特勒青年团的组织，有类似的棕色衬衫和军国主义性质的集会。那些不参加集会或不协助当地军队的孩子被认为是反政府的，更糟糕的情况是被当作"当地的越南共产主义者"。[32]

这种金字塔式的腐败结构，致使私人敛财，资金沿着指挥系统向上流动，却极少将利益返还到村中。1956年，夜黎的村委会成员在试图从地区军事指挥官手中夺回村里学校的主导权时意识到了这一点。虽然村里的学校承诺为所有人提供教育，但只有最富有的村民才有能力送孩子去顺化上学。1945年八月革命后，村民们自己出资建造了这所学校，学校从1945年8月开始运营，直到1947年2月，法国士兵入侵并占领了学校的场地，把它变成了一个军事驻地。1954年7月后，南越军继续占领学校场地，使学校倒闭。

村委会——所有忠诚的勤劳党成员——首先询问了当地的军事指挥官，然后在1956年直接写信给吴庭艳总统。他们解释了自己的困境，并要求总统将军队迁至富牌附近的公路上。那年夏秋两季，在村委会、省长、越南中部地区代表和教育部之间多次交流意见后，所有人都同意应该归还学校的场地。但没有一个部门自愿为重建学校或建立新的军事哨所出资。最后省长提出，如果村子里的人希望重新拥有一所学校，就必须拿出资金来修建新的军事哨所。[33] 一些本地的勤劳党游击队员甚至连最基本的国家建设好处都没能带给村里，这也就突显了在军事基地和某些特权群体之外的发展或援助受到严格的限制。

墓地中的军营：越南的军事化景观

除了在低地村庄建立政治网络外，勤劳党还把他们的影响力推向山头，直接在两个最大的越盟战区（和美和南东）的山区建立难民定居点。如果严格地从地形角度来看，将发展的重点放在这些废弃之地是有道理的，因为这些地方都是交通要冲，位于连接低地和主要高地山谷的交通走廊上。然而，从一个更具象征意义的角度来看，这两个处于社会及后勤网络中的关键节点的前战区，是越盟在高地族群的协助下建立的。和美与南东不仅仅是防御性堡垒，它们还是"革命的摇篮"（cái nôi của cách mạng）。它们是许多高地人识字（越南语）、入党、参与防御和管理战区的中心。

　　因此，勤劳党的特警将这两个高地门户视为他们恐怖统治下的特殊目标。他们调配该省分配到的美式推土机、修路设备和难民安置金来将这些地方夷为平地，然后在这两个地方重新安置来自北方的难民，后者大多是来自红河三角洲的越南天主教徒。定居化和中产阶级化项目的联合，在各地都产生了难民定居点的表象，然而特警和军队却仍然在这些地方追捕剩余的共产主义者。他们在低地实施暴力策略，低地村庄的前越盟政治干部所剩无几，而几百名越族人和高地居民只能躲藏在山中。当地党史将这一时刻描述为其历史上的至暗时刻之一。在签署《日内瓦协议》时，承天顺化省大约有 23400 名党员，到 1958 年，人数已经减少到区区几百。[34]

　　虽然承天顺化省政府将这些定居点作为全国性农业发展中心的样板，但参观过这两个地方的美国人都对此深表怀疑。在南部高地和湄公河三角洲，美国行动特派团（US Operations Mission）

为了支持政府的难民计划，为成千上万的人建造新的定居点。然而在中部海岸，由于受到吴庭瑾的排挤，美国人很少能触及这些项目，并认为它们只是勤劳党巩固统治的薄弱幌子。1959年，美国驻顺化领事约翰·希夫纳（John Heavner）参观了这两个地方，因为它们是用美国的设备和资金建造的。在和美，他注意到，吴庭瑾的追随者将援助资金投入一个为造纸工业种植洋麻的勤劳党产业。美国提供了粮食和设备援助给定居工人，但利润则直接落入效忠于勤劳党的人。在南东，他注意到类似的军事和民间援助的混合。推土机清理了废墟，以便修建新的军事哨所，而定居者则靠卡车运来的粮食援助生存。[35]

特别是在南东，这种新的发展浪潮在生态和社会方面都与早期的越盟定居点有很大不同。在生态方面，新的定居点强调要在一直以来的刀耕火种系统中发展密集型农业。此外，人们还从顺化开始修建了一条全天候运行的公路，开放山谷中的森林坡地并砍伐，这引发了泥石流。过去，越南人都是通过小道前往南东，而新路却带来了半吨重的通用公司卡车、推土机和装甲车。平板拖车运来物资，路边渐渐形成了一个小镇，里面有军营、学校、医务室、邮局和政府办公室（图4.4）。然而，一旦难民们抵达他们在新砾石路上匆忙建造的一排排房屋，他们就会努力利用稀薄的表土发展农业。不过他们仍然依赖援助。南越有一份关于南东难民定居点的摘要，列举了各种扩大稻田和种植工业作物的计划。但这些计划都没有奏效，被匆忙安置的北方人临时社区仍然依赖援助物资以及河对岸的南越军哨所的保护。[36]

南东的这种新发展模式是建立一个类似于郊区城镇的村庄，

119

　　　　　　墓地中的军营：越南的军事化景观

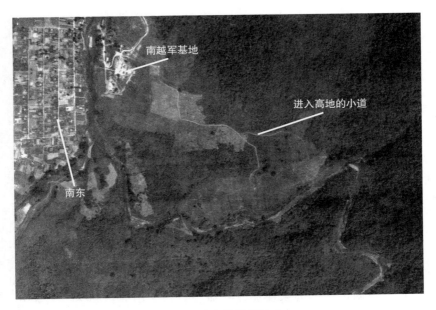

图 4.4 南东难民定居点

资料来源：Mission J7321，ON#94794，RG 373，美国国家档案与记录管理局，马里兰州大学园区分馆。注释由笔者标注。

街道呈网格状，附近有一个基地，周围有警卫塔和围栏，这与之前的越盟社区形成了一种彻底的社会差异。南越政府，特别是吴庭艳总统，坚持认为在高地上建立"定居"的农业社区，是一种疏远几个世纪以来一直在那里耕作的戈都人的举措。[37] 许多南越政府官员仍将戈都人视为"野蛮人"，并在低地定居者和戈都人之间制造隔阂。该定居点原以少数民族军队的哨所为特色，专为越南少数民族开发，巩固了戈都人对共产党的支持。相比南越政府，越盟一直鼓励刀耕火种，一方面是为了生存，另一方面是

120

为了保留戈都人的有力支持。由于缺乏道路和外国援助，他们需要靠戈都人的作物如木薯而生存。1953年，党的领导人黎笋（Lê Duẩn）访问此地时，敦促戈都族的同志们"把丘陵荒野变成烧垦园"。[38]

事实证明，即使在南越军队的入侵期间，越盟与戈都人建立的关系也充满了韧性。美国人类学家杰拉尔德·希基（Gerald Hickey）注意到戈都人的遭遇，并公开谈及南越军队对高地族群的深度疏远，却引来了吴庭艳政府的攻击。希基在1957年访问南东南部几条山脊上的一个定居点时，亲身感受到了这种紧张关系。他与一名戈都商人和一名美国传教士一起，从岘港逆流而上。到达戈都村后，他遇到了身穿缠腰布的人，后者的长发上装饰着野猪的獠牙。在村子里，他们在一个房间里会见了一位村长，房间里装饰着当地人在"血腥狩猎"中使用的矛。当希基一行试图向村长捐赠美国医疗用品和大米时，村长的拒绝让他们惊讶，村长解释说："'越盟'不会喜欢的。"他的儿子在1954年"北上"，说："如果我们从[西方人]那里拿食物，越盟会很生气。"[39]越盟和戈都人之间的关系是维持高地小道的关键。

高地的再军事化

南东的难民定居点标志着美国支持的新军事斗争在高地拉开序幕。这个类似于基地的定居点，由栅栏和一个南越军哨所组成了三角形区域，成为在周边山地发动突袭的中心。1958年至1959

　　　　　　　　墓地中的军营：越南的军事化景观

年，吴氏家族和勤劳党在南越各地加强了警察的"扫荡"（càn quét），而九座地堡中的腐败和酷刑的故事也随即在顺化的街头散播开来。这个位于公路尽头的定居点，在政治和生态的分界线上岌岌可危，政府控制的土地范围止于陡峭的山坡，而森林重归于越共的影响之下。

军事扫荡和坚持让高地人定居的发展运动相结合，引发了共产党指挥下的新一波军事回应。在逃入山区的共产党人与戈都首领的组织下，本土自卫队开始反击。[40] 党的干部在离南东四公里的地方建立了一个新的总部，并开始了他们自己的"锄奸"（trừ gian）运动，干扰和暗杀参与扫荡的南越官员。一份南东地区的党史指出，1957年党组建了一支自卫队，成员包括在低地躲过扫荡的低地干部、戈都青年和一些从北方回来的人。他们重建武器库，并对青年进行了游击战训练，将自卫队组成排级规模的小组。他们还加倍努力，将山脊上的小道扩展到老挝和北越。[41]

这些地方小道的清理行动是出于军事需要而进行的，而自卫队很快就向河内的黎笋等领导人证明，越共应将小道的作用发挥到新的战争中。小道延伸贯穿了老挝，一直抵达南越的边界之外，使新的武器得以运送，那些1954年北上的老军官也可沿路返回。在吴庭瑾的恐怖统治期间，警察与准军事部队摧毁了低地和丘陵的大部分地下网络，但高地上最偏远的小道仍然有部分存留了下来。1956年，广治—承天委员会（第四联区委员会的一个分支）开始在老挝修建新路的一个路段。随着吴庭瑾的推土机将定居点、基地和全天候通行道路扩展到南东以及更偏远的阿绍山谷，老挝小道对于维持从河内到南方部分地区的联系来说变得至关重要。到 1958 年，当黎笋在河内向党的领导人宣传他的"通往南方之路"的战略时，每晚都有几十人经过休息站。承天顺化省外的小道有八个休息站，每个休息站之间相隔一天的路程。每个休息站都由一名越南干部和九名本土的高地青年进行管理。戈都人、巴柯人（Pako）和其他社群为这些休息站提供茎块类果实、木薯和刀耕火种产出的旱稻。[42]

针对南越军队官员的暗杀行动以及有关士兵从北方返回的传言，在西贡引起了更多的镇压和暴力回应。1959 年 5 月，吴庭艳颁布了严厉的第 10/59 号法令，授权给南越军军官组成的法庭来审判可疑的共产党员，判处死刑并立即执行。这些军事法庭成为巡回的死刑法庭，有些法庭甚至带着便携式断头台四处游走。县一级的地方军事指挥官可以拘留任何人，判定嫌疑人是否犯叛国罪，然后判决且不得上诉。[43] 除了引发北方立即作出回应以帮助他们的南方兄弟之外，这种不愿维系任何表面正当程序的做法还导致了学生和佛教团体的大规模抗议，而且有决定性影响的是，南越军的领导人也提出了抗议。后者通过军官培训学校和对其他美国盟国的频繁访问，与美国建立了广泛的联系。

当年 5 月，黎笋在河内呼吁党内同志重新开放小道系统。他已经前往苏联以争取支持，并秘密前往非军事区南部，与南部的同志们一起推进此计划。在河内，党的领导人聚集召开了第十五届全会，黎笋利用这个机会为南方共产党人的军事抵抗争取支持。他们通过了第 15 号决议，成立了 559 运输团，这是一个负责发展山路系统的军事部门。决议通过后，中国和苏联立即承诺提

墓地中的军营：越南的军事化景观

供所需的卡车、枪支和弹药，以支持在南越重建一支解放军。[44]

在更远的檀香山，南东等地的战斗升级，以及美国人对吴庭艳军事法庭的广泛关注，也导致了美国军事顾问的转变。5月25日，美国太平洋战区司令授权美国军事人员随南越军执行作战任务。在1959年之前，吴庭艳禁止美国派遣军人与南越军一起行动。与此同时，美国特种部队小组在老挝的大部分地区内游荡，并报告小道的修建情况。[45]这一决定并不意味着要投入地面部队，但它使驻越美军顾问团的顾问得以访问南越建立在南东与和美的要塞与前哨。这也使美国军人和间谍获得了良机，在吴氏家族或他们的勤劳党情报网监视之外，与南越军的指挥官建立更密切的关系。这些顾问的访问结果引起了美国情报界的担忧，因为老挝境内的小道交通可能会在这个小国的险峻山区里引发一场全球性冲突。

在南东，新时期的第一场战斗发生在1960年7月，彼时正值《日内瓦协议》签订六周年，此战也是七月总起义的一部分。党的干部和自卫队参加了对南越哨所的一系列突袭。他们缴获了驻越美军顾问团交付给南越军队的自动化武器。在越族和少数民族干部的配合下，他们将这支地方部队从1960年的几十人壮大到年底的一百多人。在他们的队伍中，有戈都人担任重要干部，还有几十名暗中与难民一起生活在定居点的越族干部。一些在1954年北上的戈都人现在也回来了，他们现在能说一口流利的越南语，并且也已经接受了军事和政治训练。[46]

123

七月总起义使南越军队指挥官对吴庭艳政府的不满情绪持续恶化，最终导致了一场政变，使得南越军队在承天顺化省的高地和山区的军事统治结束。1960 年 11 月 11 日，在西贡发生的政变意味着吴庭瑾在高地的势力的终结，他被军事指挥官取代。在西贡，岘港和顺化市的南越军的指挥官陈文敦（Trần Văn Đôn）将军与其他将军一起发动了政变，而他的副手则向南越山区的行政点推进。吴庭艳允诺让南越军队的将军们在国家地区治理中拥有更大的发言权，也允许他们控制边境地区，从而避免了政变扩大。在调解中的这一小小举动，即让将军们和他们的军官控制诸如南东这样的据点，是高地战争的一个决定性转折点。它不仅向更多的军队开放了这些偏远的哨所，而且随着特种部队和中央情报局"平叛"小组的进驻，美国的军事介入也达到了新的水平。[47] 南越军第一师没有平息当地人的抱怨，甚至没有尝试与高地人或前越盟支持者进行和解，而是在 1960 年至 1961 年间发起了一波新攻势，攻击山区中的小道网络。在顺化，省长（一个忠于勤劳党的人）向南越总理痛苦地抱怨道，这一轮新的军事行动把整个地区变成了战场。[48]

绘制"平叛"地图

高地省份的新军事统治者采用了新的政治地图，并用浅粉色和深粉色的阴影来表示他们"平叛"的唯一目标。这些地图不仅为南越军的国家军事规划提供了资料，同时也为美国军事盟友提供了参考，这些盟友多年来一直在邻国老挝和泰国绘制类似的地图。[49] 地图的作者用深粉色的阴影来表示仍由越共控制的地区，

　　　　　　　　　　　墓地中的军营：越南的军事化景观

用浅粉色的阴影表示在和美以西和另一个疏散区溪债西南的丘陵上仍有少数反对力量。南越军希望在 1960 年铲除这些越共基地的野心被投射到地图上，此图以当时美国"平叛"专家非常熟悉的象征性术语展示了越共控制的地区。每个高地乡镇的小型圆形统计图以彩色部分显示了"此地区的越共"的大致比例，他们在整个山区仍占多数。浅粉色的阴影表示支持率下降的地区，彩色或空的圆圈分别表示支持某一方或已被放弃的村庄。

124

地图上的深粉色区域，即南东周围的丘陵和阿绍山谷，值得仔细观察，因为这显示了双方的生态和政治边界是重合的，通常南越军的哨所和越共基地之间只有几公里之隔。越共自卫队和党小组在多年的无情"扫荡"中几乎消失，但是他们重建的政治和通信网络一直延伸到最高山坡的溪流源头。如果没有戈都人和高地族群的支持，南越军队不可能轻易穿透密林，而越共游击队则保留了在高地人的帮助下用河流和山脊导航的古老做法。

在这个新的时期，南越和美国的镇压计划为南越军基地提供了更多支持，在迅速走向全球化的冲突中，阿绍山谷成为一个新的焦点。在第一次印度支那战争期间，这个山谷基本上不在法国和越盟军队的行程范围内。靠近海岸的越盟小道足以向北输送部队和物资。然而，当 1957 年吴庭瑾的警察部队横扫和美及南东时，当地党的领导人撤退到这个偏远的山谷，并建立了新的网络。但从战术意义上讲，山谷的地形是很有问题的。两条高达一两千米的山脊环绕着几公里宽的谷底，在两端进入老挝之前绵延了 40 公里。

125

只有在老挝的山路开发变得至关重要之后，越共组织才将注意力集中在阿绍山谷。管控该山谷需要爬上森林茂密的岩坡。南越军的基地位于东侧；在阿雷县的中间基地，还包括了一个小的定居区，有点像南东，以前是越盟的势力范围。一条公路将阿雷县和顺化连接起来，一条穿越 30 公里崎岖地形的吉普车道将南越军的三个基地连接起来。越共自卫队重新控制了一个旧的越盟战区——溪债，并沿着从阿绍山谷中部进入老挝的一个重要的东西走向通道建立了一个新的战区。老挝边境上的一个哨所是个关键的休息站，也是新小道网络中的一个重要节点。

越共重新发起的小道建设计划，为更大的攻击行动提供了支援，于 1960 年 12 月成立的越南南方民族解放阵线再一次将这些地方努力联系起来，形成了一场协调一致的全国运动。民族解放阵线的宣言是要在南越建立一支国家军队，即人民解放武装力量（PLAF），并在从南越解放出来的地区建立革命政府。1961 年，在美国官员越来越忧心南越即将瓦解之时，南东和阿雷县等前哨站的战争步伐也在加快。

巩固低地防御

1960 年政变后，顺化的街道和 1 号公路沿线的村庄成为支持民族解放阵线和对抗吴庭艳政府的一个日益重要的空间。特别是内路沿线的古老村落，每天都上演着深刻的教派和意识形态分歧撕裂传统社会的场景。在 20 世纪 60 年代初，吴庭瑾与勤劳党亲信的准军事化举措和青年"褐衫军"，引发了支持民族解放阵线

墓地中的军营：越南的军事化景观

的居民日益激烈的反应。民族解放阵线成立后，共产党组织打击了滥用职权的勤劳党官员，并开始在夜间袭击公路上的军车。这些事件又引发了勤劳党部队更多的暴力和宗派回应。夜黎村的居民描述了一次报复行动，即1962年佛教节日卫塞节（Wesak Day）中的一次扫荡行动。大约在清晨5点，几百名士兵从公路上列队穿过村庄。三名人民解放武装力量的成员在撤退中遇到了另一群正守株待兔的士兵，最后被杀害。这次扫荡行动导致另外的30余人被拘留和审讯，而勤劳党的准军事人员还抢劫了鸡、鸭、一台缝纫机和现金。一位农民回忆说，每次扫荡后，"他们相当于为越共结交了更多朋友"。[50]

越来越多的村民、佛教徒和顺化大学的学生都在抗议吴氏家族的暴行，吴庭瑾则试图通过将内路沿线一个最古老的村庄清水上村变成战略村（ấp chiến lược）来遏制越来越多的抗议者。战略村计划是吴庭瑾在西贡的兄长吴庭琛提出的一个策略，但吴庭瑾只是主张先在1号公路沿线建造一个战略村，作为宣传窗口安抚从机场来到顺化的美国人。吴庭瑾曾公开表示反对在越南中部的沿海村庄建立战略村。相反，他更倾向于启用自愿参加的准军事人员，他们在新兵训练营被灌输了加入勤劳党的思想。1961年美国驻顺化市的领事约翰·赫尔布（John Helble）指出，越南中部的战略村大多以竹篱笆为标志。赫尔布和当地的美国"平叛"专家一致认为，吴庭瑾的准军事部队战略比吴庭琛的战略村更有效，因为它认识到"叛乱者比政府以为的还要愿意扎根在村庄里"。[51]

也许只是为了安抚美国人或西贡的官员，省政府在清水上村建立的战略村"宣传窗口",就位于机场和顺化市之间的 1 号公路上,交通十分便利。清水上村是中部海岸最古老的越南村庄之一,自八月革命以来,该村的青年就参加了革命斗争。几个世纪以来,主要的村庄区域一直位于公路、铁路与稻田之间的狭窄海岸带上,地基或建筑都没有什么变化。在这块类似于城市的土地上,家庭祠堂和一座佛塔被村中原住民家庭的房屋和树篱所包围。1 号公路和国家铁路将这一地带一分为二,使之与后山的山坡隔离开来。

127

虽然吴庭瑾对防御工程不太在乎,但在当地,路障的建造和检查站的人员安排严重破坏了秩序。通过"仅"在村子的住宅区设置栅栏,切断低地村庄与河口田地、高地村庄与祖坟的联系,这样做的主要效果不是保护,而是一种新形式的军事化围墙。村民们被迫建起了三排竹栏,以此将住宅区与他们的田地和墓地分开(图 4.5)。完工后,每个居民在进出竹栏时都必须出示证件,哪怕只是去田间或山上。清水上村的居民在每个检查站都必须面对准军事人员,连他们的孩子也被要求在这些队伍以及共和国青年团等勤劳党组织中服务。有一部公社历史将这种战略村称为"监狱营",路障使许多人不敢离开家,因为他们害怕在检查站受到虐待或勒索。[52]

128

虽然在大多数情况下,战略村计划有很大局限性,但在 1 号公路上修建路障以及增加军事检查站的情况同样反映了顺化市政府对越共逐渐收复高地领土的日益担忧。自 1961 年以来,人民解放武装力量在山区基地周围与南越军进行了数十次排级规模的战斗。他们将自己的控制区扩大到了阿绍山谷的大部分地区和南东

墓地中的军营:越南的军事化景观

图 4.5　1963 年清水上村的航拍照片，与美国地质调查局的地形图重叠

资料来源：Mission F4634A，ON#69708，RG 373，美国国家档案与记录管理局，马里兰州大学园区分馆。注释由笔者标注。

周围的山区。1963 年 3 月 3 日午夜，人民解放武装力量第 105 连袭击了位于和美的南越军营地，将解放区的边界几乎推至 1947 年的位置。在一个小时的攻击中，他们杀死了 27 名南越军士兵，劫持了 6 名勤劳党官员作为人质，摧毁了两台拖拉机，并带走了两吨大米以及哨所的收音机、枪支和弹药。[53]

　　对和美的攻击，既具有战略意义——显示了人民解放武装力量在山区的攻击能力，也具有象征意义。作为 1946 年建立的第一个越南战区，1954 年后，和美已成为吴庭瑈重点经营的地带之一。基于历史，双方都明白和美作为高地门户的战略意义，人民解放武装力量摧毁营地使其再次成为废墟，相当于向民众传达了一个重要信息。吴庭瑾派出了忠诚的勤劳党特工来管理该定居点，并配置两个排的准军事人员进行戍卫。作为离顺化很近的一处开发地，和美比一般山区地点更能吸引南越政府和外国顾问的关切。越来越多的国外关注为当地争取了更丰富的大米、药品、拖拉机和枪支储备，其中枪支最为突出。

1963 年初，人民解放武装力量取得了一连串的胜利，随之而来的是南越军一波又一波的报复行动，这在美国国内引起了媒体对吴庭艳政府和肯尼迪"特种战争"的关注热潮。1963 年 5 月 8 日，在顺化，军队和警察实弹射击一群佛教抗议者，造成 9 人死亡，其中包括两名被压在装甲运兵车下的儿童。那年夏天，一位来自顺化的僧人释广德（Thích Quảng Đức）在西贡的一个十字路口自焚以示抗议，这意味着佛教危机升级。从 6 月一直到 11 月 2 日打倒吴氏兄弟的军队政变结束，约翰·赫尔布定期向华盛顿提供关于顺化市街头的抗议和警察行动的最新情况。这座位于狭长海岸的、在非军事区以南仅 60 公里处的古老皇城，成为全球关注的战争升级的焦点。

1963 年 11 月 5 日是吴庭瑾在顺化的最后一天，这一天，他凭借美国和西贡推动的军民援助建立的本土权威土崩瓦解。多年来，他一直避免与美国人和其他在顺化的外国人正面接触，最后又不得不向美国国务院和空军寻求安全通道。他出现在领事馆的一辆旧雪铁龙后面，躺在地板上，是一个打扮成牧师的人开车送他过来的。赫尔布领事通过电报向华盛顿方面请示，并询问吴庭瑾想去哪里寻求庇护。吴庭瑾回答说："东京。"几小时后，赫尔布与一名中央情报局官员和美国军事顾问组成的车队驶向富牌机场，一架中央情报局的 C-46 飞机在那里降落，顺利地接走了吴庭瑾。这架飞机载着吴庭瑾去了西贡的新山一（Tân Sơn Nhất）机场，然而南越军方在那里拦截了飞机，赶走了赫尔布，拘留了吴庭瑾。[54] 政变后的政府于 1964 年 4 月对吴庭瑾进行了审判，并于 5 月 9 日在顺化市处决了他。这一天距离南越军在顺化市向佛教抗议者开火正好是一年零一天。

一场新的战争开始了

吴庭艳和吴庭瑈的死亡以及吴庭瑾的被捕，不仅标志着南越与美国关系的重要转折，而且也标志着民族解放阵线和北越在战争中的地位发生了变化。1963 年 12 月，在河内召开的中央委员会第九次会议上，党正式承诺动用越南人民军（PAVN）的物资和人员支持民族解放阵线在非军事区以南的行动。到 1964 年初，越南人民军士兵公开参加了针对南越军的作战行动，对南越军在南东和阿雷县的据点构成了威胁。

尽管大多数有关越南战争的美国历史叙述都是从 8 月份北越鱼雷艇在北部湾袭击美国海军舰艇开始的。* 但是在顺化，一场由越南人民军参加并造成美军伤亡的战斗早在一个月前的南东就

---

* 即北部湾事件，又称东京湾事件。1964 年 8 月 2 日和 4 日，美国军舰两次侵入北部湾（旧称东京湾）北越领海，与越南海军鱼雷艇冲突。美国于 7 日通过《北部湾决议案》，授权扩大对越南的侵略。

打响了。越南人民军两个师的士兵与人民解放武装力量一起，对山区基地和1号公路沿线发动了一系列攻击。驻顺化市的赫尔布领事是少数几个向华盛顿报告这一战争行为的美国人之一，但不知为何，美国高级外交官和军事指挥官都掩盖了这件事。7月2日，赫尔布完成了在顺化的长期领事工作后，于领事馆举行了他的告别宴会。宴会期间，一名信使通知南越军第一师的将军，越南人民军和人民解放武装力量已经炸毁了1号公路上的40座桥梁，并正在攻击位于顺化北部17公里处的南越军的哨所。有两名越南人民军士兵被俘，他们承认其部队在发动此次营级规模（600人）的攻击之前，已在阿绍山谷与人民解放武装力量的部队扎营和训练了90天。赫尔布将这一消息电传给华盛顿，因为北越士兵跨越非军事区并对美国人进行了直接攻击。在西贡迅速扩大的对越军事援助司令部（MACV），新任美军指挥官威廉·威斯特摩兰（William Westmoreland）对赫尔布的报告不屑一顾，并否认越南人民军的参与。[55] 那年夏天的联合攻击，标志着河内方面决定在南部发动全面战争。这次总起义（đồng khởi）的重点是拆毁南越的战略村，如果有可能的话，还要攻克美国特种部队支持的山区基地。[56]

不管威斯特摩兰与华盛顿有什么政治花招，对于驻扎在南东的美国士兵来说，战争在1964年7月6日就已经打响了，当时人民解放武装力量第802营共900余人在越南人民军的支持下，袭击了那里的美国特种部队的先遣队。午夜后，美军营地湮没在炮弹和人海中。共有12名美国人在这支部队中服役，此外还有60名当地少数民族侬族的士兵，这些高地雇佣兵在1954年前曾在中越边境附近山区与法军作战。在美军营地外有一个基地，里面有 300 多名南越军的士兵。人类学家杰拉尔德·希克是唯一研究过戈都人的美国人，在采访当地戈都居民的前一天，他正好在营地里。在他的回忆录《战争之窗》中，"南东的胜利"一章描述了美军的防御。大约有 100 名南越军的士兵暗中支持民族解放阵线，他们发起策应攻击，同时在基地周边为民族解放阵线的进攻打开一个缺口。美国人、侬族人和剩余的南越军士兵耗尽弹药抵挡，直到美军飞机在早上从岘港赶来。当天上午的场面十分惨烈，100 多名南越军士兵、60 名人民解放武装力量士兵、几名美国士兵和一名澳大利亚士兵阵亡。海军陆战队的直升机将数十名伤者和平民运送到岘港的医院。[57]

毁灭

　　在大多数提及越南战争的政治史中，1954—1964 年这段时期要么被描述为和平间歇期，要么被描述为相互斗争的国家建设时期，但在承天顺化省的大地上，人们更多看到的是有针对性的暴力。法国与越盟战争的遗迹，九座地堡和以前的战区，成为新的军事活动的焦点。在吴庭瑈的秘密警察手中，"九座地堡"重生为酷刑场所，而从前的"革命的摇篮"则变为由勤劳党的忠实信徒和军事当局管理的标准定居点。

　　在和美与南东等地，人们在建设行动——建造难民营和修路——的外表下，掩盖了一种有针对性的毁灭行为。通过勤劳党的准军事人员，吴庭瑾全力破坏传统的村庄关系，清除了自殖民统治以来一直存在的村社自治。无论是通过警察扫荡还是用障碍物包围村庄，这些举措都导致了村庄生活的暴力和腐败，因为政府鼓励孩子们举报父母，鼓励邻居们互相攻击。最后，1964年越南人民军与人民解放武装力量对和美与南东的联合攻击，标志着一种报复性的破坏，它基本上摧毁了南越军以及美国资助所建立的一切。

被疏散的越盟营地和法国基地标志着从1954年到1964年这个极为暴力的时期。吴庭瑾放眼于全球，从纳粹德国的褐衫军等组织中汲取经验，为他的毁灭计划找到了可参照的逻辑依据。他的追随者们更加深刻地理解了这片土地上的殖民主义和共产主义的轮廓。在这个深深被打上烙印的、充满物质和政治残骸的军事化空间里，美国士兵和美国军方打算再次从社会角度和物质角度来重建这片土地。

注释

[1] 关于以党为中心的第四联区的历史，特别是基于1953年至1954年党和人民军队的记录写出的，见程谋（Trình Mưu）主编《第四联区军民反抗法国殖民主义的历史》[第四区军民反抗法国殖民主义的历史]（*Lịch sử kháng chiến chống thực dân Pháp của quân và dân liên khu IV*），第556—580页。

[2] 肯·麦克莱恩（Ken MacLean）：《鲜明的社会主义：越南民主共和国的代表劳动（1956—1959年）》["Manifest Socialism: The Labor of Representation in the Democratic Republic of Vietnam (1956-1959)"]，第27—79页。另见爱德华·米勒（Edward Miller）对吴庭艳农业发展中心的深入讨论，即《错乱：吴庭艳、美国和南越的命运》（*Misalliance: Ngo Dinh Diem, the United States and the Fate of South Vietnam*），第158—184页。

[3] 在为数不多的吴庭瑾传记中，有一本是由人民警察出版社出版的，记述有点流行的警察作派，描述了1975年后从缴获的警察记录中挖掘到的警察部队的暴行

　　　　　　　　　墓地中的军营：越南的军事化景观

细节。见人民公安（Công An Nhân Dân）《吴庭瑾的秘密警察部门》（Đoàn mật vụ của Ngo Đinh Cẩn）。

[4] 杨福秋（Dương Phước Thu）：《九座地堡死狱和吴庭瑾鲜为人知的事情》（Từ Ngục chin hầm va những điều it biết về Ngo Đinh Cẩn）。

[5] 安·斯托勒（Ann L. Stoler）编：《帝国的碎片：关于废墟与毁灭》（Imperial Debris: On Ruins and Ruination），第 9 页。

[6] 托马斯·康伦（Thomas F. Conlon）：《约翰·J. 赫尔布》（"John J. Helble"），弗吉尼亚州阿灵顿：外交事务口述历史项目，外交研究和培训协会（Arlington, VA: Foreign Affairs Oral History Project, Association for Diplomatic Studies and Training），1998 年，第 53—55 页，最后访问于 2016 年 3 月 10 日，http://adst.org/wp-content/uploads/2012/09/Helble-John-J.toc_.pdf。

[7] 程谋主编：《第四联区军民反抗法国殖民主义的历史》，第 569—572 页，

[8] 同上，第 571 页。笔者译文："继续解决思想，统一判断，把握中央新口号和新方针，纠正错误和不足。各级干部要看到南方和广治—承天顺化的情况……党基层组织必须秉承保密和与群众密切关系的原则。改组、选拔党员要循序渐进，有计划、有重点，避免在党内引起轰动。要定期培训干部，为的是在有需要时为当地组织巩固力量。"

[9] 吴轲（Ngô Kha）：《南东县党委历史》（Lịch sử đảng bộ huyện Nam Đong），第 63—64 页。

[10] 1955 年 11 月 22 日，《中圻国家警察局长致国家警察总长》（Director of National Police, Central Vietnam, to General Director of National Police），西贡，File 1927，越南中部高地和中部政府代表的记录（Records of Government Delegate to Central Highlands and Central Vietnam，以下简称 TNTP），VNA4。

[11] 1954 年 8 月 21 日，《阮友订致越南中部林业局局长的信》（Letter from Nguyễn Hữu Đính to Director of Forestry, Central Vietnam），File 2837，TNTP，VNA4。

[12] 1954 年 8 月 30 日，《承天省省长致顺化区指挥官罗伯特·勒比安中校》（Province Chief of Thừa Thiên to Lt. Col. Robert Le Bihan, Commander of Huế Sector），File 2837，TNTP，VNA4。

[13] 《承天省省长致越南中部代表》（Thừa Thiên Province Chief to Central Vietnam Delegate），1954 年 10 月 6 日，《在我们逮捕两名干部后清水村民发生骚乱》（Thanh Thủy villagers riot after we apprehend two cadres），File 1949，TNTP，VNA4。

[14] 米勒主要利用越南、法国和美国的原始记录，为 1954 年夏秋两季的吴庭艳—阮文馨之争提供了一个来自三万英尺高空上的精彩视角。米勒：《错乱》（Misalliance），第 102—106 页。

第四章　废墟

191

［15］特别信息公告：1954 年 8 月 3 日，《越南第二十五步兵营的一个连的反法活动》（ anti-French activities of a company in the Twenty-Fifth Vietnamese Infantry Battalion ），File 10H3246, SHD。

［16］《民众夺取嘉—黎—正邮报》（ Popular seizure of the Gia-Le-Chanh Post ），1954 年 8 月 5 日，File 10H3246, SHD。

［17］《美国援助代表团访问期间工人在富牌的抗议》（ Worker protest at Phú Bài during American aid delegation visit ），9 月 10 日，1054, File 1993, TNTP, VNA4。

［18］《法国军队在越南中部的活动》（ Activities of the French Army in Central Vietnam ），1954—1955 年，File 1927, TNTP, VNA4。

［19］同上。

［20］尼克·瓦莱里（ Nick Valery ）：《差异化引擎：信天翁的复仇》（ "Difference Engine: Revenge of the Gooney Bird" ）。

［21］《MAAGV 320.2—为区域内的越南部队发展美式部队和装备》（ "MAAGV 320.2—Development of US Forces and Equipment for VN Forces in Region" ），Box 4,《安全保密的一般记录》（ Security Classified General Records ），1950—1961, MAAG Vietnam—Adjutant General Division, RG 472, NARA-CP。

［22］美国陆军：《越南研究：指挥与控制，1950—1969》（ Vietnam Studies: Command and Control, 1950-1969 ），第 7 页。

［23］同上书，第 13—14 页。

［24］1956 年 9 月 10 日，《月度总结报告》（ Monthly Summary Report ），Box 8, MAAG-VN, RG 472, NARA-CP。

［25］1956 年 1 月 10 日，《越南中部代表致顺化区中将》（ Central Vietnam Delegate to Lieutenant General of Huế Sector ），File 2051, TNTP, VNA4。

［26］友梅（ Hữu Mai ）：《顾问先生：一个间谍的档案》（ Ông cố vấn: Hồ sơ một điệp viên ）。

［27］杨福秋：《九座地堡死狱和吴庭瑾鲜为人知的事情》，第 86—88 页。该党最初是由大哥吴庭琛组织的政治研讨会，但在 1954 年 7 月后，在西贡的吴庭琛和在顺化的吴庭瑾都把勤劳党当作一个秘密组织，向政权的忠诚者灌输知识并渗透到国民议会和军队等组织中。爱德华·米勒关于勤劳党的未刊论文仍然是对这一鲜有研究的组织最详细的调查之一。就对吴庭瑾动员党内网络的讨论而言，爱德华·米勒的未刊论文仍是少数详细描述吴庭艳两兄弟之间冲突的英文资料之一。见《分崩离析：吴庭琛、勤劳党和吴庭艳政权的内部政治》（ "A House Divided: Ng. Đình Nhu, the Cần Lao Party and the Internal Politics of the Diệm Regime" ），论文于"美国在东南亚的经验，1945—1975"会议上发表，美国国务院，华盛顿特区，2010 年 9 月 30 日，第 18—20 页。中情局历史学家托马

斯·艾亨（Thomas Ahern）的《中情局与吴氏家族》（*CIA and the House of Ngo*）使用了美国的消息来源，他认为到 1957 年，吴庭琰及其盟友在湄公河三角洲的效忠者的帮助下，已经有能力在全国接管该党（第 106 页）。

[28] 杨福秋：《九座地堡死狱和吴庭瑾鲜为人知的事情》，第 63—64 页。

[29] 同上书，第 153 页。在今天的历史纪念馆里，导游会带领游客参观为佛教抗议者和学生保留的特定地堡，以及被抓走且勒索赎金的莫林酒店法裔越南人经理所在的一个地堡，赎金支付后，他被释放，但不久就因伤势过重而死亡。

[30] 艾亨（Ahern）：《中央情报局与吴氏家族》（*CIA and the House of Ngo*），第 106 页。

[31] 特鲁林格：《战争中的村庄：越南革命纪实》，第 75—77 页。

[32] 同上书，第 78 页。

[33]《V/v 把夜黎上村的学校还给学生》（"V/v trà trường Giạ Lê Thượng để có chỗ học sinh học"），File 2973，TNTP，VNA4。

[34] 阮文华：《承天顺化舆地志：历史部分》，第 401 页。

[35]《驻顺化领事哈文致驻越南代表团副团长埃尔廷的信》[Letter from the Consul in Huế (Heavner) to the deputy Chief of Mission in Vietnam (Elting)]，1959 年 10 月 15 日，载约翰·格伦农（John P. Glennon）等编《美国对外关系，1958—1960，越南》第 1 卷（*Foreign Relations of the United States, 1958-1960, Vietnam, Volume 1*），第 244—246 页。

[36]《研究南东营田的结果》（"Kết quả cuộc nghiên-cứu về địa-điểm Dinh Điền Nam-Đông"），1960 年 11 月 16 日，File 14319，RG ĐICH，越南国家第二档案馆（以下简称 VNA2）。

[37] 关于越南军队定居政策的深入探讨，见萨勒姆克（Salemink）《越南中部高地人的民族志》（*Ethnography of Vietnam's Central Highlanders*），第 184—194 页。

[38] 同上书，第 51 页。笔者译文："要把荒山改成木薯田，家家户户、各个村庄都要生产，互相奋斗地生产粮食，为了养军打敌。"

[39] 希克：《战争之窗：越南冲突中的人类学家》，第 71—75 页。

[40] 阮文华：《承天顺化舆地志：历史部分》，第 403 页。

[41] 吴轲：《南东县党委历史》，第 73—74 页。

[42] 阮文华：《承天顺化舆地志：历史部分》，第 403 页。

[43] 米勒：《错乱》，第 198—202 页。

[44] 阮氏莲恒（Lien-Hang T. Nguyen）：《河内的战争：越南和平战争的国际史》（*Hanoi's War: An International History of the War for Peace in Vietnam*），第 41—47 页。

[45] 罗纳德·斯佩克特（Ronald H. Spector）：《建议与支持：美国军队在越南的早期岁月 1941—1960》（*Advice and Support: The Early Years of the United States Army*

in Vietnam 1941–1960），第 332 页。

［46］吴轲：《南东县党委历史》，第 106—108 页。

［47］米勒：《错乱》，第 208—210 页。

［48］1960 年 11 月 11 日，《省长致中部高地和中部地区政府代表》（Province Chief to Government Delegate for Central Highlands and Central Region），File 6077，总理府库（Phù Thủ Tướng Record Group，以下简称 PTTG），VNA4。笔者译文："这次行动纯属军事性质，纯粹是军事目的：扫清、追击敌人并探索他们的基地。 与行政、公安、准军事部队没有协调。"

［49］南希·佩鲁索（Nancy Peluso）和彼得·范德盖斯特（Peter Vandergeest）讨论了美国和泰国的军事和发展官员制定的类似地图。他们把"地图上的粉红色区域"，特别是在国家边界附近的区域，作为森林开垦和类似南东的永久定居点的目标。这些带有饼状图和粉红色区域的地图以及土地清理战略符合美国在发展和镇压起义方面的一套更广泛的设计。见南希·佩鲁索和彼得·范德盖斯特《泰国的领土化和国家权力》（"Territorialization and State Power in Thailand"），第 410 页，注释 129。

［50］特鲁林格：《战争中的村庄：越南革命纪实》，第 85 页。

［51］Document 303，《政策规划参谋部的罗伯特·约翰逊致国务院参赞（罗斯托）的备忘录》［Memorandum from Robert H. Johnson of the Policy Planning Staff to the Counselor of the Department of State (Rostow)］，1962 年 10 月 16 日，《美国对外关系文件集，1961—1963 年，第二卷，越南，1962 年》（*Foreign Relations of the United States, 1961–1963, Volume II, Vietnam, 1962*），第 703—706 页。

［52］阮秀和朝元：《香水舆地志》，第 406—407 页。

［53］阮文华：《承天顺化舆地志：历史部分》，第 413—414 页。

［54］赫尔布对吴庭瑾的描述是 1963 年 11 月导致其兄长下台的政变发生之前，美国人在顺化地区仅有的一些评论。具有讽刺意味的是，赫尔布与吴庭瑾唯一的碰面是他护送吴庭瑾乘飞机前往西贡，在那里后者被南越的军官带走，后来被监禁。见托马斯·康伦《约翰·J. 赫尔布》，第 53—55 页，最后访问于 2016 年 3 月 10 日，星期四，http://adst.org/wp-content/uploads/2012/09/Helble-John-J.toc_.pdf.

［55］托马斯·康伦：《约翰·J. 赫尔布》。

［56］阮文华：《承天顺化舆地志：历史部分》，第 425—426 页。

［57］希克：《战争之窗：越南冲突中的人类学家》，第 75 页。

墓地中的军营：越南的军事化景观

第五章

创造性破坏

1964 年后，美国的军事干预既有空前的破坏，又有非凡的建　132
设。1972 年负责美军基地建设的卡罗尔·邓恩（Lt. Gen. Carroll H.
Dunn）中将说：

> 1966 年 2 月，对越军事援助司令部成立了建设局，对美
> 国的建设项目进行集中管理……包括港口、机场、储存区、
> 弹药库、住房、桥梁、道路和其他常规设施，这可能是历史
> 上同类集中建设项目中规模最大的一次。[1]

与美国人的城市化扩张形成鲜明对比的，是民族解放阵线和
越南人民军的支持者们坚持不懈的建设工作。他们不顾难以想象
的轰炸浪潮，专注于维护重要的掩体和庇护所。北越记者陈梅南
1967 年曾在顺化山间潜行，他后来回忆说：

> 但我的眼睛很快就被这张照片上的某些要点吸引住了。
> 那些小房子分散坐落在炸弹坑中……二十五年来，这片狭长
> 的土地一直遭受枪林弹雨的侵蚀……那些小小的土房子和
> 茅草屋，透出一种不屈不挠的勇气，就像那些靠野菜维持生
> 命、赤脚前行的战士……在我的左边是一个被人民解放武装　133

力量摧毁的敌方哨岗的遗迹。在我的右边，有一条长长的光秃秃的小道一直延伸到山里，可以通过它来指示 B-52 轰炸机的运行情况……这里是 B-52 轰炸机对广治—承天地区首次进行空袭的地方。在轰炸之前，敌人在该地区上空投下了数百万张传单，上面有这些飞机的照片和关于它们可怕且致命的弹药的信息。[2]

1965 年后，立足于早期军事建设和遭受破坏的景观层，美国和越南的战斗人员加大了建设力度。到 1972 年，美军通过基地建设，将以前的旧基地和简易机场变成了拥有 24 小时空中交通和数万名美军的基地城市。与此同时，在山里，成千上万的民族解放阵线和人民军志愿者利用卡车、柴油管道和储存弹药的掩体，修建起密集的道路网。与这些带有抗争性的建设相对应的，是前所未有的暴力行为。陈梅南提到的 B-52 空袭带来的破坏，比法国战争期间的轰炸要大好几个量级。除了连续不断的轰炸，美国人还采用了新的生态破坏技术，如使用化学落叶剂和大规模投放凝固汽油弹，这些对自然环境和人文环境都造成了毁灭性的影响。

虽然建设和破坏的程度前所未有，但这些新的景观建设的逻辑却遵循着旧的模式。尽管美军和南越政府多次试图清除和美这样的原始战区，但越共军队还是回到了这里。以前的战区重新成为重要门户。虽然美国的建造物，尤其是那些庞大的基地，通过无线电塔、喷气式飞机和一排排营房改变了海岸的样貌，但对越共来说，点缀在被炸弹炸毁的山上的许多小棚户具有同样重要的象征意义。1966 年，B-52 轰炸机对该地区的空袭形成了从空中可见的一排排弹坑，但这个空间的基本逻辑——战区的门户功能和外国军队在1号公路沿线的集中——自1947年以来就没发生太大变化。

从某种程度上说，美国为摆脱这种历史性的空间逻辑而进行的斗争，即沿海公路和高山森林之间的较量，导致战争发动者提出要加大轰炸和破坏的力度。哈佛大学的政治理论家塞缪尔·亨廷顿（Samuel Huntington）在一篇支持"美国战争"的著名文章中，甚至重温了维尔纳·桑巴特在《战争与资本主义》（*Krieg und Kapitalism*，1913年）和约瑟夫·熊彼特在《资本主义、社会主义和民主》（*Capitalism, Socialism and Democracy*，1942年）中阐述的"创造性破坏"的旧概念。亨廷顿和桑巴特都注意到，密集的轰炸正慢慢地把南越变成一个城市国家。来自山区冲突地区的难民如潮水般涌入西贡和岘港等城市，而在芽庄（Nha Trang）、波来古（Pleiku）、邦美蜀（Buôn Ma Thuột）、昆嵩（Kon Tum）、朱莱（Chu Lai）和归仁（Quy Nhơn）[3]等基地周围，则出现了其他新的村庄。亨廷顿指出，经历三年的基地建设和战略轰炸后，南越的城市人口占比超过了瑞典、加拿大和除新加坡以外的东南亚地区。当然，城市人数的激增很大程度上是由于生活在贫民窟的战争难民的增加，但亨廷顿还是抓住了这个要点，而且在美国引起了广泛的关注。这可能只是逃避越南历史和景观的一种手段。

亨廷顿写道："对民族解放运动的有效回应，既不在于追求常规的军事胜利，也不在于平叛战争的深奥教义和噱头。相反，它是被迫的城市化和现代化，是使有关国家迅速脱离农村革命运动，有望产生足够力量来掌权的阶段。"[4] 除了这种鼓励城市发展的手段固有的道德问题外，亨廷顿的论文也没有理解民族解放阵线革命运动的一个关键特征，那就是它同样聚焦于城市和工业的未来。虽然共产党一方的建设缺乏由混凝土加固的机场跑道、码头和掩体，但它对越南的愿景是一个城市化的、建立在城市中的社会主义国家。虽然领导者强调要粉碎乡村和城市里的封建主义和帝国主义，但他们并不主张在实际层面上瓦解乡村和城市。正如民族解放阵线部队在 1968 年对顺化的春节攻势中所了解到的那样，破坏自然景观可能会破坏民众对其事业的支持，而这些支持对他们的事业至关重要。村庄、城市甚至山区基地都不仅仅是冲突后即可撤离的临时社区。领导者明白，为了开展社会主义革命，历史景观是"培养"新的追随者和在旧基础上开展新建设的重要平台。

本章讲述了随着美国人带来的新技术，尤其是浮动于地表多个分层之上的空中技术，将美军、南越军和越共军队的景观逻辑区分开来的空间紧张关系。本章从 1965 年美国海军陆战队在海岸的两栖登陆开始，然后追溯越南人对战斗的反应，尤其是在顺化市街头的抗议和战斗。本章没有追溯西贡或河内方面的政治手腕与军事决策，而是专注于中部海岸的景观，以及这些空间对于不断发展的关于越南创造性破坏的全球辩论意味着什么。

空中能见度

自 1943 年陆军航空队的飞机在印度支那上空的第一次飞行

开始，美国人在越南面临的最大挑战之一就是如何真正看清下方的地表。特别是在高山地区，地表被茂密的森林和云层所遮挡。1950年，美国的援助人员发现，DC-3飞机没法在他们试图前往的多个城镇起降，因为那里的道路年久失修而且跑道太短。1954年后，美国提供给南越的大部分民用援助都用于建造跑道和安装导航设备。在1960年南越军政变未遂和民族解放阵线成立后，美国对空军基地的援助进入了高潮。位于富牌的空军基地和仓库如雨后春笋般涌现，形成了一个由道路和场院组成的网络，此外还有一条足以供喷气机使用的长跑道。美国的援助被用于建造一个空中平台，以加强监视，加快部队运输，并解决地形阻碍的问题。在1960年后美国扩张之初，新的简易机场像小岛一样出现在南越军前哨旁的丘陵上。

在南东和阿绍山谷，新机场成为在攻击状态下保持基地供应的重要据点。到1961年底，由于人民解放武装力量切断了道路，土路和直升机停机坪成为各基地与顺化的主要联系点。美国的秘密援助集中在阿绍山谷一连串的三个基地上，南越军沿着谷底打通了一条全天候通行的道路。[5] 从高空俯瞰这些背靠大海的基地，可以看出它们与海岸的紧密联系。通过在1.1万英尺高空的飞行，从阿绍山谷到达富牌仅需10分钟（图5.1）。然而，除了艰难地形阻碍了地表行动外，这里在一年中有大部分时间都弥漫着浓密云层，它遮挡了空中视野，使降落变得危险（图5.2）。横跨越南—老挝山区边界的森林几乎总是笼罩在低云之中。

美国人希望能看到非军事区两侧更广阔的地区，包括老挝和中国，这推动了空中侦察等方面的技术进步，特别是高空摄

图 5.1 阿绍机场的斜视图，
1961 年 11 月

资料来源：Frame 08, Mission
J5921, ON#69611, RG 373，美
国国家档案与记录管理局，马
里兰州大学园区分馆。

图 5.2　阿绍山谷的特写，1961 年

资料来源：Frame 11, Mission J5921, ON#69611, RG 373，美国国家档案与记录管理局，马
里兰州大学园区分馆。

202　　　　　　　　　　　　　　　　墓地中的军营：越南的军事化景观

影。从 1.1 万英尺高空俯瞰，可以感觉到山和海之间的距离，而从 7 万英尺高空俯瞰，则能看到海南岛上的中国基地以及北部越南人民军的营地。1961 年，德怀特·D. 艾森豪威尔总统在卸任的几天前，成立了国家照片解译中心（National Photographic Interpretation Center），情报机构和军方的几千名照片解译员在这里仔细研究越南中部新拍摄的照片，以评估越共军队的实力。这项新的摄影工作，是美国改进高空间谍飞机和卫星摄影以监视冷战对手的更大范围行动的一部分。出于对老挝境内小道活动的担忧，一些高空侦测任务使用了新型 U-2 侦察机。137

从 1961 年到战争结束，这些来自越南上空的高空侦察照片源源不断地成为总统简报中"越南局势"的主要内容。年复一年，国家照片解译中心的照片和解译报告不断改进，影响了美国的决策，以及导致了美国对这种空中视角的依赖。该中心制作了一系列的摄影情报报告，重点是老挝狭长地带的道路建设，并摘录了 U-2 等飞机的图像，勾勒了越南人民军的休息区和宿营地的轮廓。美国从高空观察越南的愿望甚至体现在太空竞赛计划中，138因为美国以民用"发现"计划的名义发射了一系列代号为"科罗娜"（CORONA）的"锁眼"侦察卫星。到 1965 年，这些携带双相机的卫星拍摄出的高分辨率的黑白照片，可以覆盖大约 30 公里宽、240 公里长的区域。[6]

然而，所有这些摄影图像都无法穿透云层、树叶、隧道，以及隐藏在这些事物之下的人民解放武装力量和越南人民军的大部分伪装。美国人希望透视密集植被层的需求，产生了最有争议的空中技术之一——喷洒除草剂，此举试图从物理上改变地表景

第五章 创造性破坏

观，以符合空中视角的需要。从 1961 年首次试验除草剂开始，包括约翰·F. 肯尼迪和吴庭艳在内的高层决策者都承认这种战术在法律上和道德上面临着挑战。[7] 考虑到越共控制下的村庄和高地网络在不断扩大，以及担忧越共力量在顺化等关键城市周围取得的进展，美国国防部和南越国防部门认为，使用除草剂清理道路是确保道路安全和将越共基地区暴露在空中监视之下的首要任务。美国关于除草剂项目的秘史指出，肯尼迪总统极为关注这一项目在国际上的政治影响。在 1962 年 9 月 25 日与南越政府的一次会议上，肯尼迪在回应南越关于立即销毁高山作物的要求时，提出了以下两点担忧："首先，越南政府要能够区分越共的作物和山地居民的作物。其次，此举的效用要能超过越共指责美国沉溺于粮食战争的舆论效果。"[8] 美国人明白这种战术在舆论方面是不利的，但他们对空中的重视，使他们轻视了破坏农作物的外溢效应。认为侦察员在侦察机上会区分出哪些作物是山地居民的、哪些是越共士兵的，这种想法本身就忽略了当时越共力量依赖刀耕火种的常识。

美国在 1963 年决定向高山作物喷洒药物，此举标志着美国突然从清理交通线和基地周边地区转向了直接攻击越共的道路网络。1963 年 2 月 16 日，美国和南越的一个联合小组，将阿绍山谷南端的 300 公顷农作物作为销毁目标。在因恶劣天气和庆祝节日而延误后，一个化学小组乘坐标有南越金红条纹国旗的 H-34 型直升机从岘港起飞。这个山谷的南端是一个重要的交汇点，在这里，老挝的胡志明小道与向东通往南东和海岸的道路相连接。前五次飞行的飞机携带的是用于清除水稻的砷类除草剂（arsenical herbicide，后来被称为蓝剂）。最后两次飞行携带了紫剂，这是橙剂的前身，同样含有二噁英，它能破坏木本植物和阔叶作物，如木薯。缓缓移动的直升机低空飞行，使机组人员暴露在地面的火力范围内，于是机组人员放弃了大部分飞行计划。直升机飞行员还要应对陡峭的地形、没有雷达导航和瞬息万变的天气条件的挑战。一个星期后，他们仅喷洒了15公顷土地。[9]

虽然这些喷洒任务对阿绍山谷的战斗几乎没有任何影响，但它们为反战活动家提供了有力的素材，并激发了河内的主战阵营的反应。山谷地区的民族解放阵线领导人谴责"美国傀儡政权"投放了"有毒喷雾"。人民军司令武元甲（Võ Nguyễn Giáp）将军针对美国新阶段的喷洒任务，开始指责美国进行的化学战违反了1925年《日内瓦议定书》。他向国际监察委员会提出正式申诉，称美国在阿绍山谷的喷洒任务也违反了1954年《日内瓦协议》的两项条款。虽然南越政府通过广播以及在报纸上发表文章的形式，解释除草剂对人体没有毒害，但实际上人民军和民族解放阵线的"解放电台"节目加强了指控。后者在6月6日播出的一个广播节目中，将喷洒行为等同于犹太人大屠杀中的纳粹毒气室。[10]

1964年至1965年，随着越共部队在阿绍山谷扩大其联络网，这种新的化学方法带来的收益更加有限，同时还引发了新的生态挑战。1965年底和1966年初，为了确保高地山谷中陷入困境的特种部队基地的安全，美国对越军事援助司令部发起了一系列密集的喷洒行动，这是他们最后的挣扎。越南人民军和人民解放武装力量部队继续在谷底边缘的山坡上扩大自己的阵地，并切断了通往顺化的道路。美国对越军事援助司令部通过机翼上装有喷

第五章　创造性破坏

雾器的 C-123 运输机向基地周边地区运送了数千加仑的橙剂。这种新型喷洒飞机能在宽 200 米、长 6000 米左右的范围内喷洒除草剂。飞机在岘港加满油，在飞机跑道周围转圈喷洒，然后返回，再进行多次喷洒。由于橙剂是一种可以杀死阔叶植物，但不能除尽野草的药剂，它虽然摧毁了灌木丛，却使山谷中的野草和芦苇在丰沛的雨水和充足的阳光下迅速生长。其中最有害的草种之一是从美国的关岛基地搭载而来的入侵者：象草（Pennisetum purpureum）。这种草与甘蔗和高粱一起，在基地的落叶区里肆意生长，形成了两米高的大草原。越共部队很快就适应了这种草，而且开辟了新的道路，增添了新的掩体。[11]

在实施新形式的高空摄影和喷洒除草剂外，美军还在通信和战争中使用了新的无线电技术。1962 年，在富牌扩大的基地设施中建有一个最先进的无线电监听站，由美国陆军安全局的第八无线电研究部门（RRU）负责运营。第八无线电研究部门由国家安全局管理，一直运行到美军驻扎结束，是承天顺化省防御最严密的地点之一。它被雷区环绕的战壕网所包围，实现了远距离的秘密通信，并支持一项新的无线电探测计划，旨在通过"窥视"山地的林叶，以定位人民解放武装力量和越南人民军的无线电传输。[12]

自 1961 年起，美国情报机构便在东南亚建立起绝密的电子监听站网络，富牌站是其中的一部分。自二战以来，机载无线电测向（ARDF）已成为电子战的一个重要特征，而在冷战期间，技术创新速度不断加快。例如 1963 年 1 月 2 日一次机载无线电测向的命中，导致南越军及其美国顾问在北村战斗（Trận Ấp Bắc）中陷入了灾难般的困境。随着战争在 1963 年持续升级，无线电研究部门的设施也在扩大规模。一位国家安全局分析员曾在富牌的第八无线电研究部门工作，他后来违背了国家安全局的保密守则，告诉记者曾有数百名国家安全局和军事通信专家在这些站点工作，对信号进行三角测量并呼叫空袭。[13]

　　1963 年的政变推翻了吴庭艳政府，成立了一个由南越军将领组成的军政府，美国对越军事援助司令部迅速采取行动，将无线电业务从秘密的无线电研究部门扩大到更多的公共广播领域，包括美国在冷战时期的主打节目——美国之音（VOA）。顺化和富牌基地之间的那段公路，变成了美国和南越广播的前沿阵地。1964 年 5 月 12 日，美国大使亨利·卡伯特·洛奇（Henry Cabot Lodge）要求当时的军政府领导人阮庆（Nguyễn Khánh）将军在该段公路附近找一块地皮，以便安装无线电台天线来播放美国之音。由于美国在顺化拥有领事馆，在富牌也有无线电研究部门设施，这块地皮是一个理想的前线发射器地点，可以将美国的广播节目传送到越共控制的地区。这种具有高度象征性的土地使用意味着美国的"声音"进入了越南的电波，同时还要占用宝贵的村庄田地，在《北部湾决议案》通过后仅五天，阮庆将军就亲自签署了授予该土地的法令。[14] 若在吴庭艳时代，吴庭瑾一定会严厉反对这样的行动，但南越军将领们确保了土地的快速转让。[15]

　　这些美国无线电发射器和研究单位的扩大，一方面反映了美国对越南空域的重视，另一方面也为越南发声提供了新机会。就在 1 号公路上，美国之音新天线的南面，美国工程师翻新了顺化电台（Đài Phát Thanh Huế）的发射器和塔台。顺化电台和美国之音一样，播放西方和越南的各种流行音乐以及"自由之声"节目，对象是"管控"和"解放"区的听众。[16] 在 1966 年佛教徒和学生示威者占领位于顺化市欧洲区的顺化电台演播室时，这处发射器和塔台又成为一个重要的抗议工具，因为它与演播室联系紧密。

两栖登陆

然而，所有这些空中活动都不能缓解 1964 年中期南越日益恶化的局势。虽然有图像证据证实越共正在扩大山间小道交通网的建设，但如果只靠摄影而不进行大规模轰炸，是无法阻止他们的。人民解放武装力量和人民军的胜利，特别是 1964 年在阿绍山谷的胜利，引发了美国人的快速反应，他们想防止局势在 7 月恶化。在吴庭艳之死九个月后，越共部队重新控制了前第四联区的大部分地区。美国特种部队和南越军竭力保住位于南东和阿雷的营地，并需要直升机持续支援。越共部队摧毁了美国在南东的基地，1964 年 8 月发生的北部湾事件为美国总统提供了一个借口，他在升级南部的军事行动的同时，下令轰炸北越。

据当地消息称，美国在 1965 年 2 月迅速升级空中行动，通过轰炸北方的非军事区，阻止了北方军队的推进。然而，它几乎没有阻止已经在非军事区以南的 1 万多名人民军士兵的行动。这些兵力主要来自人民军的两个师，即由中部海岸的当地人组成的第 324 师和第 325 师。南越军的指挥官——他们中的大多数人也是本地人的后代——写下了令人警醒的报告，称尽管有轰炸，但是农村的"巨变"仍在继续。轰炸对活跃在广治、顺化和岘港西部山区的人民军和人民解放武装力量没有什么影响。[17]他们在阿绍山谷和老挝境内的小道周围修建了掩体、新的隧道和防御阵地。在1964年7月的攻击之后，人民解放武装力量的部队夺回了位于和美与南东的农业中心。第二年夏天，即1965年，他们从山上的一个据点下来，抵达另一个据点，占领了一些村庄，甚至在沿海的几个地区穿越了1号公路。某天夜里，几个小队甚至回到了顺化市外的战略村清水上，并推平了村庄的竹栅栏。[18]

回顾亨廷顿关于美国轰炸和"强制性征召城市化"的论述，一位南越指挥官进行了一次发人深省的纠正。仅仅依靠城市并不能拯救南越。没有农村的支持，新城市中的人就会挨饿。此外，越共的军事行动表明，在包围城市之后，他们依旧不会停止前进。这些现实情况，即食物的必要性和进入田地的途径，使南越与美国的领导人达成共识，即由美国士兵来保护空军基地和收复城市边缘地区，以防止越共即将发起的围攻。

1965年3月8日，美国在越南的地面战争在中部海岸打响，美国海军陆战队远征军第九旅的两个营在岘港附近的海滩登陆。他们的第一个任务是确保美军基地周边的安全。一个月后，又有两个营抵达，并由直升机从顺化空运至富牌。由于担心当地人对外国军队的反抗，位于西贡的军政府将美军的活动范围限制在每个基地周围的小型战术责任区（TAORs）内。岘港的战术责任区包括空军基地以西的两座小山，而在富牌则是机场对面的空地。1965年4月下旬，海军陆战队将一支人数更多的部队从冲绳转移到越南，以扩大在朱莱的第三个战斗机基地，朱莱当时被描述为岘港以南 75 公里的海滩上"未开垦的荒废之地"。[19]

即使是首次登陆,美军指挥官也清楚地意识到,他们设想的任务的象征意义不同于法国士兵的"远征"。为了体现这一目标,他们甚至改变了自己的称谓。一部关于登陆的海军史著作指出:"1965 年 5 月 7 日,出于政治原因,第三海军陆战队远征军被重新命名为第三海军陆战队两栖部队(III MAF)。'远征'这个词带有旧时代的炮舰帝国主义的色彩,而在第二次世界大战末进入越南的法国军队也曾使用过该词。"[20] 这一相对较小的反映了美国驻越南地面部队所面临的一个更深层次的问题,这是一个长期以来因外国军事占领而产生的问题。

海军陆战队的两栖性质,不仅仅体现在从海到陆的传统意义上,还体现在他们在符牌等古老村庄里的军民混合。他们的战区与符牌村的外围村庄相重叠(图 5.3)。作为空军基地的保护力量,海军陆战队还参与到被称为"公民行动"的非军事行动
144 当中。军事领导人提议,"公民行动"一词将使美国的军事占领有别于早期的军队,正如"两栖"名称的改变所暗示的那样。然而越共已经将美国人称为"侵略者"(kẻ xâm lược),将后者与更早的法国、日本等联系起来。相比之下,革命运动被描述为"抗战"(kháng chiến)或"抵制外国侵略者的全国抗战"(toàn quốc kháng chiến chống ngoại xâm)。

海军陆战队的两栖任务,还在于将美军的行动与南越军队的行动融为一体。这是一种有意识的努力,旨在与 20 世纪 40 年代
145 隔离外军与本土军队的日本和法国势力彻底区分开。从 1965 年中期开始,美国媒体广泛地宣传美国士兵和越南士兵在当地民事和

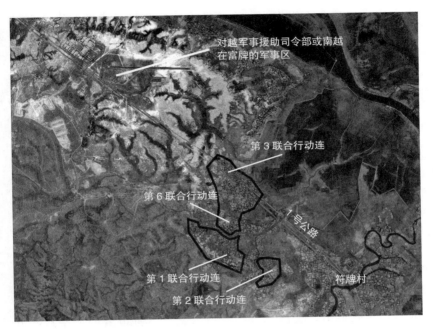

图 5.3　1965 年在富牌的联合行动部队的战术责任区

资料来源：拉塞尔·斯托尔菲（Russel H. Stolfi）《美国海军陆战队在越南的非军事行动努力》（*U.S. Marine Corps Civic Action Efforts in Vietnam, March 1965–March 1966*），2b。图像由 1963 年航拍的基地区域与 1968 年科罗娜卫星拍摄的包括符牌村及周围丘陵在内的环境区域共同合成。1963 年的图像：Mission F4634A, ON#69708, RG 373, 美国国家档案与记录管理局，马里兰州大学园区分馆。1968 年的图像：CORONA Frame DS1050–1006DF129，由美国地质调查局地球资源观测和科学中心（US Geological Survey Earth Resources Observation and Science Center）提供。图像由笔者合成。

军务中并肩作战的形象。海军陆战队把这种综合战斗部队称为联合行动连（CAC），后来又称为联合行动排（CAP）。1965年中期，四个这样的综合小组作为一个连队在富牌集结，由前美国特种部队顾问保罗·埃克（Paul Ek）中尉指挥。埃克沿用高地特种部队顾问的模式，试图将他的队伍"融入"日常生活中。他在冲绳参加了越南语的进阶课程，并在他的小组到达富牌之前，给他们上了两周课，让后者更加了解越南的习俗和他们联合任务的独特性质。[21] 在一次采访中，他强调了这种植根于村庄景观的策略的重要性："我们试图让人们像接纳族群成员一样接受我们。海军陆战队的训练是为了尽可能多地教他们了解越南和越南人民，以便能真正地与当地村民密切相处，他们不是作为一支职业部队，而是作为该村的成员……同时执行他们的主要任务。"

然而，成为"族群成员"不仅难以想象，执行起来也很危险。海军陆战队花了很多精力辗转于军事活动和非军事活动之间：在检查站维持治安、提供免费医疗服务、设埋伏、修路、审讯囚犯和教英语。美国军方的一些人支持这种混合的"平叛"方法，但也有许多人批评说，这种方法迫使在军事训练营中受训的士兵置身于他们根本不熟悉的环境中。[22] 这些美国人对村庄里的越南盟友的历史也缺乏了解。许多越南准军事人员都来自几年前还附属于勤劳党组织的家庭。他们争取越共同情者认可的努力，常被那些过去因暴力事件而声名狼藉的盟友破坏。

虽然联合行动排中的美国人对村庄和当地盟友的过往缺乏深入了解，但他们的侦察工作也不时发现了从村庄市场向山里运送食物、物资和人员的地下网络。例如，他们观察到一些老年妇女

墓地中的军营：越南的军事化景观

采购大米。1965 年夏天的一场极端干旱，迫使民族解放阵线试图在位于低地的村庄市场上采购更多的大米，并提供资金给在市场上购买大米的老年妇女。这些老年妇女购买的大米数量略多于官方允许的数量，她们就像骡子一样，将多出来的大米运送到地下储藏室。自法国战争以来，南越对村民在家中储存或在市场上购买大米实施了严格的数量限制。联合行动排及其盟友记录了一些看似不寻常的活动模式，并尽可能确认活动者的个人身份。当埃克中尉和他的越南盟友拘留了几名妇女后，她们立即承认自己在为民族解放阵线运送食物。联合行动排的审讯人员随后试图招募她们为双重间谍，但只有一名妇女透露了几个米仓的位置。其他妇女经历了拘留，几周后又因买米被抓。[23]

　　美国的决策者们反复强调联合行动排的这些成功案例，以此宣扬快速扩张的常规建设，这样的故事在美国国内颇受欢迎。非军事行动的成功，抵消了通过秘密渠道从高地传来的坏消息。联合行动排，尤其是在符牌村的小组，再次支持了美国对越军事援助司令部指挥官威斯特摩兰将军的论点，他要求国会采取更多的联合行动并提供资金，对高地上的越南人民军部队进行战略轰炸。海军陆战队指挥官在新闻报道中称，联合行动排的行动是"小小的胜利"，这样的报道被 1966 年美国参议院的战争开支法案引用。这项 47 亿美元的拨款法案，支持将地面部队扩充到 40 多万人，款项还包括建设新港口、道路和基地设施的资金。在关于部队人数和巨额费用的会场辩论中，军事专家提到了一份题为"反革命的富牌模式"的报告，该报告强调了融合式方法。[24]这篇文章淡化了联合行动排工作的军事成效，转而强调其社会建设性目标：

非军事行动是在各个层面上进行的，从一名海军教一
个孩子读书，到用大型单位管理全国范围的项目。一个可以
作为范例的大型项目是美国陆军工程兵团对俄亥俄河谷地区
的开发。另一个例子则是恺撒时代罗马军团修建的广阔道路
网……非军事行动是在各个层面上进行的，我们在越南开展
的这类活动中，常常是那些个人或团体的地方项目带来了最
大的红利。[25]

147 　　该文不寻常地提到了罗马军团，暗示了占领军所建造的工程
具有帝国一般的规模。罗马时代的道路，作为古代世界的公路，
或许是经久耐用的，但其首先也是最重要的功能在于输送罗马军
队。与该法案给美国建筑和工程公司带来的明显收益相比，像符
牌这样的村庄的"成功故事"是为了赢得对此持怀疑态度的参议
员的支持，尽管他们对林登·约翰逊（Lyndon Johnson）总统的
国内扶贫事务更感兴趣。最终参议院还是以 93 票赞成、2 票反对
的结果通过了这项开支法案。

　　然而，非军事行动报告中没有强调的是，对于试图融入古老
景观的外国士兵来说，这项工作具有强烈的危险性。相比之下，
村民已被迫适应了几十年的警察扫荡、拘留和军事行动。在许多
情况下，看起来最不可能进行暴力袭击的人——老年人和年轻妇
女——成了最危险的人。妇女往往更容易通过检查站和巡逻队的
检查，一些人还自愿进行自杀式袭击。村里达到兵役年龄的男子
经常选择离开，以避免被拘留或被征入南越军，而妇女则留下来
采购物资并为民族解放阵线提供情报。美国方面的报告强调了联

合行动排成功的伏击和侦察工作，而党史则记载了民族解放阵线的成功。有一次，民族解放阵线的一支突击队在夜黎村袭击了联合行动排小组的住所。一个月后，夜黎村的两名妇女将反步兵地雷偷偷放在包里，在美国人就诊的医务室里引爆，杀死了几名美国士兵和一名美国护士。[26]

山地战争

当美国人试图清扫民族解放阵线在沿海村庄的政治基础设施时，越南人民军与人民解放武装力量的联合部队则集中力量，对美国与南越军的山区基地发起了一系列攻击，其中于 1966 年 3 月 9 日和 10 日两次成功袭击了阿绍特种部队基地。[27] 从他们的空间和环境逻辑来看，越共对美军山区基地的攻击也是美国在低地村庄行动的写照。美国人努力从空中视角转向地面，关注人们在村庄集市和道路上的日常活动，而越共部队则试图在地面上使用武力来摧毁美国人的空中平台。

与美国人在符牌村的"胜利故事"相比，越共部队强调了他们在对阿绍的毁灭性攻击中的"胜利故事"。这场恶战造成了几百人的伤亡，它表明经过多年的小道建设，在中国和苏联的物质支持下，越共力量的地面网络可以显著地限制美国人的空中平台。

1966 年冬天，在阿绍，越共部队利用笼罩在山谷上空的一层厚密的低云，掩护他们进攻前的准备行动。他们用安置在山坡上的 80 毫米火炮发动进攻，在山坡上可以看到云层之下的基地，也可以看到云层之上来袭的飞机。他们的第一批攻击目标是基地的无线电通信小屋。第一轮攻击于凌晨3点50分发动，瞬间切断了当地与富牌和岘港的无线电通信。在炮击发生四个小时后，美国士兵才重新建立起无线电通信，并呼叫空中支援。然而，当轰炸机和武装直升机到达时，他们无法穿透云层看到越南人民军的部队，山上的高射炮群开始从山脊线上向美国飞机射击。一架AC-47幽灵式炮艇机（Spooky），一架一侧安装有重炮的DC-3飞机，在营地上空盘旋以提供火力掩护，但营地仍被80毫米火炮摧毁。美国运输机试图将弹药和口粮投放到被围困的营地内，但一些补给被丢进了敌占区。南越军和美国海军陆战队的运输直升机试图降落并实施救援，但有几架遭到了猛烈的火力攻击并被摧毁。日落时分，越南人民军和人民解放武装力量用75毫米无后坐力炮对基地发起了新的攻击，许多建筑物变成废墟。

第二天，越南人民军与人民解放武装力量发动了地面攻击，茂密的象草丛掩护了他们的行动。由于象草在被落叶剂毁坏的周边地区迅速蔓延，覆盖了一条地雷带，南越军的部队并不愿意走到草丛中与对手交战。第二天晚上，越共部队占领了该基地。在营地的434人中——美国特种部队、依族卫兵、南越军士兵、翻译和平民——共有248人失踪，172人确认身亡。行动报告中所描述的"阿绍灾难"并不是一个孤立的事件。在整个高山地区，越南人民军与人民解放武装力量的联合部队都发动了类似的大规模攻势。3月10日，幸存的美国人带着他们战友的遗体逃离了基地。仅仅两个月后，在5月的一个炎热干燥、万里无云的日子里，一支来自岘港的美军分队乘坐九架直升机来到阿绍的惨烈现场埋葬死者。他们发现了 24 具越南人和一具美国人的尸体。他们收集了越南人尸体的信息，将其就地掩埋，然后他们将唯一的美国人尸体装入尸袋，飞往岘港，准备回家。调查人员怀疑，在布满弹坑的飞机跑道的外围，厚厚的象草丛中还隐藏着更多的尸体，但他们担心会遭到越共狙击手的袭击，或者无意中引爆地雷。[28]

虽然没有看到越共的行动总结，但从一份缴获的文件可以看出，这些攻势也导致了越共部队的惨重伤亡。人民军 325A 团排长阮德俸（Nguyễn Dức Bống）在笔记本中详细列出了一份认为进攻阿绍是不智之举的批评者的名单，这些人目睹了士兵的大量伤亡，尤其是在穿过草丛时的第二波进攻中。阮德俸在笔记本上记录了阵亡官兵的个人详细资料，注明要告知其国内的家人。排长还建议采取措施"从政治上净化部队"。[29] 然而，笔记本和士兵都没有到达目的地——这个排在那个夏天袭击另一处美军山区基地时全员阵亡了。

轰炸丘陵，空运士兵

1965 年至 1966 年，在高山地区和越南人民军与人民解放武装力量的惨烈作战，使美国国内的决策者们清醒地认识到了现实：他们不可能仅靠空中支援赢得山区战争。他们转而批准加派几十万地面部队，并配备突击直升机和高空轰炸机。威斯特摩兰将军大幅提升了部队的空袭能力，推进了直升机的"空中骑兵"

攻势，此后这成为战争中的一个标志性特征。针对中部海岸的三个高纬度地带，"空中骑兵"的行动标志着一种新的努力，即不仅要在山地战区的上空占据优势，还要用直升机快速运送数百名士兵抵达战场。在1966年年中，更多的海军陆战队和陆军部队抵达海岸以加入这些行动，他们就在1号公路沿线和空军基地外围扩大营地。他们用直升机在沿海丘陵上执行搜索和摧毁任务，经常清除此地孤零零的棚屋，并攻击在这些地区发现的人员。为了封锁山区，美国对越军事援助司令部也下令猛烈轰炸山地。在南越的边界周围，他们投放了电子传感器并加强了空中监视。然而，越南人民军的部队发起了反击，实施"扫荡"行动，占领了孤立的营地，并在这些被毁坏的营地周围重建新的战区。[30]

150

随着美军持续涌入越南的港口，越共部队扩大了在山地的控制区，中间那些被砍伐得光秃秃的丘陵再次成为动荡不安的前线战场。1966年12月，当美国海军陆战队在山上进行扫荡行动，同时沿1号公路建立新营地时，他们在和美附近遇到了极为有力的抵抗。越南人民军第324师从老挝境内的小道沿着9号公路向东扩大进攻，9号公路是该地区连接老挝与广治省和海岸的主要公路。第324师的一个营，即第6营，与人民解放武装力量第802营一起在承天顺化省以南的地方作战，目标是重新打通前往和美的东西走向的小道系统。当美国海军陆战队向西推进到同一个山头时，双方部队在这个曾经的"革命的摇篮"附近发生了一连串零散的遭遇战。人民军与人民解放武装力量的1000多名士兵对美军营地展开攻击，用小型武器袭击1号公路沿线的基地，发射炮弹和火箭弹。海军陆战队没有料到越共部队会在公路的低地深处发动攻击，美国对越军事援助司令部又增加了三个营的兵力（超过 1500 人）进行反击，轰炸机投下的凝固汽油弹将山头夷为平地，B-52 轰炸机还在对和美周围地区进行密集轰炸。1966 年圣诞节，美国海军陆战队组建了埃文斯营（Camp Evans），该营以第一个在战事中阵亡的美国人命名。[31]战斗又持续了四个月，但在空间上没有取得实质性进展。

美国海军陆战队营地在 1 号公路上的特殊位置，以及越共军队在和美的行动，体现了公路沿线的美军和南越军在最严酷的环境条件下的艰难处境。越共军队不仅从山上，还从沼泽和沙丘上多次发动攻击。作为回应，美军进行了密集的轰炸。在四个月的时间里，美国的轰炸行动夷平了和美及周围山上的十个小村庄。当越共士兵从沿海沙丘攻击营地时，一架 AC-47 幽灵式炮艇机向他们倾泻了 3000 磅的子弹。一张从美国国防部数据库中获取的轰炸任务记录图，显示了这四个月期间的轰炸强度。[32]

1967 年，突如其来的增兵和轰炸使沿海地区的基地建设进入了一个前所未有的阶段。与此同时，数千吨的弹药还在猛烈地倾泻到当地山坡。在这里，"创造性破坏"的理念正受到极端的考验。丘陵的塌陷产生了塞缪尔·亨廷顿所描述的"强制性征召城市化"，即把来自轰炸地区的逃生难民送往位于公路边美国基地附近的难民营。在过去的许多战争中，光秃秃的丘陵和"荒地"曾是首当其冲的战场，而现在，美国在扩大行动中往这些地方投下了大量炸弹。这种依靠轰炸和直升机攻击的搜索与摧毁行动的目标，不再局限于山区的几个偏远基地或空军基地周围的非军事行动。

1967 年在和美与埃文斯营地周围的战斗，都只是在中部海岸边缘的低山地带所进行的系列行动的一小部分。图 5.4 显示了1966 年和 1967 年美军在越南中部的轰炸行动情况。在非军事区以南，轰炸最密集的地区是山麓地带。在非军事区以北，美军的轰炸集中在海岸，而越南人民军在转向内陆进入老挝之前，是通过铁路或公路行军的。通过这张照片，可以统计出所有任务中投下的炸弹共达 11 万吨。其中 81% 是常规炸弹，8% 是燃烧弹（凝固汽油弹、白磷弹），4% 是集束炸弹。相比之下，图 5.4 中的面积大致相当于西弗吉尼亚州或挪威的面积（6.2 万平方公里）。仅

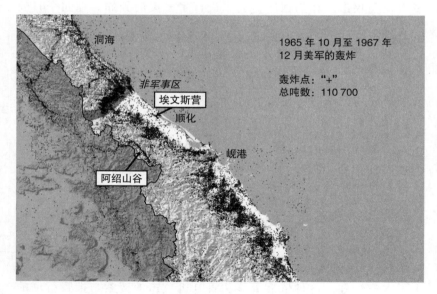

洞海

非军事区
埃文斯营
顺化

岘港

阿绍山谷

1965 年 10 月至 1967 年
12 月美军的轰炸

轰炸点："+"
总吨数：110 700

图 5.4　1965—1967 年美军对中部海岸的轰炸行动情况

资料来源：轰炸点数据，美国空军雷神地理信息系统（US Air Force THOR GIS）。底图由ESRI Inc. 提供。由笔者绘制。

　　　　　　　　　　墓地中的军营：越南的军事化景观

仅在越南的这一地区，两年里投下的弹药就超过了 1943 年在西欧投下的炸弹总量的一半。[33] 除第一次世界大战中的某些战场外，世界上没有任何地方曾发生过在如此集中的空间里实施如此密集的轰炸的情况。

战争与城市

虽然美国轰炸和军事行动的范围大大扩展，按照亨廷顿的理论，这可能导致了人口和景观的分化，但像顺化这样的城市从未完全与战争隔绝。顺化的军事和政治冲突并不是从 1968 年的春节攻势才开始，而是在早期学生和佛教徒抗议西贡政府、军队特别是美军时就发展起来了。1966 年美国军事行动的迅速升级，尤其是加强山区的轰炸，引发了包括南越军的领导人、佛教领袖，甚至顺化官员在内的各界人士的新一轮街头抗议。

继学生和佛教徒对吴庭艳政府进行抗议后，1966 年在顺化和岘港的街头出现了由统一佛教会（Unified Buddhist Church）领导的新的斗争。1966 年 3 月，西贡军政府首脑阮高琪（Nguyễn Cao Kỳ）解除了第一军区阮正诗（Nguyễn Chánh Thi）将军的指挥官职务，抗议活动随之爆发。阮正诗在南越军中效力多年，颇具人格魅力，在过去针对吴庭艳的政变中表现活跃，而且是一名佛教徒。与越南中部的许多军事领导人一样，他对阮高琪政府的反民主政策以及默许美国扩大军事行动的要求感到震惊。阮正诗与越南中部的其他军方、民间和佛教领袖一起，拒绝了西贡驱散学生抗议活动的命令，于是他被阮高琪下令撤职。[34]

　　由于美国的军事和民事机构主要在城市和沿海地区开展非军事行动，因而顺化的斗争运动是对越南城市地区与美国人紧密结盟的理念的直接挑战。在阮正诗将军被撤职后，学生抗议者涌入顺化电台，开始播放反美节目。顺化的文官和军事领导人没有作出任何回应。顺化和岘港的电台工作人员允许学生们每天广播几个小时。在几个月的时间里，顺化的警察和南越军的部队也都没有执行西贡方面下达的驱赶学生的命令。考虑到美国的"无线电走廊"（radio corridor）是1963年至1964年以天线场和富牌机场的无线电研究部门为基础建立起来的，这一结果显然打击了美国通过电波赢得越南人心的野心。在顺化和岘港，市政官员和工作人员呼吁开展被阮高琪和其他人认定为公开反抗西贡的活动，公开谴责美国不断扩大的军事行动，尤其是其轰炸任务。[35]

　　虽然抗议者也把愤怒的矛头指向军政府，但他们最终在顺化与美国士兵发生了冲突。3月26日，一名美国士兵拉下了一条反美横幅。此举立即在顺化电台引发了回应，抗议者和南越军的支持者要求该士兵公开道歉并更换横幅。威斯特摩兰将军最终出面介入，为防止再发生变故，于是进行了道歉。[36]那年春天，随着更多美国军队的到来，抗议活动持续进行。5月，一名美国士兵枪杀了一名陪同抗议者的南越军士兵，引发了另一波得到南越军士兵大力支持的反美抗议活动。5月26日，举行完该士兵的葬礼之后，抗议者烧毁了顺化的美国新闻署图书馆。随后，阮高琪命令驻扎在顺化的南越军第一师调往广治，该师的指挥官拒绝镇压抗议活动。为了抗议这一调动，抗议者冲击了美国领事馆。

当效忠西贡的部队驾驶着美国制造的坦克前往顺化以恢复秩序时，抗议者采取了一种新的抵抗策略，在城市街道中央放置用佛教旗帜包裹的家庭先祖祭坛。这种象征性的行为是一种极不寻常但非常有效的抗议形式，坦克避开了祭坛，在顺化和岘港的市区之外等待。[37]这种以家庭为中心的小规模反抗行为，凸显了许多越南人面临的深刻冲突，他们的家庭关系不仅仅在城市内，还在同样遭受地毯式轰炸和经受搜索与摧毁的农村地区。顺化的大多数家庭与祖先的村庄只有一代之隔，成千上万的年轻人离开了农村的家庭，来到城市的学校。由于家庭关系将学生（和南越军士兵）与战区的祖籍地联系在一起，美国在这些边境丘陵地区的军事行动往往对生活在顺化的年轻人产生了间接影响。基地建设也加剧了紧张局势，因为南越夺取了村庄的土地，特别是有坟墓的地区。在 1966 年秋季行动升级期间，驻扎在富牌的美国海军陆战队员占领了夜黎的一个小村庄的山头，并将其改名为"墓碑着陆场"，因为这个临时着陆场周围有许多坟墓。[38]

• • •

越共于 1968 年 1 月 30 日发动了春节攻势，标志着这场冲突在空间和景观方面迎来了关键转折点。以顺化为中心的战斗，从 1968 年 1 月 31 日农历新年的清晨开始持续了一个多月，越南人民军与人民解放武装力量的 4000 多名士兵控制了这座城市，城楼上悬挂着民族解放阵线部队红蓝两色、中间绣有五角金星的旗帜。这次城市的易主有些超出人们的预料，因为它打破了亨廷顿的城市化理论，证明城市并不是美国支持者坚不可摧的据点。

对许多越共士兵及其家属来说，这也是一种回归。1968 年的战斗并不是人们以为的第一次春节攻势，而是第二次。1947 年 2 月，法国军队入侵顺化市时，几千名越盟青年逃离了该市。那一年，越盟的陈高云团和非正规军一起在被炸毁的桥梁和战壕中作战，击退了入侵者。他们撤退到和美战区与山区的防御工事里。这个团后来被命名为第 101 团，在 1951 年成为越南人民军第 325 师的一部分。1954 年后，该团的士兵向北迁移，而他们的家人则留了下来，其中许多人因为是"当地的越共"而遭到报复。20 年后的 1967 年，陈高云团在广治省 9 号公路前沿的广治—承天作战。1967 年 5 月，其政治领导人与人民解放武装力量各师和地方区委的干部重新组织起来，组成第四联区党委，协调 1 月 20 日至 31 日的攻击行动。[39] 陈高云团准备对非军事区南侧、9 号公路附近山上的美国海军陆战队溪山（Khe Sanh）营地发动大规模攻击。[40] 1967 年 5 月，该团的炮兵部队用火箭弹袭击了公路沿线的美军和南越军的防线。5 月 27 日，人民解放武装力量的一支炮兵部队向顺化市发射火箭弹以试探该市的防御，击中了美国对越军事援助司令部办公室、南越军第一师总部和顺化电台的广播办公室。在秋天，这些部队在小道边的山上，还有收复的阿雷和南东战区储存了 6.1 万多吨物资。[41]

从社会角度看，越共对城市的进攻也很重要，因为自 1801 年阮氏舰队的进军以来，越南内部还没有发生过大规模进攻城市驻军的情况。尽管越共一再将这场战争描述为针对美国"入侵者"和越南"走狗"的抵抗斗争，但这次行动毕竟导致了城市破

155

　　　　　　　　墓地中的军营：越南的军事化景观

坏和人员伤亡。当美军和南越军最终在老城墙内切断了越南人民军与人民解放武装力量部队的退路时，后者展开了一场激烈且代价惨重的撤退行动。

越共为进攻所做的准备，即将武器和士兵暗藏于城内的住宅中，也说明了在邻里和家庭成员之间存在着激烈的意识形态分歧。在南越军士兵和秘密警察的眼皮底下，人民解放武装力量将供应几千名士兵的武器秘密运到该市。到 1967 年 12 月，来自人民解放武装力量的富春第六团（1800 名士兵）、四个步兵营（1300 名士兵）、一个火箭炮连（100 名士兵）以及另外 1000 名当地士兵，成功地潜入该市。[42] 在城外的山上，人民解放武装力量的第九师和第五师以及各专业兵种又补充了 4000 人兵力，他们在城外秘密布防，以阻止富牌等基地的美军和南越军士兵采取行动。[43]

这种秘密的、成功的战备，突出了家庭在支持、隐藏和供给部队方面所发挥的重要作用。许多过去因被视为"当地的越共"而遭受苦难的人支持了越共军队。参加战斗的越共老兵回忆道，他们与家人躲藏了几个星期，小心翼翼地不让邻居听到他们独特的北方方言。[44] 越共部队的武器是通过运送鲜花和水果的卡车运到节日集市里的。假冒的葬礼队伍运送装满武器和弹药的棺材，由那些支持者将它们埋在佛塔和教堂里。装有大米和蔬菜的篮子里也藏着炸药。越共士兵身着便衣，有的甚至穿着南越军的制服来到这里，他们混入了庆祝春节和节日集市的人群之中。[45]

这场进攻是在厚厚的云层下展开的，云层导致美国直升机无法安全抵达该市，却能掩护越共部队抵达其目的地。1968 年 1 月

156

31 日凌晨 2 点 30 分，人民解放武装力量向该市几十个预先选定的目标点发射炮弹和火箭弹。然后，人民军与人民解放武装力量在指定地点会合，占领了香江北岸的城堡地区，即旧皇城。晨光中，皇宫前树立起了一面巨大的，中间有一颗金星的民族解放阵线旗帜。在接下来的几天里，欧洲区河对岸的人民解放武装力量部队发起袭击，在美国海军陆战队从富牌赶来增援之前，他们几乎攻占了美国对越军事援助司令部的办公室。驻扎在城墙堡垒内的南越军第一师，勉强挡住了一波又一波的攻击。[46] 在接下来的几天里，人民军和人民解放武装力量在旧皇城内自由行动，而在河对岸的"新城"的部队则与美军作战并遭受了严重的伤亡。

几天后，硝烟散尽，关于战斗的描述充斥着电台和电视广播，并向震惊的全球观众发送了民族解放阵线的旗帜和街头战斗的画面。2 月 6 日，哥伦比亚广播公司（CBS）的新闻播出了一个片段，报道了美国海军陆战队的两个连从美国对越军事援助司令部总部突围，并在顺化大学和省府周围的两个街区进行巷战的场景。新闻摄像机跟踪报道了海军陆战队在住宅和大学建筑上炸出巨大窟窿，以及与越共部队的机枪对峙的情况。在报道录像画面的最后，海军陆战队完成了他们的目标，并在省总部升起了一面美国（而不是越南）国旗，撕毁了缴获的民族解放阵线的旗帜。[47] 这次电视报道向全世界数百万观众所展示的战斗的惨烈程度与亨廷顿等社会科学家充满信心的报告并不相符。哥伦比亚广播公司的新闻主播沃尔特·克朗凯特（Walter Cronkite）在春节攻势结束两周后前往越南，在西贡、顺化和其他城市进行报道。当他回来时，他对美国的战争行为发表了历史性的谴责，激

157

　　　　　　　　　墓地中的军营：越南的军事化景观

起了公众对战争的讨论热潮。[48]

照片和统计数字呈现了这一个月的战斗造成的物质破坏，强调了该市大量平民付出的沉重代价。猛烈的炮击和坦克的作战，摧毁了1万多所房屋，导致该市40%的人口无家可归。5000多名平民被列入死亡或失踪名单。[49]1969年7月，南越军的军史部门负责人发布了关于春节攻势的报告，报告长达490页，其中有40多页是顺化战役的图片。这篇报道强调了大规模逮捕南越官员，以及随后越共部队带着战俘在炮火下逃离城市的情况。该报告根据缴获的民族解放阵线文件，详细介绍了有针对性的逮捕计划，以及对2月23日越共部队撤退后的攻势的评估。[50]越南人民军的官方战史以委婉的方式承认，在南越军和美军的猛烈炮火下，人民军在撤退时出现了纪律问题。[51]

顺化市这段充斥着破坏性暴力的历史，激发艺术家们创作出那个时代最著名的战争歌曲和故事。他们注意到，在战斗结束后的几周内，到处都是尸体、被毁坏的房屋和戴着白头巾的人，他们在为死去的亲戚和朋友哀悼。由于其即时性，城市战役更加突显了多年来在山上肆虐的暴力冲突；艺术性的回应指出了战争对个人关系和家庭历史造成的复杂创伤，这也许是比新闻故事更好的叙述方式。南越最受欢迎的歌手之一郑公山（Trịnh Công Sơn）写下了《致亡者之歌》（*Ballad for the Dead*）等歌曲，描绘了他家乡的惨烈场景：

尸体在河面漂浮，在田野曝晒。
在城市的屋顶上，在盘绕的小道上。

158

尸体无助地躺着，在寺庙的屋檐下。

在城市的教堂，在荒野的边际。[52]

雅歌的《顺化的哀悼头巾》（*Mourning Headband for Huế*），通过更多个人细节描述了战事如何打破了家庭和邻里的关系。她在春节前就去了顺化，参加她父亲的葬礼。随后她在防空洞里躲了几个星期，小心翼翼地配给食物，并在战斗中止时转移至别处。在战斗中幸存下来后，她回到了西贡，并在一家反战报纸《和平》（*Hòa Bình*）上发表了关于围困的故事。[53]她的故事详细描述了平民所面临的灾难，因为许多家庭都在拼命地保护青少年以及脆弱的挚亲。[54]

军事城市建设

美国国内对春节攻势的政治反应，是在夏季的共和党和民主党大会至 11 月大选期间掀起的抗议和辩论浪潮中发展起来的。相比之下，军事反应则空前迅速。在几个月内，中部海岸的新基地如雨后春笋般出现。美国对越军事援助司令部从西贡机场搬到了北边 30 公里处的一个大型空军基地。它在富牌建立了新的前线司令部，并将碱土山和夜黎上方的土地变成了一个军事城市，直升机停机坪和繁忙的跑道周围灯火通明。就在顺化市的战斗平息几周后，美国海军工兵营来到这里，修复被破坏的基础设施，并迅速为即将到来的约 4.5 万名美军修建了几十个预制营房、机库和道路。

越共的攻势对当时的基础设施造成了严重破坏，特别是1号公路沿线的海军基地，从子弹到口粮再到石油，所有物资的流动都中断了。工兵炸毁了从顺化到非军事区的大部分主要桥梁，步兵占领了将顺化与岘港分隔的山口。他们炸毁了向富牌供应航空燃料的管道，也破坏了那里的储油罐。在2月份的战斗中，美军需要在冬季云层散开时通过空运进行补给。该月美军每天消耗的物资超过2600吨。4.5万名美军将在夏天抵达，因此该地的住房和后勤设施需求尤为迫切。[55] 由于美国对越军事援助司令部的办公室已经迁移，威斯特摩兰将军命令美国陆军第101空降师搬迁到夜黎的山上。根据约翰逊总统向国会提出的增加部队和开支的紧急请求，他在该师中增加了第82空降师的一个旅（3000人），以及来自南加州的美国海军陆战队团级登陆队（约1000人）。前线司令部包括陆军和海军陆战队的将军，他们与海军和空军进行联络，以协调涉及所有部队的作战行动。[56]

1968年1月，前往顺化的海军工兵们带着运输船队从加利福尼亚的怀尼米港（Port Hueneme）出发，运载着组合式预制房、推土机、起重机和工具，目标是修复顺化周围破损的基础设施，建造新的军事基地。第8工兵营的年鉴生动描述了在该地区的活动。随着顺化战役的结束，第8工兵营修复了连接顺安和顺化的15公里公路，重要的桥梁和从海岸附近的油库输送石油—润滑油到富牌的管道（图5.5）。

与之前的海军陆战队一样，海军工兵们将部分精力用于重建民用基础设施。然而，这个工兵营对他们在那个春天遇到的破碎

图 5.5　在顺安附近重建的油料罐区

资料来源：美国海军第 8 工兵营《顺化，富牌，1968》(*MCB 8: Hue, Phu Bai, 1968*)，第 9 页。

建筑、瓦砾和垃圾的体量毫无思想准备。年鉴中的照片详细描述了顺化市内残余建筑的框架——被炸毁的顺化大学大楼、被炸毁的桥梁以及堡垒内成堆的废墟。当海军工兵们到达陆军基地——海军陆战队集结区墓碑着陆场时，他们发现山上覆盖着一层厚厚的垃圾。2 月的战斗过后，山上布满了空罐头、弹壳、靴子和箱子（图 5.6）。年鉴中的两张快照，其中一张是一个男孩穿着一双作战靴，另一张是他和其他男孩翻检垃圾堆中的物资。这两张照

　　　　　　　　　　　墓地中的军营：越南的军事化景观

图 5.6　孩子们在 5 号村的军事废弃物中捡拾废品

资料来源：美国海军第 8 工兵营《顺化，富牌，1968》，第 108 页。

片突出反映了战斗导致的大量物资消耗。南越军的部队陪同第 8
工兵营一起到达，他们允许夜黎的村民在推土机铲平该地之前，
去垃圾堆收集他们想要的东西。

　　1968 年，随着美军供应链在中部海岸的扩张，附近的村庄陷
入了这种新的建设活动及其物资流动带来的困扰，特别是废弃物
品。第 8 工兵营的推土机将山顶刨开，开辟出连接军队基地与富
牌的道路。推土机推倒了几十座坟墓，导致南越军和村民共同发
起抗议，迫使美军在坟墓周围重新规划道路和建筑。到了夏天，
陆军工程师和一家私人公司——太平洋建筑工程公司（Pacific
Architects and Engineers）来到这里，为 101 空降师的鹰营完成营地
建设。到 9 月份，陆军部队已经到位，基地也开始运作。夜黎的
居民再也不敢冒险去他们的老村庄——夜黎上了，因为那里部分

160

位于雷区边缘并被埋设了定向爆炸燃烧装置。一个由瞭望塔、周界灯和机枪阵地组成的网络也守卫着外面的边缘地带，而且士兵们也会留意任何有攻击迹象的风吹草动。[57]

在围墙内，鹰营不论是从物质还是文化上来看，都相当于一个小型城市。空中热闹非凡，直升机不分昼夜地起降，运送部队并支援位于山顶的火力基地新网络。鹰营的每支部队都有自己的俱乐部，基地还有一个露天剧场——鹰碗，用来接待喜剧演员鲍勃·霍普，以及为上万名观众表演的舞女和摇滚乐队。[58]一些村民在门口处排队，想在里面当临时工，还有几十个人从事体力劳动。由于基地产生了大量的垃圾，一些村民们帮忙把这些垃圾拖到临时的垃圾场，另一些人则在那里捡垃圾。在人类学家詹姆斯·特鲁林格 1975 年对夜黎村民的采访中，村民们反复回忆起前往山顶上的祖坟的危险旅程。一个人回忆说，他和儿子一起修葺坟墓时，曾被部队枪击。[59]

到了 1969 年，这个军营群已经扩展得和顺化市一样大。这些营地、道路，甚至一些山顶火力基地形成了可以在高空中看到的新基础设施。下面这张解密照片是 1969 年 3 月 20 日美国最高机密侦察卫星拍摄的图片，显示了一年后该地发展的程度（图5.7）。在这张照片的顶部中央，顺化堡垒的方形轮廓可作为一种空间参照物，每侧的长度均为 2.5 公里。第 101 空降师的总部设在鹰营，美国对越军事援助司令部前线指挥部和美国海军陆战队则位于富牌战斗基地。被华盛顿的照片解译员称为锁眼图像的这部分内容，大约是矩形框架的三分之一。图像中的特写细节显示了这些新基地的城市性质，建筑物和道路形成了密集的网格（图 5.8）。

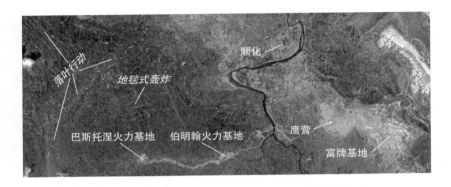

图 5.7 基地区域，1969 年 3 月 20 日。注释由笔者标注

资料来源：CORONA Frame DS1050-1006DF129，由美国地质调查局地球资源观测和科学中心提供。

图 5.8 富牌战斗基地，1969 年 3 月 20 日

资料来源：CORONA Frame DS1050-1006DF129，由美国地质调查局地球资源观测和科学中心提供。

在基地的边缘地带，还可以看到田地和住户的树篱。

美军在山顶建立了火力支援基地，将炮火引向高地。古老的创始村和高地卫星村的关系，在这里以暴力的形式得到再现。与古代的情况相似，每个火力基地（卫星村），在供应和指挥方面与主基地（创始村）相连。鹰营是1号公路附近的政治和物资中心，通过直升机向山顶输送人员和物资。图5.7中有一条看似是白色丝线的石子路，即547号省道，它从基地向西蜿蜒穿过香江进入丘陵。这条路就像植物的根一样向土壤深处延伸，为卡车车队提供了一条重要的通道，将炮弹、部队、武器、口粮、啤酒、燃料、备件和凝固汽油弹运往伯明翰（Birmingham）和巴斯托涅（Bastogne）等火力基地。

163　　　从制造暴力的那一刻起，直到几年后撤离，这些火力基地是战争中最集中的破坏场所。作为1968年世界上最大的后勤组织，美军制作了分步骤解说的手册，引导指挥官迅速建造这些山顶堡垒。下面这段话引用自第一骑兵师指南，可以让我们感受到当时的破坏力：

> 如果要处理的地点是一片茂密的丛林，即使是最小的开口也需要地面人员花费相当长的时间来清理。因此，使用更有效的手段对指挥官来说是有利的，例如使用大型的航空炸弹，可以完全摧毁投放区域内的所有植被。被称为"摘菊使者"（Daisy Cutter）的750磅炸弹在离地面约10英尺处引爆，可以完全摧毁半径10英尺的区域内的所有植被，并使相当

大一片树木倒伏。1万磅的炸弹可以造成同样的破坏，不过覆盖面积更大……更重要的是，预备火力在清除火力点方面发挥着重要作用。[60]

在鹰营以西的山上，军事指挥官们下令建立"临时着陆 164
场"。在首次轰炸之后，他们遵循了额外的指导方针。货运直升机以"火焰投掷"的方式投下桶装凝固汽油弹，焚烧倒下的树木并烧掉周边的灌木。一架更大的直升机——CH-54"空中起重机"——先后运来了推土机、榴弹炮、部队和建造掩体的工兵，炮兵阵地和营地几天之内就完成了施工。直升机每天从基地运来榴弹炮、炮弹、物资和人员。带着喷洒装置的直升机定期到基地周边喷洒除草剂和除蚊的滴滴涕。

这个通过空投建起来的基地网络，检验了美国空中平台的 165
极限。然而，即使有了新的基地城市以及50多万美军组成的地面部队，这个系统也无法重新控制高地。除了越共的军事攻击之外，茂密的植被、陡峭的山坡和无处不在的云层也对前往山顶的行动带来了挑战。当美军101空降师试图清理一个山顶然后空运物资时，即遭遇了这种地形带来的困难，如图5.9和5.10所示。在每张图片的中心，都有一架CH-47式直升机在现场上空盘旋，给人一种在空间上的优势感。然而，尽管附近有直升机、大炮和无线电通信，但下方的土地仍然笼罩在云层中。在秋冬季节的几个月里，大雨给士兵们增添了不少麻烦，雨水使植被消失殆尽的山顶变成了黏稠的泥坡。

图 5.9　斯佩尔火力基地（Firebase Spear），1971 年 4 月 2 日

原始照片上有以下信息："第 101 空降师（空中机动部队）321 炮兵第 1 营阿尔法炮台就位。"资料来源：Box 8, Information Officer Photographic File, 101st Airborne Division, RG 472，美国国家档案与记录管理局，马里兰州大学园区分馆。

墓地中的军营：越南的军事化景观

图 5.10　斯佩尔火力基地，1971 年 4 月 22 日完工

资料来源：Box 8，Information Officer Photographic File，101st Airborne Division，RG 472，美国国家档案与记录管理局，马里兰州大学园区分馆。

　　从春节攻势开始，直到 1968 年和 1969 年，伴随着美军人数的增加和火力基地的扩大，空袭任务已是 1966 年至 1967 年期间的三倍。图 5.11 描绘了与图 5.4 相同的越南中部地区，显示了 1968 年 1 月至 1969 年 12 月期间美军空袭的范围。同二战时欧洲的空袭比较，这两年的投弹量几乎相当于 1943 年盟军在西欧上空投下的所有炸弹的两倍。对胡志明小道老挝段的轰炸也大大加强，它从满是弹坑的丘陵向西延伸到森林覆盖的山峰，特别是阿绍山谷周围。

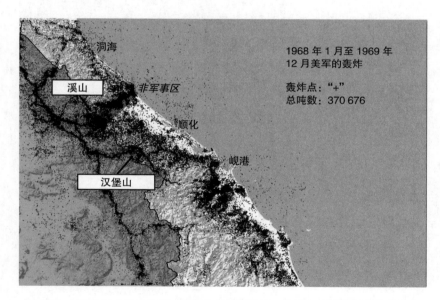

图 5.11　1968 年 1 月 1 日至 1969 年 12 月 31 日，美军在中部海岸的轰炸任务

资料来源：轰炸点数据，美国空军雷神地理信息系统，底图由 ESRI Inc. 提供。由笔者绘制。

为通行而战

当美国人把他们的空降网络从基地城市扩展到山顶上的火力基地时，越共部队加强了在山路网沿线和基地周围的基础设施建设。中央情报局根据 U-2 侦察机和科罗娜卫星拍摄的照片编写了情报备忘录，指出在阿绍山谷，越南人民军与人民解放武装力量部队自 1966 年年中取得胜利以来，扩大了他们的全天候道路网络，改善了有线通信（以避免无线电传输装置点被发现），甚至清理了废弃的特种部队基地的旧跑道，此举也许是为了给他们的空中货物投送做准备。在抵挡住春节攻势后，美国轰炸机轰炸了这些废弃的基地和任何有证据表明是越共营地的地方。中央情报局的报告格外强调了老挝的可疑仓库和营地，并提供了一张地图，显示了越南人民军与人民解放武装力量的工程师们已经修完了 200 多英里的石子路，这条路将老挝的小道与 9 号公路沿线的广治和阿绍山谷战线连接起来。沿着这些仍由 559 运输团维修的道路，施工单位扩大了车辆仓库，增加了高射炮，加固了营房，并铺设了一条（直径）8 英寸的管道，供应柴油和煤油。[61]

1968 年和 1969 年的这些绝密发现，指出了一个与美国在沿海地区的建设相反的城市化计划，即在 1945 年之前几乎未在地图上有所标记的土地上，建立全新的越南城市走廊。虽然美国人在春节之后的轰炸行动和军事攻击，无疑对成千上万在山路网工作的人造成了破坏性影响，但对山顶、越共的道路和大片森林的系统性破坏也是一把双刃剑。在短期内，它迫使小路改道，电线和管道重新连接。从长远来看，B-52 轰炸机和凝固汽油弹用暴力清除了古老雨林，驱赶了原住民，为战后的国家建设开辟了山坡上的空间。

关于该地区网络的城市化问题，中央情报局的地图还指出了另一个让人不安的关于空间的事实。随着越南人民军与人民解放武装力量的工程师将他们的道路向东推进，他们最终会到达美国人从沿海基地向西延伸的新道路和走廊。被围困的溪山海军陆战队营地在非军事区附近，标志着 1968 年的边界，而在春节攻势之后，在顺化附近，越南人民军与人民解放武装力量的工兵控制着 547 号公路，向东可以通往 101 空降师的巴斯托涅火力基地。如果从高空看这些对峙的建设活动，人们甚至可以想象它们是在试图连接彼此。

汉堡山

虽然美国飞行员和火力基地的炮手们可能会诅咒低沉的云层和大雨，但暴雨同样使越共的道路变成泥地，并且每年的秋冬两季都会使道路建设工作陷入停滞。越共的战斗具有很强的季节性。越南人民军与人民解放武装力量的部队计划在雨季结束后于 1969 年冬春季发动攻势，同时在多雨的冬季建立藏身处和补充兵力。这种季节因素影响了 1968 年春节攻势的时机，一年后，它又影响了第一次与增援的美军在公路交会处的战斗。

这场后来美方记载中的"汉堡山战役"，发生在可以俯瞰被

　　　　　　墓地中的军营：越南的军事化景观

围困的公路枢纽的山上，越共的"高速公路"由此从老挝进入阿绍山谷，而547号公路也以此为起点。1969年3月，随着云雨的消散，双方都把注意力集中在这个路口，认为这对推进和保护他们的努力至关重要。越共的广治—承天地区委员会命令几千名士兵到山谷中保护修路工作，并向东推进到美国的火力基地。随着鹰营全面投入战斗，美军规划人员急于利用他们的火力基地网络和直升机群来击溃对手。广治—承天委员会将越南人民军第324师的一个团（大约3000名士兵）转移到547号和548号公路交界处的西部山区（图5.11）。士兵们在山顶掩体周围挖掘战壕，并将重炮以及一些防空武器搬到阿比亚山顶（A Bia Mountain，即美军所称的"汉堡山"）。作为曾参加顺化战役的主力之一，人民解放武装力量第6团也提供了支持，甚至在秋天和冬天削减大米配给，为未来的战斗储备粮食。[62]

169

　　将美军与越南人民军的战史记载做一比较，并不会觉得有多么奇怪：尽管双方都遭受了很大伤亡，但他们各自声称在这场被所有人视为绞肉机的战役中取得了胜利。1969年10月，美国空军发布的一份报告密切关注了对山上的越共部队展开的陆空协同攻击。美军与南越军一起用了十天才夺取了阿比亚山主峰。这场战役共造成1000多名士兵受伤，几百人死亡。由于空袭和大炮轰击把山峰破坏得凹凸不平，硝烟散尽后几乎没什么值得争夺的了。美军与南越军不敢在越共领地的纵深处建立火力基地。与此同时，越南人民军与人民解放武装力量的部队撤到了老挝的安全掩体。整个夏天，双方都在山谷中进行了小规模的战斗。从环境的角度来看，也许最重要的是美军指挥部在5月31日后决定将整个山谷确定为特定打击区，这意味着可以在不观察当地盟军部队的情况之下发动空袭。在富牌的无线电监听员或照片解译员可以向指挥官提供越共部队移动的证据，然后指挥官可以下令在指定的坐标点进行轰炸。这个特定打击区为在山谷的密集轰炸和使用落叶剂提供了机会。[63]

与春节攻势一样，发生在汉堡山这个偏远的公路交界处的消息在美国国内引发了争论。西贡的报纸记者报道了越南人民军的激烈抵抗和美国人在这些战斗中付出的生命代价。《洛杉矶时报》（Los Angeles Times）在 5 月 28 日和 6 月 18 日的两篇报道展现了民众对这些危险的入山行动的反应。第一篇题为："美军放弃越南山林，国会争辩风暴中心"，第二篇题为："共产党人重返越南山林；美国将军准备战斗。"[64]沉重的伤亡和这些看上去毫无意义的深山战斗，激发了美国的反战抗议活动。

170　化学战和美国环保主义

美国公众除了对这些僵持不下的致命战斗进行大规模抗议外，1969 年，科学家、环保人士和一些军事领导人开始关注美军行动造成的环境影响。国防部和国务院特别对 1968 年的报告感到担忧，即橙剂中的除草剂 2, 4, 5-T 含有高浓度的污染物 2, 3, 7, 8-TCDD（二噁英）。自 1963 年以来，越共在宣传中一直将化学喷洒比作毒气攻击，但 1968 年一项令人不安的发现表明，如果这些行动让人们暴露在二噁英中，这种说法可能是真的。1968 年

1月，美国大使与美国科学促进会（American Association for the Advancement of Science）的资深科学家签约，开始调查除草剂中所谓的毒性。1969年1月，全篇报告发表在该协会的旗舰期刊《科学》（Science）上。虽然该报告并无定论，但它激发了科学家和广大公众对二噁英的一系列健康影响进行调查。《科学》杂志的这篇文章在美国大学和世界各地引发了一场公开辩论，甚至催生了一个新词"生态灭绝"（ecocide），用以描述对越南森林的蓄意破坏。从1963年起，包括国防部在内的美国机构和总统都在担忧，其有针对性地破坏森林和田地的行为可能会被指控战争罪，而反战人士就这些报道发表了他们对生态灭绝的看法。[65]

这场辩论的核心是美军在越南使用的许多化学物质，这些化学物质被用于开辟森林通道或攻击敌人营地。除了橙剂和战术除草剂，美国军方还大量使用了其他化学品，以打击丛林环境中的对手，并保护美国基地免受人为和昆虫的攻击。被分配到各个基地的化学排，负责管理凝固汽油弹和橙剂等战术物资的供应。他们还在基地内管理杀虫剂的使用，并使用柴油进行除草。美国陆军在空中投放催泪瓦斯（CS和CS2），迫使敌方士兵从地下掩体转移到地面。美军在阿绍山谷等战区的作战行动，采用的是集士兵、直升机攻击、空中轰炸、电子监视和化学喷洒于一体的混合战术。

即使在50多年后的今天，要把关于橙剂毒性的军事和科学辩论从20世纪60年代对战争和化学污染的广泛担忧中分离出来，仍然是件难事。1969年和1970年的新闻报道主要关注橙剂，却在很大程度上忽略了美军与南越军、越南人民军和人民解放武

171

装力量中化学部队的其他作用。许多大型部队都有化学连或化学排来管理炸药等战术性化学品，以及消毒剂、杀虫剂和溶剂等非战术性化学品。当美国反战活动人士在 1969 年至 1970 年关注橙剂时，很少有人注意到，自 20 世纪 40 年代末起，同样含有二噁英的除草剂已经在美国国内的花园和道路边使用了。[66]

在以橙剂为中心的历史中，人们对美军使用的各种其他化学品（许多后来也被禁止）也有了更微妙的了解。对于在鹰营的101 空降师来说，陆军化学部队第 10 化学排负责管理向战区运送橙剂等战术化学品，以及向基地喷洒滴滴涕灭蚊。化学部队成立于 1918 年第一次世界大战期间，当时美军在欧洲遭遇了毒气袭击。1945 年后，化学部队将其职责扩大到生物、放射性和核武器领域，在 20 世纪 50 年代，它监管了类似橙剂这样的除草剂的开发，这些除草剂将用于印度支那具有挑战性的高地森林中。它还管理凝固汽油弹和催泪瓦斯的供应。当 101 空降师进驻鹰营时，第 10 化学排的军官、士兵和突击支援直升机飞行员管理着这些化学品的储备。

从第 10 化学排在鹰营的一日行动便可管窥美军化学活动的范围。1970 年 1 月 21 日上午，第 10 化学排的直升机飞行员将橙剂（350 加仑）和柴油（200 加仑）以 2 比 1 的比例混合，在巴斯托涅火力基地周围实施空中喷洒。他们使用安装在 UH-1 "休伊"直升机上的喷洒装置，从鹰营到巴斯托涅火力基地之间完成了五趟往返。下午，在直升机停机坪，第 10 化学排的士兵将桶装凝固汽油弹装入 CH-47 "支奴干"直升机，进行"大规模火焰投放"（图 5.12）。机上人员将 12 个桶绑在一起（660 加仑），一旦

Members of 184th Chemical Platoon
load 55 gallon drums of CS into
CH-47 Helicopter

图 5.12　美军正在将桶装催泪弹装入 CH-47 飞机

资料来源：Box 17, General Records, Command Historian, Headquarters US Army Vietnam, RG 472，美国国家档案与记录管理局，马里兰州大学园区分馆。

到达目标上空，就将桶从后舱口推出。当桶落到地上时，一架战斗机俯冲过来，用子弹扫射，形成一个巨大的火球并烧毁地面，使藏身地下的人窒息。当天下午，第 10 化学排进行了 11 次大规模火焰投放，目标是 101 空降师第三旅正在作战的沿海地区的沼泽地和沙丘地带。下午 3 点 30 分，这些任务结束了。第 10 化学排进行了最后一次为黄昏准备的行动，即"嗅探任务"（sniffer mission）。"嗅探人员"（sniffer）驾驶着装有高科技氨气嗅探装置的"休伊"直升机。他们低空慢速飞行，刚好在树梢上方，以记录空气中氨的微弱痕迹。每检测到一丝氨气，他们都会记录下地图坐标，为当晚或第二天早上的空袭设定目标。[67]图5.12是另一个化学排装载CH-47的图片，详细描述了一次"大规模催泪弹投放"，工作人员投下桶装催泪弹而不是凝固汽油弹，在可疑的越共隧道上产生巨大的催泪瓦斯云团。

　　尽管美国的军事规划人员与南越的同行密切合作，在执行任务前几个月就选择了喷洒除草剂的目标区域，但喷洒偏移和意外破坏非战斗人员或"友好"作物的问题，突显了化学品不稳定的生态和政治影响。美国军方对除草剂项目的一份审查报告指出，数以千计的农民因农作物受到损害而向南越军方抗议。橙剂中使用的高挥发性的 2,4,5-T 往往会随风飘散几公里。另一项美国研究指出，未能对农民进行赔偿带来了深刻的政治和战略问题。一些心怀不满的农民加入了抵抗组织，而美国试图补偿农民的做法又为大范围的腐败提供了契机，因为南越政府缺乏足够的监督来核实作物损失的索赔。[68]

　　从战略和经济角度看，橙剂飘散到友方的田地或盟军士兵身上的实际情况，都表明了在战争中使用除草剂的逻辑存在更深层次的问题。执行喷洒任务的飞行员在预先确定的坐标上执行任务，并没有打算区分地面上的友军和敌军。在春节攻势之后，南越的许多学生和反战人士开始抗议美国行动的无差别破坏性，而化学破坏只会进一步加大他们的指控。1969 年有更多的科学报告发表，指出了二噁英对胎儿发育的潜在危害，因此美军领导人试图证明落叶对非平民的影响是合理的，即使是在阿绍山谷这样的斗争激烈的地区。摘自 1970 年的一份规划文件表明了军方减轻对平民损害的逻辑已经被延伸到了什么程度。它解释说："情报估计显示，在目标区域内大约有 5 个团或总共 1 万名越共部队。据悉该地区没有友好或亲南越的居民，山地居民的人口估计约为 9600人。因此，整个地区的本土人口密度不到每平方公里 4 人。"[69]这种奇怪的计算方法，将整个喷洒区域的原住民人口平均化，反映出一种可怕的企图，即有意使人们忽视以下可能性：高地居民聚居的村庄正位于喷洒的路径上，他们可能会接触到潜在的致畸化学品，同时还会失去他们的庄稼。这种无视高地人生命价值的做法引起了南越盟友日益强硬的回应，他们面临着来自高级领导人和抗议者的批评。[70]

　　在遭受猛烈轰炸的阿绍山谷地区，许多除草剂被冲进了数千个弹坑留下的圆形泥塘。油性除草剂的残留物在阳光下经过几周的分解，被冲入阿插（A Sáp）河，人们在那里捕鱼并用河水灌溉稻田。在除草剂降解的同时，较重的二噁英分子会沉淀在弹坑池塘的沉积物中。1966 年被越共军队占领的前特种部队基地，在1969 年以及 1970 年成为喷洒和轰炸的重点目标。一张 1968 年科罗娜图像显示了从太空看到的密集轰炸的后果——一行行白点（炸弹坑）排成了直线。其他圆圈表示 1969 年战斗之后进行的轰炸。这样的喷洒任务反映了除草剂喷洒以植物为中心的逻辑。阿插河流经的阿绍山谷是一片水稻种植区，所以美军使用了不同的除草剂——蓝剂针对草类。橙剂和白剂则覆盖了山谷两边的山坡。这些有针对性的除草剂杀死了树木和阔叶作物。[71]当秋冬的雨季来临时，这些被喷洒过落叶剂和被凝固汽油弹轰炸过的森

174

林，伴随着泥石流冲下山坡，堵塞并淹没了山谷。

这场化学战争除了带来国际政治和本地政治的影响外，也带来了新的生态挑战，比如对阔叶植物实施的落叶计划。在有针对性地清除阔叶植物后，橙剂实际上又创造了新的草原，越共军队很快适应了这种情况，开辟了新的道路，增加了新的伪装。[72]越南人民军与人民解放武装力量的老兵们也适应了凝固汽油弹的攻击，在行进过程中，他们的伪装从浅绿色（青草）转变到灰色（落叶树木）再到黑色（凝固汽油弹轰炸后的山坡）。我在顺化附近采访的老兵多次提到了喷洒行动给伪装行为带来的挑战。一位人民解放武装力量的老兵描述了美军直升机投放"汽油弹"（大规模火焰投放）的情形，"汽油弹"将丘陵烧成黑色，同时使躲在地下的人窒息。这些炸弹击中他所在的地区后，他用烧黑的木炭覆盖自己，以避免被美军的飞机发现。[73]

在北越，这些饱受化学武器摧残的景观构成了许多战争故事和后来战争电影的热门背景。1967 年，北越记者陈梅南在顺化附近的山坡上旅行时写道：

> 我们在荒凉的灰色森林中行进。在我们周围，巨大树木的叶子被有毒的化学物质剥落，光秃秃的枝干伸向天空。它们幽灵般的剪影在低沉而多云的天空中行进，沉重得像一床湿透的棉被……在这里，在这些曾经郁郁葱葱的山上，这种针对自然的怒火显得极其疯狂。人们不禁要问：'他们究竟想要什么？'难道'超级堡垒'［B-52］从关岛一路飞来，在空中飞行那么远，就只是为了改变这片森林的颜色？[74]

　　　　　　　墓地中的军营：越南的军事化景观

到 1969 年，枯树和灰色山坡的照片开始出现在美国的反战报纸和小册子上。1970 年，反战活动家巴里·韦斯伯格（Barry Weisberg）出版了第一本关于这个主题的时事书籍《印度支那的生态灭绝：战争生态学》（*Ecocide in Indochina: The Ecology of War*）。韦斯伯格宣扬了北越的观点，即实施军事除草剂计划等同于犯下战争罪，并以图片为证。[75] 直到 1970 年 4 月，在尼克松总统下令部分地禁止使用 2，4，5-T 除草剂后，喷洒橙剂的行动才被停止，所有军事除草剂的喷洒行动终止于 1971 年。

虽然在河内、华盛顿和西贡的读者看到照片中焦黑的山坡或彩照中的灰色土地时，可能会认为南越的森林已被完全毁灭，但喷洒任务通常是非常有针对性的。在大多数情况下，它们都是沿着战争双方的道路执行。在 20 世纪 60 年代，很少有美国人质疑这种喷洒行为，因为同样的除草剂在美国国内被用于几乎相同的商业目的，不过是沿着道路、输电线和机场跑道执行清理。美国和加拿大的电力公司甚至雇用带有喷洒器的直升机，在农村地区的崎岖地形上运送 2，4，5-T。承天顺化省所有的喷洒集中在山区公路（547 和 548）以及和美、南东和阿绍山谷周边的越共战区。除了越共战区及其路线外，喷洒飞机也没有忽略护卫通往海岸的公路的美军火力基地。547 号公路上的三个火力基地，伯明翰、巴斯托涅和费赫尔（Veghel），都在固定翼飞机和陆军直升机的喷洒范围内。

在 1969 年至 1970 年，在越南的所有火力基地中，巴斯托涅火力基地是遭受喷洒和攻击最多的之一。它是从鹰营往西的碎石路上的最后一站，从某种程度上说，它犹如越共的门户营地——

比如和美——的一面镜子。然而，当越共战区将人员和物资迅速地转移时，火力基地却变成了一个令人不安的静态封闭的空间。士兵和物资通过卡车或直升机抵达，但驻扎在那里的士兵并没有冒险步行到离戒备森严、落叶丛生的边界太远的地方。除了地形和这些空中支援网络的问题之外，特别是这个火力基地的名字——巴斯托涅，为了解美国军方对这一地形和斗争的看法提供了一些线索。这个名字来源于比利时阿登森林中的一个小镇，在1944年12月的突出部战役（Battle of the Bulge）中，101空降师在这里成功抵御了纳粹德国的进攻。[76]陆军领导人认为该火力基地位于越共控制的山地，容易受到大部队的围攻，就像二战中的比利时巴斯托涅一样。101空降师在1944年的胜利也有赖于包括伞兵和食物在内的空运增援。然而，除了这一点之外，两个不同时间的基地再没有任何相似之处。

越南化政策与基地关闭

1968年后战争升级，由于美国对越军事援助司令部与南越军几乎没有取得战术上的胜利，尼克松总统和其他美国领导人选择撤走地面部队，将战争"越南化"。美国对越军事援助司令部与南越军的计划制定者试图在9号和547号公路上进行一次前所未有的西进，深入老挝的边境，由于"越南化"的策略，此次行动中美军空中平台的兵力替换成了南越军士兵。1971年2月，兰山（Lam Son）719行动始于顺化—广治地区，从某种程度上说，它

　　　　　　　　墓地中的军营：越南的军事化景观

与伯纳德·法勒在《没有欢乐的街道》中描述的1953年法国人的亚特兰大行动（Operation Atlante）没什么不同，都是最后一搏。美国和南越军事领导人试图摧毁北越在老挝的主要走廊，用坦克、直升机和飞机向北越在老挝的根据地派遣了两万多名南越军士兵。包括鹰营和富牌部队在内的一万多名美军在行动中发挥了支援作用，他们驾驶飞机并协调轰炸。顺化的南越军第一师和其他地区部队的士兵，乘坐直升机沿着广治境内被炸毁的9号公路进入老挝。

这次行动计划虽然大胆，但对南越军来说却是一场灾难。在老挝，南越军的士兵试图在当时的小道沿线的城市中空降，那里是有几千名重兵把守的山区基地，越南人民军与人民解放武装力量得到了防空炮和坦克的增援，他们击落了100多架飞机并缴获了南越军的许多火炮。几年来，依靠苏联和中国的援助，他们在这里建起了强大的重装防御工事。此次行动中，约有2000名南越士兵阵亡，另有6000人受伤。南越军的一位将军总结说，南越军的基本弱点是"缺乏地面机动能力"，但其实南越军部队无论在空中还是在地面的处境都很艰难。[77]在美军五年的行动中，南越军主要作为步兵部队作战，美国人操作大部分直升机，并对高空空袭和空中侦察进行作战指挥。虽然像101空降师这样的美国部队可能很擅长这些空中技术，但南越军还做不到。

越南人民军与人民解放武装力量部队的胜利，源于其基地附近强大的地面防卫力量，以及在无线电领域的复杂角力。北越的无线电操作员利用了南越军士兵无线电纪律薄弱的缺陷，后者经常因为不使用暗语而暴露位置。1971年，在越盟军队建立第一个全国性无线电网络的25年之后，越南人民军与人民解放武装力量拥有了大量中国制造的无线电设备和从美军缴获的摩托罗拉背包设备。到 1971 年,北越的无线电操作员利用无线电干扰技术切断了南越部队的联系,也干扰了空中的无线电探测任务。在南越军一位将军的战争回忆录中,他赞扬了北越的无线电纪律,还特别关注在北越的无线电网络中听到的一个发布作战命令的女声。这个女声的出现,既表明了北越方面有包括妇女在内的民众的全面参与,也表明其卓越的无线电纪律。[78] 这次行动造成的灾难,加上尼克松总统下令在老挝和柬埔寨境内深处实施密集轰炸的行动引起美国公众的广泛愤怒,迫使美军迅速撤离。美国驻越部队人数从 1969 年的 50 多万人减少到 1972 年的不到 5 万人。

离开基地

1972 年美军基地的关闭造成了一个新的"废墟"问题,就像 1954 年的撤离一样混乱。军队的撤离掏空了城市基础设施,包括飞机跑道、无线电发射塔、营地和道路,这些基础设施主要是自 20 世纪 50 年代初以来利用美国资金和顾问修建的。在中部山地的高原上,位于昆嵩和波来古的美国基地使得那些被借用名称的村庄相形见绌。在中部海岸,尤其是 1966 年以后,埃文斯营和鹰营等美国基地为周围充斥着难民和南越军退伍军人的城镇提供支撑。与其他地方的美国基地一样,这些城镇的大部分收入都依赖于基地。美军的迅速撤离使地方当局和南越军的指挥官们感到震惊。1972 年 1 月的头两个星期,鹰营有 1 万多人带着数吨的设备消失了。与建造这些空间的过程相比，他们的撤离显得十分疯狂。他们把"鬼城"留给了南越军盟友，而后者还不得不面对来自山区的新一轮攻势。

鹰营的变故也成为顺化当地抗议活动的导火索，与其说是因为美军的离开，不如说是因为他们留下的废墟。令南越军的将军们 178 更加愤怒的是，美军并不是简单地归还这些财产，而是通过长期的国际贷款将其出售。根据基地协议的条款，美国对这些土地的所有改进都要向南越收取费用。[79]官方说法是，美国对越军事援助司令部认为这些基地将继续支持南越与北越对峙作战。然而，从实际情况来看，当美军撤离时，他们带走了基地的大部分基础部件。这不仅是由于美军需要保存资源，将其重新部署到其他地方，还因为美军并没有合法地拥有大部分设备。鉴于基地建设的快速工期，美国已向太平洋建筑工程公司等建筑公司付费，以建设和运营基地基础设施的关键部分。[80]当美国的军事任务结束后，美国和南越军队之间的财产转移并不包括承包商。美军将还可用的设备，如消防车和无线电设备重新安置到较小的飞地。鹰营等营地没有留下防御设施，到处都是工业残骸、垃圾填埋场和废弃的化学品坑。一些基础系统——高压发电机、周边照明、空调、水泵、水处理厂、电话交换机、无线电和信号设备——都消失了。[81]

1972年1月21日，美国全国广播公司的夜间新闻播出了一个简短的片段，展示了鹰营的正式移交仪式。该片段以降下美国国旗开始，同时一个号手演奏了"熄灯号"，然后画面切换到被拆掉空调设备后满是空洞的建筑。在片段的最后，是美国士兵将一台壁挂式空调机装入一辆吉普车的场景。[82]

填补空白

就在美军撤离鹰营的两个月后，越南人民军与人民解放武装力量发动了规模最大的常规攻势之一，即复活节攻势（Easter Offensive），以夺取中部海岸。据估计，近 4 万名步兵、炮兵与几百辆坦克一起越过非军事区，沿着 1 号公路向广治进发，占领了该城市 19 世纪的堡垒以及周边地区。在连接海岸和老挝的东西向的主干道——9 号公路上，越南人民军与人民解放武装力量轻松地向东越过溪山。他们碾压了驻扎在前美军基地的南越军，与南下到广治的部队取得联系。在阿绍山谷，就在冬季云层开始变薄的时候，越共部队向阿雷进军，经过阿比亚山（汉堡山），开始沿着 547 号公路向巴斯托涅火力基地前进（图 5.13）。山顶基地上的南越军部队整个夏天都在遭受猛烈的炮火攻击，而美国轰炸机则摧毁了周围的地区。越南人民军第 324 团和人民解放武装力量第 6 团在 7 月夺取了巴斯托涅火力基地，然后将炮口转向鹰营。[83] 越南人民军与人民解放武装力量前进的速度让美国和南越领导人都感到惊讶，他们意识到美国人用除草剂和炸弹开辟道路的努力，现在反倒帮助了越南人民军把苏联坦克开到拓宽的道路上。

当军方领导人和外国记者把 1972 年越共的进攻看作在巴黎和平谈判期间的一次武力展示时，在顺化市当地，记者们则关注巴斯托涅火力基地的战斗以及对全面崩溃的担忧。马尔科姆·布朗（Malcolm Browne）因 1963 年拍摄佛教僧侣释广德自焚的标志

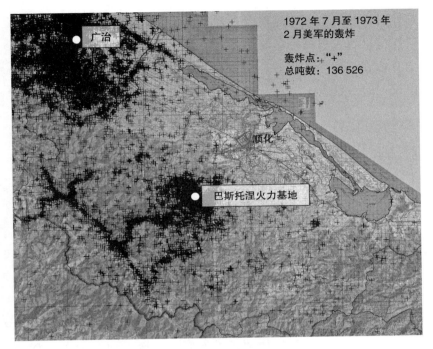

1972 年 7 月至 1973 年
2 月美军的轰炸

轰炸点："+"
总吨数：136 526

广治

顺化

巴斯托涅火力基地

图 5.13　1972 年 7 月 30 日至 1973 年 2 月 22 日的美军轰炸

资料来源：US AMSFE L607，美国空军雷神地理信息系统。由笔者绘制。

性照片而闻名，他为《纽约时报》报道了巴斯托涅火力基地的陷落。当美军 B-52 轰炸机在北广治 24 小时轰炸北越部队时，阿绍山谷的北越部队"每天用几千发炮弹袭击巴斯托涅和邻近的火力基地"。[84] 据布朗描述，北越的重装甲部队沿 547 号公路发起如潮水般的进攻，美军对此的回应，是同样具有灾难性的空中轰炸行动，这又使得越共一方的进攻停滞不前。从 1972 年 7 月到最后一天（1973 年 2 月 22 日），关于美国轰炸任务的地图显示了这种有针对性的密集轰炸的程度。美国轰炸机集中应对在北广治和巴斯托涅以西大规模行动的越南人民军与人民解放武装力量,在六个月内在这两个地区投下的炸弹比 1965 年到 1967 年这三年战斗中投下的还要多。

停火和废墟

除了重要的一点,1973 年 1 月 27 日签署的《巴黎协定》延续了 1954 年《日内瓦协议》。它促成了停火,呼吁建立一个国际监控委员会,并允许外国继续以现有的武器和设备水平支持其越南盟友。然而,它在一个关键的地理方面却有所不同:美国谈判代表放弃了要求北越部队撤离他们在南越高山战区的要求。一位南越军的将军在其对战争最后几年的记载中指出,北越部队对这些领土提出了不容争辩的要求,他们再次像 1954 年之前那样治理这些地区。然而,随着对广治和顺化的胜利推进,他们证明了自己有能力通过武力对抗装备精良的对手,进而夺取城市。

与《日内瓦协议》不同,《巴黎协定》使高山地区的共产主义政府合法化,而且还承认了临时革命政府(Provisional Revolutionary Government)。* 所以,这里不会出现政治真空或重新部署军队。自 2 月 22 日停火后,临时革命政府利用一切机会

---

* 全称为越南南方共和国临时革命政府,是由民族解放阵线和越南民主共和国于 1969 年成立的过渡性政权。1975 年越南共和国易帜后成为南方唯一合法政权,次年与越南民主共和国合并。

墓地中的军营:越南的军事化景观

改变南越解放区规定的边界。他们在道路和河流的每个关键路口插上民族解放阵线的旗帜，要求国际观察员绘制每面旗帜的所在地点。[85]他们坚守高地并忍受美军轰炸的决心，源于1954年和1968年的亲身遭遇。越南人民军与人民解放武力力量在山区的网络从未像1973年那样强大，而南越军则在努力保卫被清空的美军基地。

在经历了几次失败的总攻后，党的领导人黎笋暂停了行动。他强调在山区建设更多的政治和物质基础设施。像阿绍这样的山谷不再只是走廊，它们将成为未来的城镇。在停火期间，双方玩起了一位南越军将军曾所说过的"旗帜游戏"，北越军在晚上将划界旗帜移到南越范围内。到了白天，南越军又将这些标识移回。国际观察员就像裁判员一样主持比赛。[86]

在物质和景观方面，1973年与1954年最大的不同是，美国对南越沿海的基地、公路、仓库、电网、港口、弹药、重型武器，特别是飞机的供应网络迅速收缩。如果不能进口新的重型设备、弹药，特别是石油，20年来美国国会拨款资助的军事和工业基础设施就无法继续下去。1973年至1974年欧佩克（OPEC）的石油禁令在美国也造成了石油供应的严重短缺以及油价上涨。全球石油供应的中断意味着对越南基地的供应链也会相应延迟。而具有讽刺意味的是，石油勘探者于1974年在越南南部海岸发现了近海油田。[87]

在战争的最后阶段，北越发动1975年春季攻势之前，美国军事化和城市化战略中的一个关键弱点凸显了出来。石油、化学、电子和机械化运输线使世界上最现代化的军队能够进行足以改变景观的空降攻击和侦查行动，但当它们突然消失后，这些改造后的景观就成为负担。更糟糕的是，之前为了安插先遣部队而清除的森林和山顶，为北越部队安置士兵开辟了理想的空间。越南关于 1973 年至 1974 年间的党史，详细描述了旨在进一步削弱南越军事基础设施的军事行动的稳步推进。党的领导人在南部城市组织了一波又一波的政治抗议活动，而工兵部队则袭击了南越军的基础设施，炸毁了管道并使设备瘫痪。1974 年 6 月，北越突击队引爆了炸药，摧毁了富牌附近的油罐和弹药库。1974 年 2 月至 9 月的损失包括：超过 4.7 万吨的炸弹和子弹以及 14 个油罐被毁，海岸线视线范围内最高的山顶观察哨所被夺取。[88] 在这六个月的小规模战斗中，顺化周围的北越部队首次取得了对敌方的"空中"优势。

182

与以往越共军队利用挥之不去的云层发动进攻不同的是，新合并的人民军第二军团（由越南人民军第 324 团和人民解放武装力量第 6 团组成）计划在云层消散后对顺化发动 1975 年春季攻势。这在历史上还是第一次。由于南越军队的重要物资已经耗尽，而且空中没有美国高空轰炸机的出没，人民军第二军团利用阳光明媚、万里无云的天气发挥自己的优势。他们在顺化的北部和南部部署了部队，于 3 月 8 日上午 5 点 45 分开始对海岸进行围攻。在接下来的两个星期里，这些部队一路攻入顺化，控制了富牌的简易机场，并迅速穿过了鹰营中的废弃军营。3 月 24 日和 25 日，他们与南越军在顺化地区的最后一场战斗在顺安的海滩结束了。这个地点的象征意义——法国海军陆战队在 1884 年和 1947 年分别在这里开始入侵——对越共的军事史家来说并不陌

　　　　　　　　　　墓地中的军营：越南的军事化景观

生。[89]第二天早上6点30分，人民解放武装力量第6团登上了午门前的古老城堡，在城市上空升起了红蓝相间的民族解放阵线旗帜。对顺化来说，这意味着战争已经结束了。

注释

[1] 美国陆军：《越南研究》（*Vietnam Studies*），第 V 页。

[2] 陈梅南：《狭长的土地》，第 90—91 页。

[3] 赛缪尔·亨廷顿：《住宿设施的基础》（"The Bases of Accommodation"），第 642—656 页。

[4] 同上文，第 652 页。

[5] 阿雷县军事指挥小组党委（Đảng Ủy Ban Chỉ Huy Quan Sự Huyện A Lưới）：《阿雷县人民武装力量历史 (1945—2010)》[*Lịch sử lực lượng vũ trang nhan dan huyện A Lưới (1945–2010)*]，第 86—89 页。

[6] 大卫·比格斯：《DS1050-1006DF129 帧：1969 年 3 月 20 日》（"Frame DS1050-1006DF129: March 20, 1969"），第 271—280 页。这些图像的分辨率各不相同，但 1968—1972 年制作的高分辨率立体图像的数字分辨率约为每米一个像素，相当于 2000 年后制作的商业卫星图像。

[7] 历史学家大卫·齐尔勒（David Zierler）详细介绍了肯尼迪政府的辩论情况以及美国资深科学家在 20 世纪 60 年代末为迫使美国禁用除草剂所作的努力。见齐尔勒《生态灭绝的产生：橙剂、越南和改变了我们对环境思考方式的科学家们》（*The Invention of Ecocide: Agent Orange, Vietnam and the Scientists Who Changed the Way We Think About the Environment*）。

[8] 历史工作组（Historical Working Group）：《越南共和国的除草剂行动》（"Herbicide Operations in the Republic of Vietnam"），Box 8，Historians Background Material Files，MACV Secretary of the Joint Staff，MACJ03，RG 472，NARA-CP。

[9] 前六次任务的飞行记录显示除草剂的类型为"未知"。在整个战争期间，砷类除草剂蓝剂是可用的，并用于执行销毁作物的任务。在这些早期的测试中，它以类似 Phytar 560G 的商业形式提供，由威斯康星州的安素公司（Ansul）进行生产。这些早期任务的记录见于《服务 HERBS 录音磁带——直升机和地面喷洒任务、中止、泄漏和事件的记录》（"Services HERBS Tape—A Record of Helicopter and Ground Spraying Missions, Aborts, Leaks, and Incidents"）中。美国农业部国家农业图书馆（Special Collections, USDA National Agricultural Library）特别收藏，最后访问于 2016 年 12 月 6 日，www.nal.usda.gov/exhibits/speccoll/

items/show/1258。关于越南早期除草剂测试的深入讨论，另见阿尔文·杨（Alvin Young）《橙剂的历史、使用、处置和环境命运》（*The History, Use, Disposition and Environmental Fate of Agent Orange*），第 65—69 页。关于喷洒的面积，见历史工作组《越南共和国的除草剂行动》，第 11—12 页。

[10] 历史工作组：《越南共和国的除草剂行动》，第 20—21 页。历史学家阮氏莲恒和皮埃尔·阿塞林（Pierre Asselin）在他们最近对越南民主共和国 1964 年全面战争的研究中，都强调了那年夏天在河内以及北京和莫斯科的支持战争和共存阵营之间发生的激烈斗争。到了秋天，主张出战的阵营已经成功地说服了党的大多数领导人以及中国和苏联的盟友，认为战斗的时机已到。指控化学战争的电台广播和美国方面证实已经喷洒了化学剂，这无疑有助于战争进程。该党于 1964 年 1 月 20 日通过了第 9 号决议，动员越南人民军部队在南方作战。见皮埃尔·阿塞林《河内通往越南战争之路，1954—1965》（*Hanoi's Road to the Vietnam War, 1954–1965*），第 163—167 页。另见阮氏莲恒《河内的战争：越南和平战争的国际史》，第 62—64 页。

[11] 罗伯特·达罗（Robert A. Darrow）：《越南共和国之旅报告》（Report of Trip to Republic of Vietnam），1969 年 8 月 15 日至 9 月 2 日。阿尔文·杨收藏，美国农业部国家农业图书馆，最后访问于 2017 年 7 月 7 日，www.nal.usda.gov/exhibits/speccoll/files/original/f994332e7ad90bc9b846049d846b4639.pdf。

[12] 第八无线电研究部门的文件所附的地图，描述了该部门和周边设施。见 "Phu Bai"，Box 23，MACV J3 Historians Working Group Files，RG 472，NARA–CP。

[13] 《美国电子间谍活动：回忆录》（"US Electronic Espionage: A Memoir"），第 50 页。关于国家安全局在越南的测向行动的历史，见最近解密的冷战期间国家安全局和密码学的历史。托马斯·约翰逊（Thomas R. Johnson）：《冷战期间的美国密码学，第二册：集中化战争，1960—1972》（*American Cryptology during the Cold War, Book II: Centralization Wins, 1960–1972*），第 509—528 页。解密的、经过编辑的历史可在乔治华盛顿大学国家安全档案馆在线查阅，最后访问于 2016 年 12 月 5 日，http://nsarchive.gwu.edu/NSAEBB/NSAEBB260/index.htm。

[14] 1964 年 8 月 15 日的通信，File 21852，PTTG Record Group，VNA2。

[15] 1964 年 11 月 3 日的通信，File 21852，PTTG Record Group，VNA2。

[16] 哈维·史密斯（Harvey Smith）：《南越地区手册》（*Area Handbook for South Vietnam*），第 292 页。

[17] 1965 年 4 月，《关于 1965 年战术区的形势，安全、政治和军事措施》（Về tình hình, biện pháp an ninh, chính trị, quan sự tại Vùng Chiến thuật năm 1965），File 17115，PTTG Record Group，VNA2。

[18] 阮秀和朝元：《香水舆地志》，第 412 页。

［19］拉塞尔·斯托尔菲:《美国海军陆战队在越南的公民行动努力》,第17—18页。

［20］同上书,第19页。

［21］布鲁斯·阿勒纳特(Bruce C. Allnutt):《联合行动的能力:越南的经验》(*Combined Action Capabilities: The Vietnam Experience*),第8页。

［22］《与保罗·艾克的访谈》(Interview with Paul Ek),1966年1月24日,美国海军陆战队历史部口述历史收藏(US Marine Corps History Division Oral History Collection),得克萨斯理工大学越南中心和档案馆(the Vietnam Center and Archive),最后访问于2017年1月10日,www.vietnam.ttu.edu/virtualarchive/items.php?item=USMC0046.

［23］出处同上,第43—46分钟。

［24］《国会记录—参议院》112号文件(*Congressional Record—Senate* 112),1966年2月23日,第3888—3889页。关于1967年增税和107亿美元支出法案的辩论见《国会记录—参议院》112号文件,1966年3月4日,第4930—4931页。

［25］《国会记录—参议院》112号文件,第3890页。

［26］阮秀和朝元:《香水舆地志》,第416页。

［27］"A Shau"是美国人对越南语"A Sầu"的拼写,但它指的只是三个特种部队基地中的一个,即最南端的基地。另外,我使用了"PAVN-PLAF"一词,因为共产党方面多次大规模战斗都是由越南人民军队和人民解放武装力量不同指挥部的营和连组成的综合部队参加的。

［28］《行动后报告——阿绍之战:阿绍特种部队的灾难》(After-Action Report—The Battle for A Shau: A Shau SF Disaster),1966年3月,Folder 03,Box 03,戴尔·安德拉德(Dale W. Andrade)收藏,得克萨斯理工大学越南中心和档案馆,最后访问于2017年12月13日,www.vietnam.ttu.edu/virtualarchive/items.php?item=24990303002。

［29］Captured Documents (CDEC): Unknown Interrogation Source, Log Number 12-2318-00, 10/28/1966, A Shau,1966年12月24日,Reel 0060,越南档案集(Vietnam Archive Collection),得克萨斯理工大学越南中心和档案馆,最后访问于2017年9月13日,https://www.vietnam.ttu.edu/reports/images_cdec.php?img=/images/F0346/0060-1135-000.pdf。

［30］阮文华:《承天顺化舆地志:历史部分》,第531页。

［31］美国海军陆战队在越南战争的官方历史中详细描述了美军在峰峦的行动。见杰克·舒林森(Jack Shulimson)《美国海军陆战队在越南:一场扩大的战争,1966年》(*US Marines in Vietnam: An Expanding War, 1966*),第323—326页。

［32］这一高度详细的地理信息系统由美国空军研究所(US Air Force Research Institute)公开提供。访问自第一次世界大战以来美国轰炸任务的数据集,参见美国空军《雷神:战区历史行动报告》(THOR: Theater History of Operations

Reports），最后访问于 2017 年 1 月 18 日，http://afri.au.af.mil/thor/index.asp。关于描述数据集的文章，见萨拉·卢卡诺（Sarah Loicano）《历史上的空军数据库已在线》（"Historic Airpower Database Now Online"），美国空军，最后访问于 2017 年 1 月 18 日，www.af.mil/News/ArticleDisplay/tabid/223/Article/466817/historic-airpower-database-now- online.aspx。

[33] 二战中战略轰炸的主要资料是 1945 年出版的多卷本《美国战略轰炸调查》。历史学家克劳迪娅·巴尔多利（Claudia Baldoli）和安德鲁·克纳普（Andrew Knapp）引用了美国第八空军和英国皇家空军在 1943 年投下了 20 万吨炸弹的这一数字。见克劳迪娅·巴尔多利和安德鲁·克纳普《被遗忘的闪电战：遭受空袭的法国和意大利，1940—1945》（*Forgotten Blitzes: France and Italy under Air Attack, 1940-1945*），第 42 页。

[34] 罗伯特·托米勒（Robert Topmiller）的《释放的莲花：1964—1966 佛教和平运动》（*The Lotus Unleashed: The Buddhist Peace Movement, 1964-1966*），仍是少数深入研究统一佛教会和佛教抗议活动的英文著作之一。在越南的资料中，侨民对斗争运动和对抗议活动的意见，在追随佛教组织的人和指责佛教领袖秘密配合南方民族解放阵线和北越的其他人之间有很大分歧。关于探讨抗议活动"秘密"的诸多作品，见莲成《中部变动：1966—1968—1972 阶段从未揭露的秘密》。

[35]《Ky 的敌人占领了两个电台：攻击美国和军政府》（"Ky Foes Seize Two Radio Stations: Assail US and Military Junta"），《芝加哥论坛报》（*Chicago Tribune*），1966 年 3 月 23 日，第 1—2 页。

[36] 托米勒：《释放的莲花》，第 75 页。

[37] 同上书，第 132 页。

[38] 迈克尔·凯利（Michael Kelly）：《我们在越南的地位：越南战争中的火力基地、军事设施和海军舰艇的综合指南》（*Where We Were in Vietnam: A Comprehensive Guide to the Firebases, Military Installations, and Naval Vessels of the Vietnam War*），第 5-5 页。

[39] 有关越南人民军和人民解放武装力量历史的代表性英文著作，可见历史学家梅尔·普里伯诺（Merle Pribbenow）对 PAVN 的官方军事历史的出色翻译。见梅尔·普里伯诺译《越南的胜利：1954—1975 年越南人民军的官方历史》（*Victory in Vietnam: The Official History of the People's Army of Vietnam, 1954-1975*），第 209—210 页。

[40] 101 团或陈高云团的起源历史可见范家德（Phạm Gia Đức）《325 师团：第一卷》（*Sư đoan 325: Tập một*），第 25—30 页。溪山的活动详见第四军区党委（Đảng Bộ Quan Khu 4）《324 师党委历史 (1955—2010)》[*Lịch sử đảng bộ sư đoan 324 (1955-2010)*]，第 140—145 页。

[41]《324 师党委历史（1955—2010）》，第 212—213 页。

[42]阮文教：《1968 年春节总进攻和总起义中的承天顺化武装部队》（"Lực lượng vũ trang Thừa Thiên Huế trong tổng tiến công và nổi dậy Tết Mậu Than 1968"），载《1968 年春节总进攻和总起义》（Cuộc tổng tiến cong va nổi dậy Mậu Than 1968），第 143—152 页。

[43]同上书，第 146—147 页。

[44]笔者在顺化对前 PAVN 士兵的采访，2009 年 7 月。

[45]詹姆斯·威尔班克斯（James Willbanks）：《春节攻势：一部简史》（The Tet Offensive: A Concise History），第 46—47 页。

[46]面向英文世界读者，关于顺化战役的两本最具概览性质的历史著作是威尔班克斯的《春节攻势》和普里伯诺的《越南的胜利》，第 216—229 页。

[47]私人提供的 CBS 新闻广播的副本已被上传到 Youtube.com。2 月 6 日的片段可见于 www.youtube.com/watch?v=vDy0Z3HSkTE，最后访问于 2017 年 1 月 30 日。

[48]威尔班克斯：《春节攻势》，第 50—52 页。对于幸存下来的顺化平民来说，关于战斗的个体叙述仍是一个有分歧的话题，关于当地个人和邻里参与的讨论仍然主要局限于家庭和亲密朋友之间。一些邻居透露了党员的隐秘身份，并参与辨认城市管理部门的官员。在共产党人撤退后，他们要么逃离，要么在暴露后被报复或拘留。

[49]威尔班克斯：《春节攻势》，第 54 页。

[50]范文山（Pham Van Son）：《越共"春节"攻势（1968）》[The Viet Cong 'Tet' Offensive (1968)]，第 294—296 页。

[51]普里伯诺：《越南的胜利》，第 224 页。

[52]这是郑公山较受欢迎的作品之一，在越南和散居社区仍有许多版本。其中之一见郑公山《向郑公山致敬》（A Tribute to Trịnh Công Sơn）。当 1975 年后郑公山的大部分家人离开越南时，他选择留下。后来他被判处送去劳教营，但在 1986 年以后的自由化时期，他享受到了国家的平反和赞誉。这首歌的越南名字是《致亡者之歌》。

[53]雅歌：《顺化的哀悼头巾》（Mourning Headband for Hue），第 xix—xx 页。

[54]同上书，第 283 页。

[55]威拉德·皮尔逊（Willard Pearson）：《1966—1968 年北部省份的战争》（The War in the Northern Provinces, 1966-1968），第 58—59 页。

[56]威拉德·皮尔逊：《1966—1968 年北部省份的战争》，第 67—68 页。

[57]特鲁林格：《战争中的村庄》，第 133—134 页。

[58]同上书，第 135 页。

[59]同上书，第 137 页。

［60］第一骑兵师（空中突击师）［First Cavalry Division (Airmobile)］, Construction of a Firebase, Box 17, Command Historian General Records, 美国陆军越南总部，RG 472, NARA-CP。

［61］情报局（Directorate of Intelligence）：《情报备忘录68—46：1967—1968年在老挝锅柄和南越邻近地区的道路建设》（Intelligence Memorandum 68-46: Road Construction in the Laotian Panhandle and Adjacent Areas of South Vietnam, 1967-1968）, CIA CREST Declassified Documents, Report Number CIA-RDP85T00875 R0015002 20048-6, 第1—3页，最后访问于2017年2月3日，www.cia.gov/library/readingroom/document/ciardp85t00875r001500220048-6。约翰·普拉多（John Prados）在他的小道历史中描述了石油管道。见约翰·普拉多《血路：胡志明小道与越南战争》（*The Blood Road: The Ho Chi Minh Trail and the Vietnam War*），第339—340页。

［62］关于这场战役的党史叙述，详见陶光带、阮统和武越和（Đào Quang Đới, Nguyễn Thống and Võ Việt Hòa）《324师团》（*Sư đoàn 324*），第53—55页。感谢军事历史学家梅尔·普里伯诺的摘录。

［63］《CHECO项目东南亚报告#2—特别报告：阿绍山谷战役》（Project CHECO Southeast Asia Report #2-Report: A Shau Valley Campaign）——1968年12月至1969年5月，1969年10月15日，Folder 1306, Box 0008, 越南档案收藏，得克萨斯理工大学越南中心和档案馆，最后访问于2017年1月3日，www.vietnam.ttu.edu/virtualarchive/items.php item=F031100081306。

［64］见《美军放弃越南山林，国会争辩风暴中心》（"U.S. Troops Abandon Viet Hill, Center of Congressional Storm"），《洛杉矶时报》（*Los Angeles Times*），1969年5月28日，A1, A13；以及《共产党人重返越南山林；美国将军准备战斗》（"Reds Back On Viet Hill; US General Ready To Fight"），《洛杉矶时报》，1969年6月18日，A1, A12。

［65］外交历史学家大卫·齐尔勒深入研究了美国政府对在战争中使用除草剂作为战术药剂的考虑。见齐尔勒《生态灭绝的产生》，第117—118页。

［66］关于1968—1969年美国国内杀虫剂的使用，美国农业部的年度杀虫剂报告是全面性的材料。关于2, 4, 5-T的讨论，见美国农业部《杀虫剂报告：1968》（*The Pesticide Review: 1968*）。

［67］这些任务详见第10化学排的每日任务。化学军官日志（Chemical Officer Daily Journal）, Box 1, 101空降师，美国陆军越南部队，RG 472, NARA-CP。与美国大多数军事行动一样，有解释这些化学行动的每一个程序的手册。关于第10排使用的手册，见Box 1, 第10化学排，化学部队，RG 472记录组，NARA-CP。

[68] 埃德温·马蒂尼（Edwin Martini）:《橙剂：历史、科学和不确定性的政治》（*Agent Orange: History, Science and the Politics of Uncertainty*），第77—83页。

[69] 除草剂行动项目1/2/2/70（Herbicide Operations Project 1/2/2/70），Records Pertaining to Herbicide Operations, Assistant Chief of Staff for Operations (G3) Advisor, MACV First Regional Assistance Command, RG 472, NARA-CP。

[70] 这些山区的地方党史指出，高原上的少数民族在政治和军事议程上都有很大程度的参与。这些高山居民的许多后裔至今仍在地区和国家政府中任职。关于蒙塔格纳德人在承天顺化省参与政治和军事议程的历史，见吴轲（Ngô Kha）《南东县党委历史》（*Lịch sử đảng bộ huyện Nam Đong*），第48—54页。以及少数民族在阿绍山谷参与政治和军事议程，见阿雷县军事指挥小组党委（Đảng Ủy Ban Chỉ Huy Quan Sự Huyên A Lưới）《阿雷县人民武装力量历史》（*Lịch sử lực lượng vũ trang nhan dan huyện A Lưới*）。

[71] 生态学家特别指出，白剂中的毒莠定（picloram）是一种更麻烦的军用除草剂，因为它药性持久。它使土壤失去生产力的时间远远超过橙剂。关于白剂的详细研究，见莱夫·弗雷德里克森（Leif Fredrickson）《从生态灭绝到生态友好：毒莠定、除草战争和入侵物种1963—2005》（"From Ecocide to Eco-ally: Picloram, Herbicidal Warfare, and Invasive Species,1963-2005"），第172—217页。蓝剂是一种砷类除草剂，特别用于杀死水稻作物。见美国陆军《现场手册3-3：除草剂的战术使用》（*Field Manual 3-3: Tactical Employment of Herbicides*）。

[72] 罗伯特·戴罗（Robert A. Darrow）:《越南共和国之行报告》，1969年8月15日—9月2日，阿尔文·杨收藏，美国农业部国家农业图书馆（USDA National Agricultural Library），最后访问于2017年7月7日，www.nal.usda.gov/exhibits/speccoll/files/original/f994332e7ad90bc9b846049d846b4639.pdf。

[73] 笔者与丹先生的访谈，2012年2月2日，水芳社，承天顺化省。丹先生说，像许多在这些地区作战的步兵（bộ đội）一样，他和妻子在1984年生下一个严重残疾的女儿后，就不能再生育。他认为，女儿的疾病与他接触二噁英有直接关系。

[74] 陈梅南:《狭长的土地》，第9—10页。

[75] 巴里·韦斯伯格（Barry Weisberg）:《印度支那的生态灭绝：战争的生态学》（*Ecocide in Indochina: The Ecology of War*）。

[76] 凯利:《我们在越南的地位》，第44页。

[77] 阮维馨（Nguyen Duy Hinh）:《兰山719行动》（*Lam Sơn 719*），第161页。

[78] 同上书，第117页。

[79]《鹰营的变故》，1972年1月16日。

[80] 关于太平洋建筑师和工程师协会财产豁免协议条款的讨论发生在1972年1

月底的移交之后。见"MACDC14-Update",1972 年 1 月 26 日,Box 2, Real Property Management Division: Property Disposal Files, 1972, MACV Headquarters: Construction Directorate, RG 472, NARA-CP。

[81]《鹰营的变故》,1972 年 1 月 16 日。在西贡的美国军事官员迅速对坏消息作出反应,他们争先恐后地安排向越南共和国出售额外的旧设备,售价为 400 万美元。

[82] NBC 新闻:《鹰营移交给越南军队》("Camp Eagle is Handed Over to Vietnamese Army"),1972 年 1 月 21 日,clip 5112474944_s01, www.nbcuniversalarchives.com/nbcuni/clip/5112474944_s01.do。

[83] 阮文华:《承天顺化舆地志:历史部分》,第 470—471 页。

[84] 马尔科姆·布朗(Malcolm W. Browne):《火力基地第二次屈服于敌人》("Firebase Yielded to Foe a 2nd Time"),《纽约时报》,1972 年 7 月 28 日,第 1 页。另见克雷格·惠特尼(Craig R. Whitney)《顺化附近被围困的火力基地供应不足》("Supplies Running Low at Besieged Fire Base near Hue"),《纽约时报》,1972 年 4 月 13 日,第 16 页,http://search.proquest.com/docview/119445069?accountid=14521。

[85] 高文园(Cao Van Vien):《最后的崩溃》(*The Final Collapse*),第 34 页。

[86] 同上书,第 31 页。阮文华从共产党部队的角度讨论了小部队之间同样的来回交流。阮文华:《承天顺化舆地志:历史部分》,第 473—474 页。

[87] 高文园:《最后的崩溃》,第 44 页。

[88] 同上书,第 484 页。

[89] 同上书,第 488 页。

墓地中的军营:越南的军事化景观

第六章

战　后

在 1975 年战争结束后，越南人民军搬进了旧的基地，同时　
越南社会主义共和国（Socialist Republic of Vietnam）开启了战后
治理的新时期。如同以前的战后时刻，特别是 1945 年和 1954 年，
1975 年至 1976 年间的这次也有相当多的社会和环境废墟。面对
国际孤立、粮食短缺和经济萧条，统一后的社会主义国家已经几
乎没有资源来重新开发军事化地区。1975 年后，越南也没有大规
模地遣散军事力量。1978 年，人民军派兵占领了柬埔寨，1979 年
还在中国边境发起了一场战争。* 作为一个实行计划经济的社会
主义国家，越南社会主义共和国并不倾向于效仿西方国家，将旧
基地重新开发为工业园区。相反，它开始了新的农业集体化和小
规模工业化运动，一些本地的拾荒者则从山上捡拾废金属和一切
可用的材料。

　　鉴于顺化附近的建设规模，特别是在 1968 年之后，解体、抢
救和恢复的过程起初极其缓慢。1980 年至 1981 年，波士顿公共电
视台（WGBH）的一个纪录片拍摄小组访问了顺化市，为《越南：
一部电视史》（*Vietnam: A Television History*）收集素材。在从机场

---

* 即对越自卫反击战。越南在 20 世纪 70 年代结束抗美战争、实现国家统一后，走向反
　华路线，对我国边境发起挑衅。

到顺化市的 1 号公路上拍摄的画面显示，丘陵一直延伸到鹰营的旧址。在图 6.1 中，一辆坦克和装甲车定格在 1975 年，它们还没有变成废铁。在远处，两个方形电线杆构成了一个直升机机库的轮廓，现在它的护墙板已经被剥落。这幅关于被遗弃的战争机器的犹如墓地般的画面，在原地保留了六年多，这一现象表明，这些设备迟迟未能拆除不仅仅是因为用手工工具切割装甲板的物理难度，还因为社会和政治层面在保留哪些战争遗迹方面犹豫不决。

184

图 6.1 "被摧毁的美国陆军基地"，1981 年波士顿公共电视台出品影片的截图

资料来源：波士顿公共电视台媒体图书馆和档案馆，《越南：一部电视史》，1981 年 3 月 1 日，越南富牌，http://openvault.wgbh.org/catalog/vietnam-713cae-destroyed-u-s-army-base。

尤其是对越南人民军和人民解放武装力量的许多老兵来说，这些死寂的坦克不仅象征着胜利，还警醒人们记住战争的破坏规模，但现在大多数战争遗迹都消失了，这一点就更容易被遗忘。虽然官方历史中没有讨论，但一些涉及保存战争遗迹的地方性辩论是很常见的。2001年，当我骑着摩托车行驶在西贡北部的一段公路上时，便亲身体会到了这一点。我发现一辆坦克停在公路边上，它的炮口从树丛上探出头来。我停下摩托车，不假思索地爬到坦克上，好奇地想知道为什么这个战争武器被丢在路边，且没有任何标志，没有任何历史标记，没有任何说明。几分钟后，一位骑着摩托车的老人经过这里，然后又绕了回来，毫无疑问，他看到一个外国人站在坦克上后感到很惊讶。他把他的摩托车停在我的旁边，等着我爬下来。当我用越南语跟他对话，并回答他关于我来自哪里以及我在越南做什么的问题时（我当时正在攻读博士学位），谈话变得有点不自在。只因我是一个正处于服兵役的年龄而且剃着光头、说着越南语的美国人。我们谈到了那辆坦克。老人说他曾在人民解放武装力量服役，还在这条公路上战斗过，也就是美国大兵所说的雷鸣路（13号公路）。他解释道，战争结束后，他和其他退伍军人组织起来，把这辆坦克放在路边，以纪念牺牲在此地的人。2015年，我再次驱车前往同一段公路，不过那辆坦克已不知所踪。

这些关于保留什么或放弃什么遗迹的决定是十分复杂的，在世界各地都有许多相似之处。景观往往是涉及退伍军人和国家历史辩论的中心议题。散布着弹片、坦克和飞机残骸的墙壁往往成为国家引导反思的焦点。纪念活动的支持者寻求这种残存的纪

185

念碑，希望人们永远不会忘记过去，而其他人则力图消除这些古老的战争遗迹以继续前进。地方社群在试图平衡老兵和年轻一代的愿景方面也常有分歧。曾在 324 团作战的夜黎村居民方先生（Phương）向我描述了他在 1975 年后的震惊，当年鹰营的那种大都市风光"看起来像纽约一样，有着五光十色的城市生活"，如今竟然变成了图 6.1 中那般空旷荒地。他是这个村子里的人，同时也是 324 团的一名政工干部。1975 年回到村中后，他希望能保留鹰营的一部分，同时也希望能抢救出一些金属壁板来建造自己的房子。20 世纪 80 年代初，他北上河内参加培训课程（图 6.1 中的镜头就是在那时拍摄的），当他回到家时，坦克就已经不见了。

> 他们清除了［山头］，所以几年后就什么都没有了；以前我从九座地堡往外看，就像纽约大都会一样，那里五光十色、璀璨辉煌。但几年以后，他们就把这里清空了，只留下了一片空地；他们处理过后，没有人可以拿走任何东西……我回到这里后，一直在种地。我的房子当时是一个刚建成不久的铁皮房子。当时，我很想在这里保留一辆军用坦克作为纪念品，但后来我去河内学习，这里的人把它移走了［当作废品］，把一切都移走了……我曾主张保留 5 号村的［美国］基地；因为我过去就住在附近，如果能完整地保留这个基地，以后我们的孩子和其他人们就可以来参观。但是他们已经拿走或是破坏了所有的东西。美国人留下的东西都被摧毁了……我只拿了一些铁墙板，带了一辆摩托车来运回家，但我没有拿其他东西。[1]

186

　　　　　　　　墓地中的军营：越南的军事化景观

在地球另一端的美国，退伍军人和记者们也就越南的这些景观进行了类似争论。保罗·西皮奥尼（Paul Scipione）在战争期间曾在101空降师的鹰营服役，他在看到记者克雷格·惠特尼（Craig Whitney）于1983年回访富牌和鹰营的报道后，给《纽约时报》（New York Times）的编辑写了一封信。惠特尼于1972年和1973年以一名记者的身份在顺化工作，为《纽约时报》撰写关于北越进攻和美国撤军的后果的相关文章。惠特尼在他的文章中谈论到了1号公路沿线的新建筑和美国基地曾经所在的空地。西皮奥尼在给《纽约时报》的一封信中作出回应：

> 我认为克雷格·R. 惠特尼的回忆文字——《苦涩的和平：在越南的生活》（A Bitter Peace: Life in Vietnam，1983年10月30日）是具有煽动性的。然而，请恕我不同意他的观点，即"美国基地曾经存在的地方——101空降师的大本营，鹰营；以及富牌的军用机场，只剩下了石头"。……作为101空降师的一名前士官，我在富牌和鹰营度过了我生命中短暂却无比惊心动魄的一段时光。我很肯定的是，沙地里留下的不仅仅只是几块石头——还有更多的东西，比如荣誉和战友情，我们往昔的纯真，以及我们和他人的鲜血。对于我们这些曾在那里战斗过的人来说，富牌和鹰营仍然是不可磨灭的——刻在我们脑海中与记忆里的地方，而不仅仅是地图上的一处冷冰冰的标注。[2]

西皮奥尼和方先生的艰难回忆都涉及旧日创伤的意义，即这些创伤不仅印刻在物理景观上，也铭刻在他们的记忆中。哪怕鹰营和夜黎村离梅塔钦（Metuchen）*有大半个地球那么远，也并不影响这一点。

问题重重的废墟和家庭团聚

与 1945 年和 1954 年的战后时刻相比，这次战后时刻是现代历史上最受人关注、最具物理破坏力的一场战争的产物。战争在土地上留下的足迹——废弃的基地和数以百万计的弹坑——依然清晰可见，但同时也有无数的内部伤痕。夜黎村的居民描述了当地人口结构的重大变化。首先，许多男人没有回来，在战后的头几年，这里可以说是一个妇女之村。随后，在 20 世纪 70 年代末和 80 年代初，许多支持南越的家庭偷偷地逃到海岸边的渔船上，消失在黑夜里。最后，来自中北部广平省的新定居者来到这里，他们是来自非军事区北部的越南人民军老兵和难民的混合群体。他们试图在鹰营旧址内的 5 号村里开垦荒地。一个人回忆说，直到 80 年代中期，在这些喷洒了化学药剂的土壤中，甚至连桉树都无法生长。[3]

20 世纪 90 年代初，尤其是在 1986 年历史性的改革之后，媒体有了更大的空间来报道战后的困扰。一些越南退伍军人开始发表短篇小说，指出了痛苦的个人悲剧、破碎的婚姻和严重的

---

* 应该是西皮奥尼的居住地。

创伤后应激障碍。老兵保宁（Bảo Ninh）的《战争的悲哀》（*The Sorrow of War*）于 1991 年首次以报刊连载的形式发表，并于 1993 年被翻译成英文，成为外国读者眼中此类书籍中的经典之作，它使读者看到了这些很少被记录但被广泛认可的、过去在战场上作战时的紧张情绪以及渴望回家的挣扎与痛苦。虽说下面这段话是发生在河内附近的，但它也很可能发生在顺化附近的村庄。它描述了主人公坚（Kiên），一个患有严重创伤后应激障碍的老兵，回到河内之后发现这个城市已经被轰炸得面目全非，年轻时的爱人也早已将他遗忘。保宁在这个故事中展现了悲伤，故事在时间上来回穿梭，主人公与亡灵在梦中相遇，个人的痛苦与错位的景观完美地结合起来。当保宁在描述坚去拜访一位牺牲同志的家人以归还他的个人物品时写道：

这里的景观一半是沼泽，一半是垃圾场。瘦小的孩子们穿着破烂的衣服……这个村的村民都算得上是半个乞丐，只能靠捡垃圾维持艰难的生计，小路两旁有一些明显是赃物的小垃圾堆，小偷们在那里摆起了小摊。有人把荣家的房子指给坚看。它和其他的房子一样，是由铁皮和旧木头组成的棚屋，周围都是垃圾。荣最小的妹妹当时还不到 15 岁。当她认出她哥哥的背包和个人物品后，她的双眼肿胀，泪水顺着脸颊直流。没有必要问为什么坚会来拜访他们。悲伤的消息就在这里等着他们。荣的失明的母亲和女孩坐在一起，一边摸着物品一边接过一顶布帽、一把折叠的刀、一个铁碗、一支破碎的笛子和一个笔记本。当坚正准备起身离开时，老

188

太太却已经把手伸了过来，摸了摸他的脸颊。"至少你回来了。"她平静地说道。[4]

在小说中，保宁反复从景观的角度强调了这个士兵家园周边有过的激烈斗争——他回到了被摧毁的地方。小说通过这种个人交流，捕捉到了1975年后的几十年依然存在的东西，这是数百万越南人在战后复苏中最艰难的过程之一。

尤其是在承天顺化省和广治省这样曾经是边境的省份，最先引人注意的是坐落着坟墓和家族神龛的土地。随着20世纪90年代的经济改革，越南社会主义共和国允许海外的越南人向留在当地的亲属汇款。这些汇款很快就达到了数十亿美元。其中大部分汇款都流入了祖先的家乡，这不仅包括个人所需、购买药品等物资的钱，还包括重建村庄，特别是修建祖坟的钱。[5]

作为一个越南大家庭中经常需要出差的女婿，我和岳父的家乡——广治省的小村庄中单，以及岳母在顺化的亲戚都有联系，我尽力扮演好一个创始家族女婿的角色，而且经常有机会参加村里和家族的仪式。通过我的岳父李苏，我了解到严叔叔与他在顺化的表兄合作把钱弄回村里的经历。就像许多越南中部地区的家庭一样，李氏家族在战时的从属关系主要是按照性别划分的。苏的父亲鼓励他和他的哥哥接受高等教育；他们在顺化最好的学校学习，并利用工程奖学金前往美国。然而这样一位父亲也遵循传统的乡村习俗，并不支持他的四个女儿读到三年级以上。20世纪60年代，她们中的三位加入了民族解放阵线，在那里接受了革命教育。她们在人民解放武装力量和党内工作时遇到了自己未来的

墓地中的军营：越南的军事化景观

丈夫。在顺化的一次家庭聚会上，其中一位"反叛的阿姨"半开玩笑地对我说，她年轻时就像那些拿着 AK-47 的人一样"砰砰砰"。像这种有部分兄弟姐妹移居美国，部分兄弟姐妹留在越南的分家情况，在战争期间并不罕见，特别是在中部海岸。

20 世纪 90 年代中期，随着越南扩大了与美国的外交和贸易关系，这些分裂家庭的成员开始重新联系。苏和他的兄弟待（Đãi）加入了一个中单村民海外协会，专注于支持家庭团聚和其他家族——如黄氏、吴氏、胡氏和阮氏的乡村项目。与其他以家族和村庄为基础的网络一样，他们在 20 年间筹集了数万美元资金，用于村庄供电、重建道路、架设桥梁和开展其他建设性工作。中单村形成的人脉网络为顺化大学筹集了大学奖学金。许多佛教徒也为建造一座新的佛塔和修复家族坟墓筹集资金。严叔叔作为海外亲属的中间人，负责确保资金到位。

作为一名女婿和一个讲越南语的外国人，我在前往中单村时受到了盛宴款待，并从一个前沿视角看到了一个家庭为了重聚所付出的努力。我们见到了身为战争英雄，帮助管理政府文书工作的叔叔们，他们需要将海外汇款变成修路费和奖学金。村民委员会的一名成员参加了为我妻子的祖父举行的一次忌辰（ngày đám giỗ）宴。饭后，该家族的几个人带我到最近重建的李氏家族祠堂，祭拜 15 世纪中期在该村定居的始祖。

除了海外亲属，越南逐渐富裕起来的城市家庭后裔也加入了这种以家庭为中心的历史建构。越南人民军与人民解放武装力量军人的后裔，和一些南越军人的后裔都加入了这些村庄社会关系网，为建设工作作出了贡献，并在出国旅行时利用了家族和村庄的关系网。省级和乡级公共工程部门也变得更加富有，他们用更宽的道路，更多的电力、桥梁等公共服务来取代汇款资助的项目。在战争结束后的 40 多年里，越来越多的乡村节日和家庭团聚，以及越来越豪华的坟墓和祠堂建设，都表明重建乡村景观和治愈战争的有形和无形创伤是有希望的。

化学幽灵

就像保宁的小说中困扰坚的幽灵一样，中部海岸的战争遗留物也带来了不同的政治和环境挑战。最令人不安的战争遗留物之一是大量的有毒化学品，这些化学品不仅来自除草剂项目，还来自基地旧址周围的垃圾填埋场里的化学工业品。由于缺乏昂贵的高科技方法对土壤进行基因检测或质谱分析，许多生活在前喷洒区或基地旧址附近的人开始怀疑，大量的出生缺陷或癌症是否与无形的毒素有关。一位出生于 1925 年的夜黎村居民明先生（Minh）讲述了一种熟悉的疾病模式，他认为这与他接触过橙剂有关。他讲述了自己当时是如何在 1954 年向北集结，然后沿着老挝的胡志明小道向南返回的。在 20 世纪 60 年代的战争期间，他在那里工作，管理一个 50 人的运输队，运输队在斜空（Tà Khống）渡口边共有五艘船。他和他的队伍时常受到喷洒除草剂的困扰。他怀疑他儿子严重畸形的腿可能与他曾经接触这些"毒药"有关，只不过他没有办法去证明。[6]明先生的故事在越南很常见，这几十年来，报纸、书籍和电影将这些恐惧流传开来，并呼吁美国给予公正对待和赔偿。

我最初对使用历史档案记录追踪这些化学足迹的兴趣，推动了我对更宏大的历史项目产生兴趣，也增进了我对这片土地上如此多样的化学痕迹带来的更普遍问题的认识。我在顺化的研究始于历史地图和记录，这些地图和记录确定了美国基地旧址附近可能存在的化学热点。我把第 10 化学排在鹰营的日常记录扫描文件转交给了承天顺化省的科技厅厅长，我们讨论了利用历史记录来更准确地锁定可疑的化学品倾倒点。[7] 虽然橙剂在越南仍然是高度受限的外国研究主题，但在美国基地旧址清理有毒废物这一更为普遍的问题，对当地的经济和发展政策来说，即使不说更为重要，但起码也是具有同等意义与价值的。

我与几位地理学家还有一位在顺化的遥感专家合作，利用军事文本记录和图像，绘制了鹰营和富牌战斗基地的土地覆盖图。我们将 1972 年基地地区的历史航拍照片数字化，以此为起点，再利用联合国粮食及农业组织的标准土地覆盖类别对土地覆盖区域进行数字化。我们将 2001 年和 2009 年的卫星图像中的土地覆盖层进行数字化，并利用文本记录和视觉推理分析了 1972 年的航空照片，以确定可疑储存库的位置。2012 年，我们向该省和该地区的官员展示了带有可疑化学品热点候选地的地图。正如参与此类事务的外国人所常见的那样，对方礼貌地接受了我的数据，然后就告辞了。我对此表示理解，当地的辩论和后续策略不会让历史学家——尤其是外国人，公开评论。尽管如此，我相信这种研究美国和南越公开记录的方法，可能有助于环境研究的持续进行，而这本书在某些微观的角度也映证了这种更积极的兴趣。

191

在我们访问过的所有地方中，有一个候选的热点地区在我写这本书时一直是我的试金石。至今仍然可以看到位于鹰营的第160直升机大队的停机坪的部分区域，这是一个位于山顶的巨大沥青矩形区，一条峡谷使其与夜黎的第5号村相隔，后者位于一个满是坟墓的丘陵上（图6.2）。与大多数遗址不同的是，通过一条贯穿鹰营旧址中心的新公路，可以很容易地到达这里。自2012年以来，我每次访问顺化时都会回到这个地方，因为它增进了我对该遗址的战时历史的了解，并有机会研究新的建造物，从背景中的坟墓到道路对面的新建筑，以及自2016年以来，在开裂的旧路面上均匀种植的一排排槐树苗。

图6.2　原160直升机大队的停机坪，由笔者拍摄，2011年

　　　　　　　　　　　墓地中的军营：越南的军事化景观

将 1972 年拍摄的卫星照片和航拍照片与 101 空降师博物馆提供的基地兵营图相比较，我重建了该地与这支空降部队的联系（图 6.3）。这些分层资料的合成图像显示了直升机停机坪过去的位置，并将其与该地点最近的卫星图像进行了比较。这也有助于确定第 10 化学排的大致位置，因为它的总部和储存化学品的

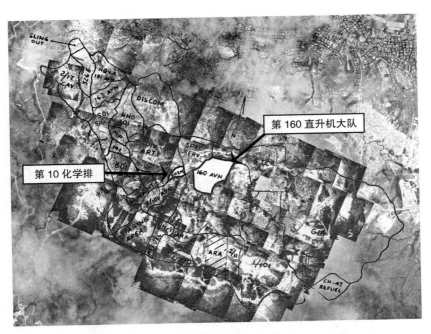

图 6.3　1969 年左右，鹰营内部的军队驻扎点示意图

资料来源："Camp Eagle Counterattack Plan," 101st Airborne Division Pratt Museum, Box 3, Military Assistance Command Vietnam Construction Directorate, Real Property Disposal Files, RG 472，美国国家档案与记录管理局，马里兰州大学园区分馆；CORONA Frame DS1117-2038DF144，美国地质调查局地球资源观察与科学中心提供。注释由笔者标注。

仓库离直升机停机坪很近。该省对这个直升机停机坪很感兴趣，因为它支持过101空降师的嗅探任务、火焰投放和落叶行动的实施。仔细观察这个潜在的热点地区，可以看到铺设沥青的直升机停机坪以及成堆的集装箱材料。在拍摄这些航拍照片时，美国陆军已经将其大部分部队和飞机从该设施中迁出。带有桶装化学品储存垫的航空库区是潜在热点区域之一（图6.4）。1972年的航空照片显示了用于维修飞机的机库，以及作为机组人员宿舍的一排排金属覆盖的建筑。它们还展现了周边的警戒塔和一条小溪，这条小溪将直升机停机坪地区的地表径流引向下方夜黎的田地。

图 6.4 潜在热点区，1972 年

资料来源："Camp Eagle Counterattack Plan," 101st Airborne Division Pratt Museum, Box 3, Military Assistance Command Vietnam Construction Directorate, Real Property Disposal Files, RG 472; CORONA Frame DS1117-2038DF144，美国地质调查局地球资源观察与科学中心提供。注释由笔者标注。

　　　　　　　　　墓地中的军营：越南的军事化景观

尽管拾荒者们在 20 世纪 90 年代末已经清除了这里的大部分
建筑，但在卫星图像中仍然可以清晰地看到旧建筑和直升机停机
坪的遗迹，这里几乎没有明显的植被。利用 2001 年卫星拍摄的　　192
红外图像，我们通过一个矩形地块周围生长的杂草，确定了直升
机停机坪的原有轮廓。

　　作为一名历史学家，我很欣赏这个遗址的可及性和相对开放
的状态，这使得人们可以很容易地进行精神上的重建，但这里还
缺乏补救措施，表明了经济、地方甚至国际政治方面的问题仍然
棘手。在一个工业化国家，对这样一个遗址进行现代化的环境清
理，其测试、土壤整治和处理的费用可能高达数千万美元。在越
南，有限的资源和微小的利润意味着地方政府必须尽其所能，在　　193
避免产生这些成本，以及在防止人们暴露于危险材料的前提下，
尽量开发这片土地的新用途。他们已经尽力而为，将这些地方大
部分保留为工业用地，用沥青覆盖或用树木覆盖。如同全球其他
地方的军队一样，越南人民军也选择保留许多被污染的地产，以
此作为减轻战争责任的另一种方式。直升机停机坪已被单独保
留，但其南边公路对面的地产，即直升机大队的前总部，已成为
国防部第 23 职业学院（图 6.5）。越南人民军将其重新利用，且
用于相对安全的新用途，即沥青路面驾驶课程，这减少了地表
暴露。新学院花大力气铺就的不透水的覆盖区，注定要扩大到山
顶，这已经是显而易见的了。由于有这么多潜在的麻烦，国家、
社区和军队都选择在这些问题土地上进行铺设，以覆盖受损的土
壤，等待新技术或资金来解决地下的潜在危险。

　　当地关于处理有毒场所方法的政治辩论，部分源于 20 世纪　　194

图 6.5　第 23 职业学院的施工现场，位于原第 160 直升机大队的总部

资料来源：由笔者拍摄，2015 年 7 月。

90 年代橙剂 / 二噁英污染场所的发现和战后同美国谈判的艰难经历。外国研究人员和军事小组发现了美国喷洒计划的主要空军基地，以及更偏远的热点地区，在那里，落叶剂在地面上遗留下了高浓度的二噁英。有关这些地点的出版物引起了国际社会的广泛关注，但在当地，这些关于橙剂的故事也带来了问题。由于缺乏数千万美元的资金来清理土壤，相对贫穷的山区农村别无选择，只能将这些地方标记为有毒区域，禁止人们进入。

　　1966 年被攻克的前阿绍特种部队基地是这些高地遗址中比较有名的一个，其二噁英热点区域异常集中。加拿大和越南的研究

墓地中的军营：越南的军事化景观

人员在阿绍山谷进行了一项合作研究，对土壤、动物组织、人体血液样本和人类的母乳^[8]进行了全面分析。在整个山谷进行的土壤测试证实，从飞机上喷洒出的二噁英已经沿着山坡消散，达到了与工业化国家的高尔夫球场等其他喷洒土地相当的"基本标准"。他们发现土地中的二噁英含量范围在"无法检出"和"万亿分之五"之间。唯一浓度高的地方是山谷中的前美国特种部队基地，那里的化学品可能被储存在桶中。在前阿绍特种部队基地，即现在的东山（Đông Sơn）公社，研究小组发现，在利用旧炸弹坑进行水产养殖的池塘中的沉积物里，二噁英浓度为每万亿分之 300 至 400，呈现高毒性。该联合研究建议重点关注这些"二噁英水库"，因为污染物正通过鸭子和鱼的脂肪进入人们的身体，特别是人体子宫内的婴儿。[9]

　　虽然这项研究有助于防止在当地或通过鱼和鸭子的吸收途径出现新的暴露，但阿绍曾经是热点地区的这段广为人知的历史还产生了一个问题。2015 年，我与一群美国学生和一位越南生态学家一起访问了机场旧址和附近的东山社区。这次访问由阿雷区的一个办事处组织协调，我们在过去的跑道（图 6.6）、热点地区和公社的会议厅都稍作停留。[10] 导游让我们看到了一个由外国和地方政府捐款资助的小型医务室，公社主席向我赠送了塔奥伊（Ta Oi）原住民的手工纺织品，塔奥伊原住民是自古定居于这片山谷中的原住民。主席也是这个群体的成员，该公社大约一半的人都是。

　　主席在简短的欢迎词中很快就谈到了橙剂和战争遗留的问题，以及更具体的，吸引我们小组前来此地的有关热点地区的故

图 6.6　阿绍的跑道遗址，还可以见到弹坑

资料来源：由笔者拍摄。

事。他指着医务室说，公社不需要更多的科学家和专家来抽人们的血，然后把它带走写研究报告。他说，他们对热点地区以及二噁英如何在食物链中传递已经了解得足够清楚。他认为对公社未来发展最重要的问题是，要进行人们能负担得起的或免费的测试，以确认人们的土地、动物，或者他们的 DNA 现在是否"干净"。他恳请我、生态学家和学生们开发技术，能有效地绘制二噁英的存在和不存在的区域，以便人们能够在不含二噁英的地区里工作、生活和维持生计。他说，尽管研究人员已经担保无恙，但在城市里的市场上，当雇主问及他们的原籍村时，公社的农民们仍然会遭到歧视。主席的讲话说明了那些通常没有受到二噁英影响，但却在与化学战相关的重压下遭受痛苦之人所展开的特殊斗争。

196

　　　　　　　　　　　墓地中的军营：越南的军事化景观

军事化景观的重新绿化

虽然对基地和阿绍等地的全面清理仍然是有限的，但20世纪90年代的经济改革确实启动了山区土地私有化的新计划，特别是自2000年以来，植被以人工林的形式得到了广泛恢复。一些国家文件和报纸长期以来一直在讽刺"光秃秃的土地，被侵蚀的山坡"（đất trống, đồi trọc）的问题，并反复使用这个词作为美军轰炸、砍伐和整个战争造成的损失的简称。当战后的土地开荒使森林面积进一步减少后，越南于1993年首次承认了这类土地的私人租赁权。越南的森林覆盖率最低时约为25%，此后回升到44%以上，尽管几乎全部是通过种植实现的。私人投资者重新造林的面积令人难以置信，新生林覆盖了超过500万公顷的光秃秃的丘陵和其他公共土地。[11]

虽然越南报纸和电视新闻广播广泛赞扬最近的植树活动，但它不仅源于当今的做法，还延续了殖民时代用外来物种重新占领山地的计划。亨利·吉比尔等人，以及在20世纪五六十年代追随他的越南护林人继续推进这种绿色现代化。顺化的第一位后殖民时期的首席林务官阮友订继承了吉比尔的热情，他在60年代与来自美国和澳大利亚的新的外国专家合作，用外来物种重新造林。阮友订负责在安全地区开发新的苗圃和种植园。后来，他支持民族解放阵线。他于1960年从政府机关退休，经历了春节攻势和春节后的反击，1975年后留在了顺化，在顺化大学建立了一所林业学院。1973年，虽然顺化西部山区的战斗造成了前所未有的破坏，但阮友订和越南政府的许多林业同事都憧憬着战后绿化新计划的未来。1973 年 1 月，南越与临时革命政府达成停火协议后，阮友订向南越和临时革命政府在巴黎的官员发送了一份公开报告，建议他们迅速制定一项可行的森林政策，采用快速生长的树种，支持纸浆和造纸等行业。他利用自己的退休身份向各方提出建议，指出停火（cease fire）为"植树，造花"（plant trees, make flowers，实现和平）提供了机会，也为"停止破坏森林"（cease forest destruction，"停火"一词的双关语）创造了机会。[12]

在某种程度上，一家工业企业的绿化与 1 号公路附近的基地和工业园改造没有什么不同。地方政府可能热衷于种植人工林，但当企业家试图用"清理"或"废弃"的土地来重新绿化时，争论往往就会出现。越南人民军的胜利导致了战后大片土地（前美军基地）的易主，产生了人类学家詹姆斯·斯科特所说的"抽象的、理论上的那种地方"。[13]然而，军方在这项战后事业中也仍然很活跃。在工业化国家，国家军队帮助并鼓励国内高科技部门生产飞机、研发侦察技术和枪支，而像越南人民军等军队则通过资源开采和公共业务筹集大部分资金。例如，越南最大的电信公司越南军用电子电信（Viettel）是一家军方企业，以军方无线电和电信网络起家。就像以前的军饷田一样，许多工业林地也是由军事公司投资管理的，或是为退伍军人提供工作机会的。

198 就像很难抹去往日战争中有关坦克或创伤场所的记忆一样，保留这些景观中蕴含的军事—社会联系也很困难。前火力基地周围的情况更是如此。我在与林业及环保官员们前往 547 号公路旧

墓地中的军营：越南的军事化景观

址（现在的 49 号公路）上的前伯明翰火力基地时亲身体会到了这一点。为了回应环保组织对绿色工业种植单一树种的批评，当地的林务局与几个非政府组织合作，将这块旧的军事用地留出来作为自然森林再生的实验地。即使在政府拥有无可争议的所有权的地方，林务人员、村民和企业家在自然造林和公共所有权的经济和政治问题上似乎也陷入了僵局。我们从顺化出发，乘坐林务局的一辆吉普车，走的是曾经连接鹰营和巴斯托涅火力基地的那条老路。司机在道路的一个转弯处将吉普车停下，于是我们走到一处宽约 200 米、长约 500 米的平地上，这就是伯明翰火力基地的旧跑道。除了红土中的一些破碎的柏油路面，旧跑道几乎无法辨认，其中大部分都被埋在茂密的树苗和灌木丛中。我们沿着跑道步行到了一条穿过地块的小溪边。他们解释说，树苗是从鸟类携带的种子中发芽生长出来的，没有经过定期修剪或选择性地砍伐。尽管这个"自然"的地块很新奇，而且它的位置也很有历史意义，但林务人员对该地块能否在新一轮的预算削减中幸存下来不抱太大希望。他们在河内的上级认为这片土地是失败的。它没有产生利润，而且离公路和城市如此之近，并不适合作为保护区。当地的居民带着一捆捆薪柴走过，随后非政府组织代表补充说，除了从这里收获的蜂蜜外，当地人对自然造林的看法与河内的上级们相似。然后，他们把我的视线引向附近山脊上的工业用地，那里的刺槐长得郁郁葱葱，他们暗示前伯明翰火力基地即将面临这种绿色工业的命运。他们讽刺地指出，这种模式是有效的，只是自然再生实验缺乏能为自身有力辩护的经济或政治逻辑。

非军事化景观的过去和未来

　　从乌州恶地到这些战后工业开发区和绿色产业区，中部海岸军事化层次的历史轨迹展现了一个时代的军事化遗产如何与下一个时代纠缠在一起。在这样一个冲突之地，环境史的核心价值在于，它有能力质疑人们讲述的关于过去土地如何与国家、国际事件以及家庭、定居者和农民的斗争联系在一起的故事，无论讲述者是否为当地人。即使在今天，某些地方史与官方历史也经常有不一致的地方。例如，个人和家庭在试图祭拜旧墓或在附近建立新墓时，往往还需要与国家，特别是军队进行谈判。如图 6.7 所示，这种军事和非军事用途之间的紧张关系，几乎没有减弱的迹象，当地人根本无视对那些传统意义上本属于村庄公地的土地的新要求。在可以俯瞰鹰营的 101 空降师总部旧址所在的山顶上，一条土路旁边的破损告示牌警告当地居民不要再挖坟和埋葬。一片厚厚的刺槐形成屏障，将古老的墓地挡在后面几乎看不到。

　　沿着公路快速行驶，我发现有几十座最近翻修过的坟墓。独自在这个墓地边，再联想到我作为一个美国人在军事区骑摩托车的画面，这使我想起了两件事。首先，鹰营遗留的破碎混凝土地基表明，军事所有权往往比一开始建立它们的军队存在得更久。在这个地方，美国军方在 1972 年将山顶的租约转让给了南越军，之后越南人民军又于 1975 年接手。每个军队都有自己的地产管理。其次，在刺槐幼树和混凝土废墟中新建的村庄墓地表明，尽管有这些军事所有权，但当地居民持续在发起挑战，就像他们的

图 6.7 位于夜黎 5 号村的告示:"军事区,禁止建造坟墓"

资料来源:由笔者拍摄,2015 年 7 月。

祖先几个世纪以来所做的那样。他们无视这些告示,自行选择在什么时候以及什么地方建造新的坟墓,他们自己祖先的滩头阵地标记着这个地方的族谱历史。至少对我来说,这种在什么时候尊重或违反官方界限的地方性选择,延续了古老而重要的传统,给了我一些希望。虽然墓地通常不是人们寻求希望的地方,但这里修建得越来越气派的祠堂代表了当地社群和个人家庭继续从充满暴力的过去夺回土地的一种方式。植树造林和职业学院反映了以国家为中心的复苏迹象,但墓群却更多地反映了个人的历史。随着企业在山区的商业化扩张,随着掘墓人试图清理一些山头,引起高度争议的迁墓运动随之而来。在我看来，这种墓地和工业空间之间的视觉推拉（visual push and pull）是一种希望的标志，同时也是尝试将这些军事化的景观从动荡往昔的地层中收回时，人们将会面临的复杂挑战。

注释

[1] 与方先生的访谈，5 号村，夜黎，2012 年 1 月 20 日。

[2] 保罗·西皮奥尼（Paul A. Scipione）：《越南的生活》（"Life in Vietnam"），《纽约时报》，1983 年 12 月 4 日。

[3] 与方先生的访谈，5 号村，夜黎，2012 年 1 月 20 日。

[4] 保宁（Bảo Ninh）：《战争的悲伤》（*The Sorrow of War*），马丁·塞克译，第72—73 页。

[5] 关于越南侨民和跨国移民的经济和文化层面问题的学术文献特别丰富。关于她对汇款和新商业企业涌现的探讨，见安·玛丽·莱什科维奇（Ann Marie Leshkowich）《晚期社会主义中的游魂：越南南部市场的冲突、隐喻和记忆》（"Wandering Ghosts of Late Socialism: Conflict, Metaphor, and Memory in a Southern Vietnamese Marketplace"），第 5—41 页。

[6] 与明先生的访谈，夜黎，2012 年 1 月 18 日。

[7] 清理工作的细节可在省人民委员会第 272 号法令中找到，2000 年 1 月 26 日。最近，越南的日报《越南法律》（*Phap Luật*）到现场调查了据称周围有癌症群的污染地点。见垂绒《CS 毒窖和农药储存灾难的嫌疑》，《越南法律》，2016 年 8月 18 日。

[8] L. 韦恩·德威尼库克（L. Wayne Dwernychuk）、H.D. 求（H. D. Cau）、C.T. 哈特菲尔德（C. T. Hatfield）、T.G. 博伊文（T. G. Boivin）、T.M. 雄（T. M. Hung）、P.T. 蓉（P. T. Dung）和 N.D. 他（N. D. Tha）：《越南南部的二噁英储库——橙剂的遗留问题》（"Dioxin Reservoirs in Southern Vietnam—A Legacy of Agent Orange"），第 117—137 页。

[9] 同上文，第 121 页。

[10] 生态学家冯酒杯（Phùng Tửu Bôi）博士因其在阿绍山谷的工作而闻名越南国内外。2007 年，《纽约时报》报道了他开发的"绿色栅栏"方法，该用法有助于防止村里的牛在化学热点地区周围活动。见克里斯蒂·阿施万登（Christie Aschwanden）《通过森林，更清楚地了解一个民族的需求》（"Through the Forest,

a Clearer View of the Needs of a People"），《纽约时报》，2007 年 9 月 18 日。环境活动家苏珊·哈蒙德（Susan Hammond）也描述了阿绍基地的要素，以及将橙剂灾难的叙述与阿绍和附近公社等具体地点分离的问题。见苏珊·哈蒙德《重新定义橙剂，减轻其影响》（"Redefining Agent Orange, Mitigating its Impacts"），载瓦塔那·波色那（Vatthana Pholsena）和奥利弗·塔佩（Oliver Tappe）编《与暴力的过去互动：阅览柬埔寨、老挝和越南的冲突后景观》（*Interactions with a Violent Past: Reading Post—Conflict Landscapes in Cambodia, Laos and Vietnam*），第 186—207 页。

[11] 帕特里克·梅弗罗特（Patrick Meyfroidt）、埃里克·兰宾（Eric F. Lambin）：《越南和不丹的森林转型：原因和环境影响》（"Forest Transition in Vietnam and Bhutan: Causes and Environmental Impacts"），见 H. 纳根德拉（H. Nagendra）、J. 索斯沃思（J. Southworth）编《重新造林的景观：模式与过程的联系》（*Reforesting Landscapes: Linking Pattern And Process*）。另见麦尔维（McElwee）《森林是金》（*Forests are Gold*），第 97 页。

[12] 阮友订：《越南南部森林总论，以承天顺化为例，待和平真正恢复时，我们森林当前的作用》（Lam phần miền nam Việt Nam nói chung, Thừa Thiên Nói Riêng và vai trò trước mắt của rừng rú chúng ta một khi hòa bình được thật sự văn hồi），第 7—30 页。

[13] 詹姆斯·斯科特：《国家的视角：改善人类状况的某些计划是如何失败的》（*Seeing Like a State: How Certain Schemes to Improve the Human Condition Have Failed*），第 201 页。

参考文献

Ahern, Thomas. *The CIA and the House of Ngo*. Washington, DC: Center for the Study of Intelligence, 2009.

Allnutt, Bruce C. *Combined Action Capabilities: The Vietnam Experience*. Washington, DC: Office of Naval Research, 1969.

Anderson, James A., and John K. Whitmore, eds. *China's Encounters in the South and Southwest: Reforging the Fiery Frontier over Two Millennia*. Leiden: Brill, 2015.

Asselin, Pierre. *Hanoi's Road to the Vietnam War, 1954−65*. Berkeley: University of California Press, 2013.

Baldoli, Claudia, and Andrew Knapp. *Forgotten Blitzes: France and Italy under Air Attack, 1940−1945*. London: Continuum, 2012.

Bảo Ninh. *The Sorrow of War: A Novel of North Vietnam*. Translated by Frank Palmos. New York: Pantheon, 1995.

Bellaigue, Bertrand. *Indochine*. Paris: Editions Publibook, 2009.

Bennett, Brett M. "The El Dorado of Forestry: The Eucalyptus in India, South Africa, and Thailand, 1850−2000." *International Review of Social History* 56, no. 4 (2010): 27−50.

Bienvenue, R. "Régime de la propriété foncière en Annam." Doctoral thesis, University of Rennes, 1911.

Biggs, David. "Aerial Photography and Colonial Discourse on the Agricultural Crisis in Late-Colonial Indochina, 1930−45." In *Cultivating the Colonies: Colonial States and Their Environmental Legacies*, edited by Christina Folke Ax, Niels Brimnes, Niklas Thode Jensen, and Karen Oslund, 109−32. Athens: Ohio University Press, 2011.

———. "Frame DS1050−1006DF129: March 20, 1969." *Environmental History* 19, no. 2 (2014): 271−80.

———. *Quagmire: Nation-Building and Nature in the Mekong Delta*. Seattle: University of Washington Press, 2010.

墓地中的军营：越南的军事化景观

Billot, Albert. *L'affaire du Tonkin: Histoire diplomatique de l'établissement de notre protectorat sur l'Annam et de notre conflit avec la Chine, 1882–1885*. Paris: J. Hetzel, 1888.

Bimberg, Edward L. *The Moroccan Goums: Tribal Warriors in a Modern War*. Westport, CT: Greenwood, 1999.

Borri, Christoforo. *An Account of Cochinchina: Containing Many Admirable Rarities and Singularities of that Country*. London: Robert Ashley, 1633.

Braudel, Fernand. *The Mediterranean and the Mediterranean World in the Age of Philip II*. Vol. 1. Berkeley: University of California Press, 1995.

Brenier, Henri. *Essai d'atlas statistique de l'Indochine Française*. Hanoi: Extrême-Orient, 1914.

Brocheux, Pierre. *Histoire du Vietnam contemporain: La nation résiliente*. Paris: Fayard, 2011.

Brocheux, Pierre, and Daniel Hémery. *Indochina: An Ambiguous Colonization, 1858–1954*. Berkeley: University of California Press, 2009.

Brown, Kate. *Plutopia: Nuclear Families, Atomic Cities, and the Great Soviet and American Plutonium Disasters*. New York: Oxford University Press, 2013.

Bùi Thị Tân. *Về hai làng nghề truyền thống: Phú Bài và Hiền Lương* [Regarding two traditional craft villages: Phú Bài and Hiền Lương]. Huế: Thuận Hóa, 1999.

Cadière, Léopold M. "Sauvons Nos Pins!" *Bulletin des amis de Vieux Huế* 3, no. 4: 437–43.

Cadière, Louis. "Documents relatifs à l'époque de Gia-Long." *Bulletin de l'École Française d'Extrême-Orient* 12 (1912): 1–82.

———. "La Pagode Quoc-An: Les divers supérieurs." *Bulletin des amis de Vieux Huế* 2, no. 3 (July 1915): 305–18.

Caillard, Jean-Pierre. *Alexandre Varenne: Une passion républicaine*. Paris: Le cherche midi, 2007.

Cao Van Vien. *The Final Collapse*. Washington, DC: US Army Center for Military History, 1985.

Chaigneau, Michel Đức. *Souvenirs de Hué*. Paris: Imprimerie Impériale, 1867.

Chapuis, Oscar. *The Last Emperors of Vietnam: From Tu Duc to Bao Dai*. Westport, CT: Greenwood, 2000.

Choi Byung Wook. *Southern Vietnam under the Reign of Minh Mạng (1820–1841): Central Policies and Local Response*. Ithaca, NY: Cornell Southeast Asia Program, 2004.

Colin, Armand. "L'évolution de la pensée géographique de Pierre Gourou sur les pays tropicaux (1935–1970)." *Annales de géographie*, no. 498 (March–April 1981): 129–50.

Công An Nhân Dân. *Đoàn mật vụ của Ngô Đình Cẩn* [The secret police division of Ngô Đình Cẩn]. Hà Nội: NXB Công An Nhân Dân, 1996.

Cooke, Nola. "Nguyen Rule in Seventeenth-Century Dang Trong (Cochinchina)." *Journal of Southeast Asian Studies* 29, no. 1 (March 1998): 122–61.

Cosgrove, Denis. *Social Formation and Symbolic Landscape*. Madison: University of Wisconsin Press, 1998.

Đảng bộ huyện Hương Thủy. *Lịch sử lực lượng vũ trang huyện Hương Thủy (1945–2005)* [History of the armed forces of Hương Thủy District (1945–2005)]. Huế: NXB Thuận Hóa, 2008.

Đảng Bộ Quân Khu 4. *Lịch sử đảng bộ sư đoàn 324 (1955–2010)* [History of the party cell, 324th Regiment (1955–2010)]. Hà Nội: NXB Quân Đội Nhân Dân, 2012.

Đảng Ủy Ban Chỉ Huy Quân Sự Huyện A Lưới. *Lịch sử lực lượng vũ trang nhân dân huyện A Lưới (1945–2010)* [History of the people's armed forces of A Luoi District (1945–2010)]. Hà Nội: NXB Quân Đội Nhân Dân, 2011.

Đào Quang Đới, Nguyễn Thống, and Võ Viết Hòa. *Sư đoàn 324*. Hà Nội: NXB Quân Đội Nhân Dân, 1992.

Davis, Bradley Camp. "The Production of Peoples: Imperial Ethnography and the Changing Conception of Uplands Space in Nineteenth-Century Vietnam." *Asia Pacific Journal of Anthropology* 16, no. 4 (2015), 323–42.

Domergue-Cloarec, Danielle. "La mission et le rapport revers." *Guerres mondiales et conflits contemporains* 148 (October 1987): 97–114.

Doumer, Paul. *Situation de l'Indo-Chine (1897–1901)*. Hanoi: Schneider, 1902.

Dror, Olga, and Keith Taylor. *Views of Seventeenth-Century Vietnam: Christoforo Borri on Cochinchina and Samuel Baron on Tonkin*. Ithaca, NY: Cornell Southeast Asia Program, 2006.

Dudley, Marianna. *An Environmental History of the UK Defence Estate, 1945 to the Present*. London: Continuum, 2012.

Duiker, William J. *Ho Chi Minh: A Life*. New York: Hyperion, 2000.

Dương Phước Thu. *Tù Ngục chín hầm và những điều ít biết về Ngô Đình Cẩn* [The Nine Bunkers Prison hell and some little known items regarding Ngô Đình Cẩn]. Huế: Thuận Hóa, 2010.

Dutreuil de Rhins, Jules-Léon. *Le royaume d'Annam et les Annamites*. Paris: E. Plon and

墓地中的军营：越南的军事化景观

Cie, 1879.

Dutton, George. *The Tây Sơn Uprising: Society and Rebellion in Eighteenth-Century Vietnam*. Honolulu: University of Hawaii Press, 2006.

Dwernychuk, L. Wayne, H. D. Cau, C. T. Hatfield, T. G. Boivin, T. M. Hung, P. T. Dung, and N. D. Thai. "Dioxin Reservoirs in Southern Vietnam—A Legacy of Agent Orange." *Chemosphere* 47 (2002): 117–37.

Enloe, Cynthia H. *Bananas, Beaches and Bases: Making Feminist Sense of International Politics*. Berkeley: University of California Press, 1990.

———. *Maneuvers: The International Politics of Militarizing Women's Lives*. Berkeley: University of California Press, 2000.

Fall, Bernard. *Street without Joy: Indochina at War*. Harrisburg, PA: Stackpole, 1961.

———. *Street without Joy: Insurgency in Indochina, 1946–53*. London: Pall Mall Press, 1963.

Farmer, Jared. *Trees in Paradise: A California History*. New York: W. W. Norton, 2013.

Franck, Harry A. *East of Siam: Ramblings in the Five Divisions of French Indo-China*. New York: Century Company, 1926.

Fredrickson, Leif. "From Ecocide to Eco-ally: Picloram, Herbicidal Warfare, and Invasive Species, 1963–2005." *Global Environment* 7, no. 1 (2014): 172–217.

Gallin, L., and Indochine Française. *Le service radiotélégraphique de l'Indochine*. Hanoi: Imprimerie d'Extrême-Orient, 1931.

Gillem, Mark L. *America Town: Building the Outposts of Empire*. Minneapolis: University of Minnesota Press, 2007.

Glennon, John P., and Edward C. Keefer, eds. *Foreign Relations of the United States, 1958–1960, Vietnam*. Vol. 1. Washington, DC: GPO, 1986.

Goldwyn, Adam J., and Renée M. Silverman. "Introduction: Fernand Braudel and the Invention of a Modernist's Mediterranean." In *Mediterranean Modernism: Intercultural Exchange and Aesthetic Development*, edited by Adam J. Goldwyn and Renée M. Silverman, 1–26. New York: Palgrave Macmillan, 2016.

Goscha, Christopher E. "The Borders of Vietnam's Early Wartime Trade with Southern China: A Contemporary Perspective." *Asian Survey* 40, no. 6 (November 2000): 987–1018.

———. *Thailand and the Southeast Asian Networks of the Vietnamese Revolution, 1885–1954*. Richmond, UK: Curzon, 1999.

———. *Vietnam: Un état né de la guerre 1945–1954*. Paris: Armand Colin, 2011.

———. *Vietnam or Indochina? Contesting Concepts of Space in Vietnamese Nationalism*

(1887-1954). Copenhagen: Nordic Institute of Asian Studies, 1995.

Gourou, Pierre. *Les paysans du delta tonkinois*; *étude de géographie humaine*. Paris: Les éditions d'art et d'histoire, 1936.

Gouvernement Général de l'Indochine. *L'aéronautique militaire de l'Indochine*. Hanoi: Imprimerie d'Extrême-Orient, 1931.

――. *Service géographique de l'Indochine: Son organisation, ses méthodes, ses travaux*. Hanoi: Imprimerie d'Extrême-Orient, 1931.

Greene, Graham. *The Quiet American*. London: William Heinemann, 1955.

Grove, Richard. *Green Imperialism: Colonial Expansion, Tropical Island Edens and the Origins of Environmentalism, 1600-1860*. Cambridge: Cambridge University Press, 2003.

Guibier, Henri. *Situation des forêts de l'Annam*. Saigon: Imprimerie Nouvelle Albert Portail, 1918.

Haffner, Jeanne. *The View from Above: The Science of Social Space*. Boston: MIT Press, 2013.

Hammer, Ellen J. *The Struggle for Indochina*. Stanford, CA: Stanford University Press, 1954.

Hammond, Susan. "Redefining Agent Orange, Mitigating its Impacts." In *Interactions with a Violent Past: Reading Post-Conflict Landscapes in Cambodia, Laos and Vietnam*, edited by Vatthana Pholsena and Oliver Tappe, 186-215. Singapore: National University of Singapore Press, 2013.

Hardy, Andrew. "Eaglewood and the Economic History of Champa and Central Vietnam." In *Champa and the Archaeology of Mỹ Sơn (Vietnam)*, edited by Andrew Hardy, Mauro Cucarzi, and Patrizia Zolese, 107-26. Singapore: National University of Singapore Press, 2009.

Hardy, Dennis. *Utopian England: Community Experiments, 1900-1945*. New York: Routledge, 2012.

Harper, Michael W., Thomas R. Reinhardt, and Barry R. Sude. *Environmental Cleanup at Former and Current Military Sites: A Guide to Research*. Alexandria, VA: Office of History and Environmental Division, US Army Corps of Engineers, 2001.

Harvey, David. "Neoliberalism as Creative Destruction." *Annals of the American Academy of Political and Social Science* 610 (March 2007): 22-44.

Hickey, Gerald C. *Window on a War: An Anthropologist in the Vietnam Conflict*. Lubbock: Texas Tech University Press, 2002.

Hồ Trung Tú. *Có 500 năm như thế: Bản Sắc Quảng Nam từ góc nhìn phân kỳ lịch sử*. Đà

墓地中的军营：越南的军事化景观

Nẵng: NXB Đà Nẵng, 2013.

Horowitz, David, and Peter Collier. "U.S. Electronic Espionage: A Memoir." *Ramparts* 11, no. 2 (1972): 35–50.

Hostetler, Laura. *Qing Colonial Enterprise: Ethnography and Cartography in Early Modern China*. Chicago: University of Chicago Press, 2001.

Huard, Lucien. *La guerre illustrée, Chine-Tonkin-Annam, Tome 1: La guerre du Tonkin*. Paris: L. Boulanger, 1886.

Hughes, William Ravenscroft. *New Town: A Proposal in Agricultural, Industrial, Educational, Civic, and Social Reconstruction*. London: J. M. Dent, 1919.

Hùng Sơn and Lê Khai, eds. *Đường Hồ Chí Minh qua Bình Trị Thiên* [The Hồ Chí Minh Trail through Bình Trị Thiên]. Hà Nội: NXB Quân Đội Nhân Dân, 1992.

Huntington, Samuel. "The Bases of Accommodation." *Foreign Affairs* 46, no. 4 (1968): 642–56.

Hữu Mai. *Ông cố vấn: Hồ sơ một điệp viên*. Hồ Chí Minh City: Văn nghệ, 2002.

Ikuhiko, Hata. "The Army's Move into Northern Indochina." In *The Fateful Choice: Japan's Advance into Southeast Asia, 1939–1941*, edited by James William Morley, 155–280. New York: Columbia University Press, 1980.

Indochine Française. *Historique de l'aéronautique d'Indochine*. Hanoi: Imprimerie d'Extrême-Orient, 1931.

Jackson, John Brinckerhoff. *Discovering the Vernacular Landscape*. New Haven: Yale University Press, 1984.

Johnson, Thomas R. *American Cryptology during the Cold War, Book II: Centralization Wins, 1960–1972*. Washington, DC: National Security Agency, 1995.

Kelly, Michael. *Where We Were in Vietnam: A Comprehensive Guide to the Firebases, Military Installations, and Naval Vessels of the Vietnam War*. Central Point, OR: Hellgate Press, 2002.

Klein, Naomi. "Baghdad Year Zero: Pillaging Iraq in Pursuit of a Neocon Utopia." *Harpers*, September 2004: 43–53.

———. *The Shock Doctrine: The Rise of Disaster Capitalism*. New York: Picador, 2007.

Kreis, John F. *Piercing the Fog: Intelligence and Army Air Forces Operations in World War II*. Washington, DC: Air Force History and Museums Program, 1996.

Kwon, Heonik. *Ghosts of War in Vietnam*. Cambridge: Cambridge University Press, 2008.

Lam Thi My Dung. "Sa Huynh Regional and Inter-Regional Interactions in the Thu Bon Valley, Quang Nam Province, Central Vietnam." *Bulletin of the Indo-Pacific Pre-History Association* 29 (2009): 68–75.

Lawrence, Mark Atwood. *Assuming the Burden: Europe and the American Commitment to War in Vietnam.* Berkeley: University of California Press, 2005.

Lawrence, Mark Atwood, and Fredrik Logevall, eds. *The First Vietnam War: Colonial Conflict and Cold War Crisis.* Cambridge, MA: Harvard University Press, 2007.

Lê Vũ Trường Giang. "Sự vận động của làng xã cổ truyền, bản Thuận ước và những dấu ấn văn hóa ở làng Thần Phù." *Tạp Chí Sông Hương* 302 (April 2014).

Lefebvre, Henri. *The Production of Space.* Oxford: Blackwell, 1991.

Leshkowich, Ann Marie. "Wandering Ghosts of Late Socialism: Conflict, Metaphor, and Memory in a Southern Vietnamese Marketplace." *Journal of Asian Studies* 67, no. 1 (2008): 5–41.

Li Tana. *Nguyễn Cochinchina: Southern Vietnam in the Seventeenth and Eighteenth Centuries.* Ithaca, NY: Cornell Southeast Asia Program, 1998.

Liên Thành. *Biến động miền Trung: những bí mật chưa tiết lộ giai đoạn 1966–1968– 1972* [Operations in Central Vietnam: Secrets not yet revealed from 1966–1968–1972]. Westminster, CA: Tập san Biệt Động Quân xuất bản, 2008.

Logevall, Fredrik. *Embers of War: The Fall of an Empire and the Making of America's Vietnam.* New York: Random House, 2012.

Marr, David G. *Vietnam: State, War and Revolution (1945–1946).* Berkeley: University of California Press, 2013.

———. *Vietnam 1945: The Quest for Power.* Berkeley: University of California Press, 1995.

Martini, Edwin. *Agent Orange: History, Science and the Politics of Uncertainty.* Amherst, MA: University of Massachusetts Press, 2012.

Maspero, Georges. *The Champa Kingdom.* Bangkok: White Lotus Press, 2002.

Maurer, Maurer. *Combat Squadrons of the Air Force: World War II.* Washington, DC: US Air Force Historical Division, 1969.

McElwee, Pamela D. *Forests Are Gold: Trees, People, and Environmental Rule in Vietnam.* Seattle: University of Washington Press, 2016.

Meyfroidt, Patrick, and Eric F. Lambin. "Forest Transition in Vietnam and Bhutan: Causes And Environmental Impacts." In *Reforesting Landscapes: Linking Pattern and Process,* edited by H. Nagendra and J. Southworth, 315–39. Dordrecht: Springer, 2010.

Miller, Edward. *Misalliance: Ngo Dinh Diem, the United States and the Fate of South Vietnam.* Cambridge, MA: Harvard University Press, 2013.

Ngô Kha, ed. *Lịch sử đảng bộ huyện Nam Đông (1945–2000)* [History of the Party in Nam Dong District (1945–2000)]. Hà Nội: NXB Chính Trị Quốc Gia, 2003.

Nguyễn Đình Đầu. *Chế độ công điền công thổ trong lịch sử khẩn hoang Lập Ấp ở Nam Kỳ Lục Tỉnh*. Hà Nội: Hội Sử Học Việt Nam, 1992.

———. *Nghiên cứu địa bạ triều Nguyễn: Thừa Thiên* [Research on Nguyễn dynasty land registers: Thừa Thiên]. Hồ Chí Minh City: NXB Hồ Chí Minh City, 1997.

Nguyen Duy Hinh. *Lam Sơn 719*. Washington, DC: US Army Center for Military History, 1979.

Nguyễn Hữu Đính. "Lâm phần miền nam Việt Nam nói chung, Thừa Thiên Nói Riêng và vai trò trước mắt của rừng rú chúng ta một khi hòa bình được thật sự văn hồi" [Forest sector in Southern Vietnam generally, Thừa Thiên specifically and the role of our forests in producing a peaceful climate that can be truly sustained]. *Nghiên Cứu Huế* 6 (2008): 7–30.

Nguyễn Hữu Thông, ed. *Katu: Kẻ sống đầu ngọn nước* [Katu: Living at the headwaters]. Huế: NXB Thuận Hóa, 2004.

Nguyễn Khắc Thuần, ed. *Lê Quý Đôn tuyển tập: Phủ biên tạp lục (phần 1)* [Frontier chronicles (part 1)]. Hà Nội: NXB Giáo Dục, 2007.

Nguyen Kim Dung. "The Sa Huynh Culture in Ancient Regional Trade Networks: A Comparative Study of Ornaments." In *New Perspectives in Southeast Asian and Pacific Prehistory*, edited by Philip J. Piper, Hirofumi Matsumura, and David Bulbeck, 311–32. Canberra: Australia National University Press, 2017.

Nguyen, Lien-Hang T. *Hanoi's War: An International History of the War for Peace in Vietnam*. Chapel Hill: University of North Carolina Press, 2012.

Nguyễn Thế Anh. "The Vietnamization of the Cham Deity Pô Nagar." In *Essays into Vietnamese Pasts*, edited by Keith W. Taylor and John K. Whitmore, 42–50. Ithaca, NY: Cornell University Press, 1995.

Nguyễn Tú and Triều Nguyên, eds. *Địa chí Hương Thủy*. Huế: Nhà xuất bản Thuận Hóa, 1998.

Nguyễn Văn Giáo. "Lực lượng vũ trang Thừa Thiên Huế trong tổng tiến công và nổi dậy Tết Mậu Thân 1968." In *Cuộc tổng tiến công và nổi dậy Mậu Thân 1968*, by Military History Institute of Vietnam, 143–52. Hà Nội: NXB Quân Đội Nhân Dân, 1998.

Nguyễn Văn Hoa, ed. *Địa chí Thừa Thiên Huế: Phần lịch sử* [Monograph of Thừa Thiên Huế: History]. Hà Nội: Khoa Học Xã Hội, 2005.

Nguyễn Văn Tạo. *Đại Nam nhất thống chí: Thừa Thiên Phủ; Tập Thượng, Trung và Hạ*. Sài Gòn: Bộ Quốc gia Giáo dục, 1963.

Nhã Ca. *Mourning Headband for Hue: An Account of the Battle for Hue, Vietnam, 1968*. Translated by Olga Dror. Bloomington: Indiana University Press, 2014.

Nietzsche, Friedrich. *Thus Spake Zarathustra: A Book for All and None.* Translated by Walter Kaufmann. London: Penguin, 1968.

Nitz, Kikoyo Kurusu. "Japanese Military Policy towards French Indochina During the Second World War: The Road to the 'Meigo Sakusen' (March 9, 1945)." *Journal of Southeast Asian Studies* 14, no. 2 (1983): 328−53.

Paglen, Trevor. *Blank Spots on the Map: The Dark Geography of the Pentagon's Secret World.* New York: Dutton, 2009.

Pearson, Chris. *Mobilizing Nature: The Environmental History of War and Militarization in Modern France.* Manchester: Manchester University Press, 2012.

Pearson, Chris, Peter Coates, and Tim Cole, eds. *Military Landscapes: From Gettysburg to Salisbury Plain.* London: Bloomsbury, 2010.

Pearson, Willard. *The War in the Northern Provinces, 1966−1968.* Washington, DC: US Army, 1975.

Peluso, Nancy, and Peter Vandergeest. "Territorialization and State Power in Thailand." *Theory and Society* 24 (1995): 385−426.

Phạm Gia Đức. *Sư đoàn 325: Tập Một* [325th Regiment: Volume 1]. Hà Nội: NXB Quân Đội Nhân Dân, 1981.

Pham Van Son, ed. *The Viet Cong 'Tet' Offensive (1968).* Saigon: RVNAF Printing and Publications Center, 1969.

Phan Châu Trinh. *Phan Châu Trinh and His Political Writings.* Edited and translated by Vinh Sinh. Ithaca, NY: Cornell Southeast Asia Program, 2009.

Phan Thi Minh Le. "A Vietnamese Scholar with a Different Path: Huỳnh Thúc Kháng, Publisher of the First Vietnamese Newspaper in Quốc Ngữ in Central Vietnam, *Tieng Dan* (People's Voice)." In *Việt-Nam Exposé: French Scholarship on Twentieth-Century Vietnamese Society,* edited by Gisele L. Bousquet and Pierre Brocheux, 216−50. Ann Arbor: University of Michigan Press, 2002.

Prados, John. *The Blood Road: The Ho Chi Minh Trail and the Vietnam War.* New York: Wiley, 1999.

Pribbenow, Merle L., trans. *Victory in Vietnam: The Official History of the People's Army of Vietnam, 1954−1975.* Lawrence: University Press of Kansas, 2002.

Binh Chủng Thông Tin Liên Lạc, Quân Đội Nhân Dân Việt Nam. *Lịch sử bộ đội thông tin liên lạc, 1945−1995* [History of military communications, 1945−1995]. Hà Nội: NXB Quân Đội Nhân Dân, 1996.

Reinert, Hugo, and Erik Reinert. "Creative Destruction in Economics: Nietzsche, Sombart, Schumpeter." In *Friedrich Nietzsche (1844−1900),* edited by Jürgen Backhaus, 55−85.

墓地中的军营：越南的军事化景观

New York: Springer, 2006.

Russell, Edmund, and Richard P. Tucker. *Natural Enemy, Natural Ally: Toward an Environmental History of Warfare*. Corvallis: Oregon State University Press, 2004.

Salemink, Oscar. *The Ethnography of Vietnam's Central Highlanders: A Historical Contextualization, 1850–1990*. Honolulu: University of Hawaii Press, 2003.

Sauer, Carl O. "The Morphology of Landscape." *University of California Publications in Geography* 2, no. 2 (1925): 19–53.

Schumpeter, Joseph. *Capitalism, Socialism and Democracy*. New York: Harper, 1950.

Schwenkel, Christina. *The American War in Contemporary Vietnam: Transnational Remembrance and Representation*. Bloomington: University of Indiana Press, 2009.

Scott, James C. *The Art of Not Being Governed: An Anarchist History of Upland Southeast Asia*. New Haven, CT: Yale University Press, 2009.

———. *Seeing Like a State: How Certain Schemes to Improve the Human Condition Have Failed*. New Haven: Yale University Press, 1998.

Sheppard, Francis. *London: A History*. Oxford: Oxford University Press, 1998.

Shinjiro, Nagaoka. "The Drive into Southern Indochina and Thailand." In *The Fateful Choice: Japan's Advance into Southeast Asia, 1939–1941*, edited by James William Morley, 209–40. New York: Columbia University Press, 1980.

Shulimson, Jack. *U.S. Marines in Vietnam: An Expanding War, 1966*. Washington, DC: History and Museums Division, Headquarters, US Marine Corps, 1982.

Smith, Harvey. *Area Handbook for South Vietnam*. Washington, DC: GPO, 1967.

Smith, Ralph B. "The Japanese Period in Indochina and the Coup of 9 March 1945." *Journal of Southeast Asian Studies* 9, no. 2 (1978): 268–301.

Spector, Ronald H. *Advice and Support: The Early Years of the United States Army in Vietnam 1941–1960*. New York: Free Press, 1984.

———. "Allied Intelligence and Indochina, 1943–1945." *Pacific Historical Review* 51, no. 1 (February 1982): 23–50.

Stanley, Roy M. *World War II Photo Intelligence*. New York: Scribners, 1981.

Stoler, Ann L., ed. *Imperial Debris: On Ruins and Ruination*. Durham, NC: Duke University Press, 2013.

Stolfi, Russel H. *U.S. Marine Corps Civic Action Efforts in Vietnam, March 1965–March 1966*. Washington, DC: Headquarters US Marine Corps, 1968.

Sun Laichen. "Military Technology Transfers from Ming China and the Emergence of Northern Mainland Southeast Asia (c. 1390–1527)." *Journal of Southeast Asian Studies* 34, no. 3 (October 2003): 495–517.

参考文献

Szonyi, Michael. *Cold War Island: Quemoy on the Front Line*. Cambridge: Cambridge University Press, 2008.

Taylor, Keith W. *The Birth of Vietnam*. Berkeley: University of California Press, 1983.

———. "The Early Kingdoms." In *The Cambridge History of Southeast Asia: Volume 1, Part 1*, edited by Nicholas Tarling, 137–82. Cambridge: Cambridge University Press, 1999.

Thích Đại Sán (Thạch Liêm). *Hải ngoại kỷ sự*. Huế: Viện Đại học Huế—Ủy ban Phiên dịch sử liệu Việt Nam, 1963.

Thomas, Frédéric. *Histoire du régime et des services forestiers français en Indochine de 1862 à 1945: Sociologie des sciences et des pratiques scientifiques coloniales en forêts tropicales*. Hanoi: NXB Thế Giới, 1999.

———. "Protection des forêts et environnementalisme colonial: Indochine, 1860–1945." *Revue d'histoire moderne et contemporaine* 56, no. 4 (2009): 104–36.

Thường Vụ Huyện Ủy Hương Thủy. *Lịch sử đấu tranh cách mạng của đảng bộ và nhân dân huyện Hương Thủy* [A history of the revolutionary struggles of party cells and the people of Hương Thủy District]. Huế: Thuận Hóa, 1994.

Tonneson, Stein. *Vietnam 1946: How the War Began*. Berkeley: University of California Press, 2000.

Topmiller, Robert. *The Lotus Unleashed: The Buddhist Peace Movement, 1964–66*. Lexington: University Press of Kentucky, 2002.

Trần Mai Nam. *The Narrow Strip of Land (The Story of a Journey)*. Hanoi: Foreign Languages Publishing House, 1969.

Trình Mưu, ed. *Lịch sử kháng chiến chống thực dân Pháp của quân và dân liên khu IV* [History of the resistance against French colonialism by the military and people of Interregional Zone IV]. Hà Nội: NXB Chính Trị Quốc Gia, 2003.

Trullinger, James Walker, Jr. *Village at War: An Account of Revolution in Vietnam*. New York: Longman, 1980.

Trương Hữu Quýnh and Đỗ Bang, eds. *Tình hình ruộng đất nông nghiệp và đời sống nông dân dưới triều Nguyễn* [Situation of agricultural land and agricultural livelihood under the Nguyen dynasty]. Huế: Thuận Hóa, 1997.

US Army. *Field Manual 3–3: Tactical Employment of Herbicides*. Washington, DC: US Army, 1971.

———. *Vietnam Studies: Command and Control, 1950–1969*. Washington, DC: GPO, 1991.

US Department of Agriculture. *The Pesticide Review: 1968*. Washington, DC: USDA

墓地中的军营：越南的军事化景观

Agricultural Stabilization and Conservation Service, 1969.

van Schendel, Willem. "Geographies of Knowing, Geographies of Ignorance: Jumping Scale in Southeast Asia." *Environment and Planning D: Society and Space* 20 (2002): 647–68.

Vickery, Michael. "Champa Revised." In *The Cham of Vietnam*, edited by Trần Kỳ Phương and Bruce Lockhart, 363–420. Singapore: National University of Singapore Press, 2011.

———. "A Short History of Champa." In *Champa and the Archaeology of Mỹ Sơn (Vietnam)*, edited by Andrew Hardy, Mauro Cucarzi, and Patrizia Zolese, 45–60. Singapore: National University of Singapore Press, 2009.

Viện Sử Học. *Đại Nam thực lục* [Chronicles of Đại Nam]. Vols. 1 and 6. Hà Nội: Giáo Dục, 2006.

Weisberg, Barry. *Ecocide in Indochina: The Ecology of War*. New York: Harper and Row, 1970.

Wheeler, Charles. "Re-Thinking the Sea in Vietnamese History: Littoral Society and the Integration of Thuận-Quảng, Seventeenth-Eighteenth Centuries." *Journal of Southeast Asian Studies* 37, no. 1 (February 2006): 123–53.

Whitmore, John K. "Cartography in Vietnam." In *The History of Cartography: Volume 2, Book 2*, edited by J. B. Harley and David Woodward, 478–508. Chicago: University of Chicago Press, 1994.

Willbanks, James. *The Tet Offensive: A Concise History*. New York: Columbia University Press, 2008.

Woodside, Alexander. *Vietnam and the Chinese Model: A Comparative Study of Nguyen and Ch'ing Civil Government in the First Half of the Nineteenth Century*. Cambridge, MA: Harvard University Press, 1971.

Young, Alvin. *The History, Use, Disposition and Environmental Fate of Agent Orange*. New York: Springer, 2009.

Yumio Sakurai. "Chế độ lương điền dưới triều Nguyễn." In *Việt Nam Học: Kỷ yếu hội thảo quốc tế lần thứ nhất* [Vietnam Studies: First International Conference proceedings], by National Center for Social Sciences and Humanities, 577–80. Hà Nội: Thế Giới, 2002.

Zierler, David. *The Invention of Ecocide: Agent Orange, Vietnam and the Scientists Who Changed the Way We Think about the Environment*. Athens: University of Georgia Press, 2011.

索 引

墓地中的军营：越南的军事化景观

墓地中的军营：越南的军事化景观

墓地中的军营：越南的军事化景观

守望思想　　逐光启航

墓地中的军营：越南的军事化景观

[美] 大卫·比格斯 著

贾　珺 译

责任编辑　肖　峰

营销编辑　池　淼　赵宇迪

装帧设计　徐　翔

出版：上海光启书局有限公司

地址：上海市闵行区号景路 159 弄 C 座 2 楼 201 室　201101

发行：上海人民出版社发行中心

印刷：山东临沂新华印刷物流集团有限责任公司

制版：南京展望文化发展有限公司

开本：880mm×1240mm　　1/32

印张：10.625　　字数：238,000　　插页：2

2025 年 1 月第 1 版　　2025 年 1 月第 1 次印刷

定价：89.00 元

ISBN: 978-7-5452-2005-6 / X·3

图书在版编目 (CIP) 数据

墓地中的军营：越南的军事化景观 /（美）大卫·

比格斯著；贾珺译 . -- 上海：光启书局，2024.

ISBN 978-7-5452-2005-6

I. X-093.33

中国国家版本馆 CIP 数据核字第 2024BP4769 号

本书如有印装错误，请致电本社更换 021-53202430